多重环境压力

对湖泊生态系统结构与功能的影响

Lake Ecosystem Structure and Function under Multiple Stressors

徐　军　等 / 著

中国环境出版集团 · 北京

图书在版编目（CIP）数据

多重环境压力对湖泊生态系统结构与功能的影响 / 徐军等著 . —北京：中国环境出版集团，2021.9

ISBN 978-7-5111-4915-2

Ⅰ. ①多… Ⅱ. ①徐… Ⅲ . ①气候变化—影响—湖泊—生态系统—研究 Ⅳ. ① X832

中国版本图书馆 CIP 数据核字（2021）第 201417 号

出 版 人 武德凯
责任编辑 田 怡
封面设计 彭 杉

出版发行 中国环境出版集团
（100062 北京市东城区广渠门内大街 16 号）
网 址：http：//www.cesp.com.cn
电子邮箱：bjg1@cesp.com.cn
联系电话：010-67112765（编辑管理部）
发行热线：010-67125803，010-67113405（传真）
印 刷 北京建宏印刷有限公司
经 销 各地新华书店
版 次 2021 年 9 月第 1 版
印 次 2021 年 9 月第 1 次印刷
开 本 787 × 1092 1/16
印 张 12
字 数 242 千字
定 价 65.00 元

著作人员

第 1 章	徐　军	张　敏	李庚辰	熊　鹰
	苏溪洋	李保民	李　娟	皮　坤
第 2 章	李庚辰	熊　鹰	苏溪洋	李保民
	李　娟	皮　坤	张　敏	
第 3 章	胡博文	李　超	赵康顺	王　韬
	黄　飞	潘　萌	石彭兰	张　敏
第 4 章	于　晨	李　娟	苏溪洋	李保民
	李　超	李占灰	张　敏	
第 5 章	王　韬	李　超	赵康顺	黄　飞
	胡博文	潘　萌	张　敏	
第 6 章	王　韬	李　超	赵康顺	黄　飞
	胡博文	潘　萌	张　敏	
第 7 章	潘　萌	张　欢	张培育	赵康顺
	王　韬	胡博文	何雨涵	石彭兰
	冯明军	程好武	王　康	郭钰伦
	徐枭祺	祝孔豪	张　敏	

前言

近百年来，地球气候发生了一系列以变暖为主要特点的显著变化，全球地表温度大约升高0.74℃，并且在未来的100年，升温幅度将达到3～5℃。已有研究表明，气候变暖对淡水生态系统具有多方面的影响，包括水体物理和化学特性的改变、沉积物各营养物质的化学循环过程的改变以及生态系统内生物的种群密度与种类组成的改变等。目前，我国对气候变化的研究主要集中在古气候演化以及气候变化对陆地生态系统的影响等方面，而关于气候变暖对湖泊生态系统影响的研究略显欠缺。长江中下游地区是我国浅水湖泊比较集中的地区，该地区亦是我国富营养化湖泊的主要分布地区。同时，有研究表明，在只考虑温室气体增加的条件下，未来整个长江中下游地区气候变暖的幅度会高于全球平均水平。湖北省武汉市位于长江中游江汉平原东部，市域范围内水资源丰富，被誉为“百湖之市”，为研究湖泊生态系统对气候变暖的响应机制提供了良好的地理条件和基础。本书首先分析了武汉市近62年气温、降水、风速及日照时数的气象观测数据，证明武汉市存在气候变暖的趋势，探究全球气候变暖背景下武汉市受到影响的程度。其次，选取高度富营养化湖泊——南湖表层沉积物和表层水为研究对象，利用室内光照培养箱，设置18℃和22.5℃两个温度处理组，模拟21世纪末武汉市春季变暖的情景，研究升温对沉积物营养盐释放的影响。最后，选取不同营养水平湖泊（高度富营养化的南湖与中度营养水平的梁子湖）为研究对象，利用室外原位温控围隔模拟长江中下游流域百年后气候变暖的情景，设置两个温度梯度（自然水温、自然水温+4.5℃），总计4个处理，逐月观测不同处理组沉积物系统功能变量（如沉积物-水界面溶解氧、碱度、无机营养盐通量以及沉积物营养物质含量等）的变化特征，探讨气候变暖和不同营养水平对湖泊沉积物系统的影响。取得的主要研究结果如下。

（1）武汉市1951—2012年的降水量无显著变化，年降水量较为稳定，但最大日降水量波动较大并可能存在一定的周期性特征。武汉市1951—2012年风速与日照时数均有显著的下降趋势，风速的减小与该地区气温的升高及城市化进程加快有关，而日照时数的下降主要是受到了空气中人为排放的气溶胶浓度增加的影响。此外，武汉市1951—2012年的气温要素中，除极端最高气温外，其他气温要素（平均气温、平均最高气温、平均最低气温、极端最低气温以及平均气温距平）均表现出极显著的上升趋势，同时发现 1993 年以前，平均气温的变化较为平稳，但之后气温逐渐升高并且波动性也在增大，气温的上升是全球气候变暖与城市热岛效应共同作用的结果。长期的气温变化证实了武汉市的气温同样受到全球气候变暖的影响。

（2）在高度富营养化湖泊中，温度的升高能够显著促进湖泊沉积物中磷元素的释放，使水体中的磷浓度显著增加，从而加剧水体富营养化的风险；好氧环境下，温度的升高对水体中氨态氮向硝态氮的转化起到了一定的促进作用，但室内模拟系统未观察到升温对沉积物中氮的动态迁移产生显著影响，推测是沉积物的反硝化作用与底栖生物利用两个原因，但温度的升高对于高度富营养化湖泊沉积物中氮元素营养盐动态迁移的影响依然有待进一步论证。

（3）升温可以显著促进湖泊生态系统沉积物-水界面离子的电离程度，使界面水体的 pH 显著降低，电导率显著升高，同时，升温对界面的总氮释放通量产生了一定的促进作用，但未达到显著水平，其主要原因是升温增强了系统中微生物活性，加快了有机氮的分解以及有机质的矿化速率。高营养水平的浅水湖泊沉积物-水界面的无机氮、磷营养盐离子浓度相对较高，因此电导率较高，同时，较高的营养水平以及沉积物-水界面强烈的厌氧环境加速了氨氮与磷的释放，进而影响到氮、磷元素的界面交换通量；而低营养水平的浅水湖泊由于水草繁茂，腐烂的植物碎屑沉降到湖泊沉积物表面，使沉积物的有机碳、氮含量均比高营养水平湖泊沉积物系统的含量高。

本书是基于科技部蓝色粮仓科技创新项目“我国重要渔业水域食物网结构特征与生物资源补充机制”（项目编号：2018YFD0900900）研究成果汇编而成的一本专著。

目录

第1章　气候变化与多重环境压力对湖泊的影响

联合国政府间气候变化专门委员会（IPCC）第4次评估报告显示：在过去的一个世纪，全球地表温度大约升高0.74℃，并且在未来的100年升温幅度将达到3～5℃。淡水生态系统极易受到气候变化的影响，其主要原因为：①破碎化生境中的许多物种已很难应对各种环境的变化；②水温和水资源的可利用性与气候变化紧密相关；③生态系统已经受到许多人为因素的干扰。由于温度升高引起的一系列变化将显著增加营养物质的流动速率，这必将加重淡水生态系统已存在的问题，并产生新的问题。

1.1　气候变暖对湖泊生态系统的影响

湖泊生态系统是水生生物与人类生存的重要资源，其中环境因子的变化对生态系统的平衡与社会生产有着深远的影响。大气中温室气体增加所产生的温室效应已经对全球湖泊生态系统的结构、功能、稳定性等产生了多方面的影响，并且在将来影响会更加强烈。因此，已有的研究显示湖泊生态系统对周边陆地与大气的环境变化十分敏感，能够对全球气候变化起到良好的指示作用，其指示作用的表现可分别从物理特性、化学特性及生物三方面阐述。

1.1.1　气候变暖对湖泊生态系统物理特性的影响

气候变暖对湖泊生态系统物理特性的影响主要体现在：①水温升高、热结构改变；②水位波动、水量收支平衡被打破；③冰盖分散、冰冻期缩短。湖泊表层和温跃层的水温与区域气温关系紧密，对气候变暖的响应也相对迅速，由于湖泊表层与温跃层水温比较容易监测，因而常被用作气候变暖的指示变量。已有的研究表明，北美、亚欧大陆和非洲等多个地区的湖泊温跃层温度已有不同程度的升高（图1-1）。相比之下，恒温层的水温由于受到湖泊形态与季节等多个因素的影响，其变化相对复杂，因此不宜作为气候变暖的指示变量。湖泊表层与温跃层温度的改变同时影响垂直方向水柱密度，产生的密度梯度直接关系到湖泊生态系统垂直方向的水体混合与分层状况，长期分层结构的改变会使湖泊的混合机制由常对流转变为双对流，再由双对流转变为单对流甚至不对流。要想了解一个湖泊的热分层结构与混合机制，需要对水柱各部分温度进行细致的测定，测定难度比较大，但热分层结构与混合机制对气候变化的敏感性较高，因此与温跃层水温一样，可以作为探究气候变暖的指示变量。不规则湖泊中，水位能够反映水体总量的收支平衡以及非冰封时期时长。研究表明，封闭盆地湖泊的水位变化与区域气候的波动有很强的相关性，因而更能反映该区域的气候变化状况。湖泊冰盖的形成与融化受到气候因子和湖泊自身特点的共同影响，但气温依然被很多研究者视为这一变化过程的决定性因素。相比较而言，冰盖的融化比冰盖的形成更容易受到气候变化的影响，然而，冰盖融化的时间与气温并非呈显著的线性相关关系，两者的关系因地理区域的差异而不尽相同。Livingstone 和 Adrian（2009）研究发现，冬季一些湖泊的冰盖面积较小，且较为分散，反复冻融，这种状态下的冰盖很好地呈现出该区域的冬季气温较高，其冰冻时长也对当地的气候变化起到良好的指示作用。

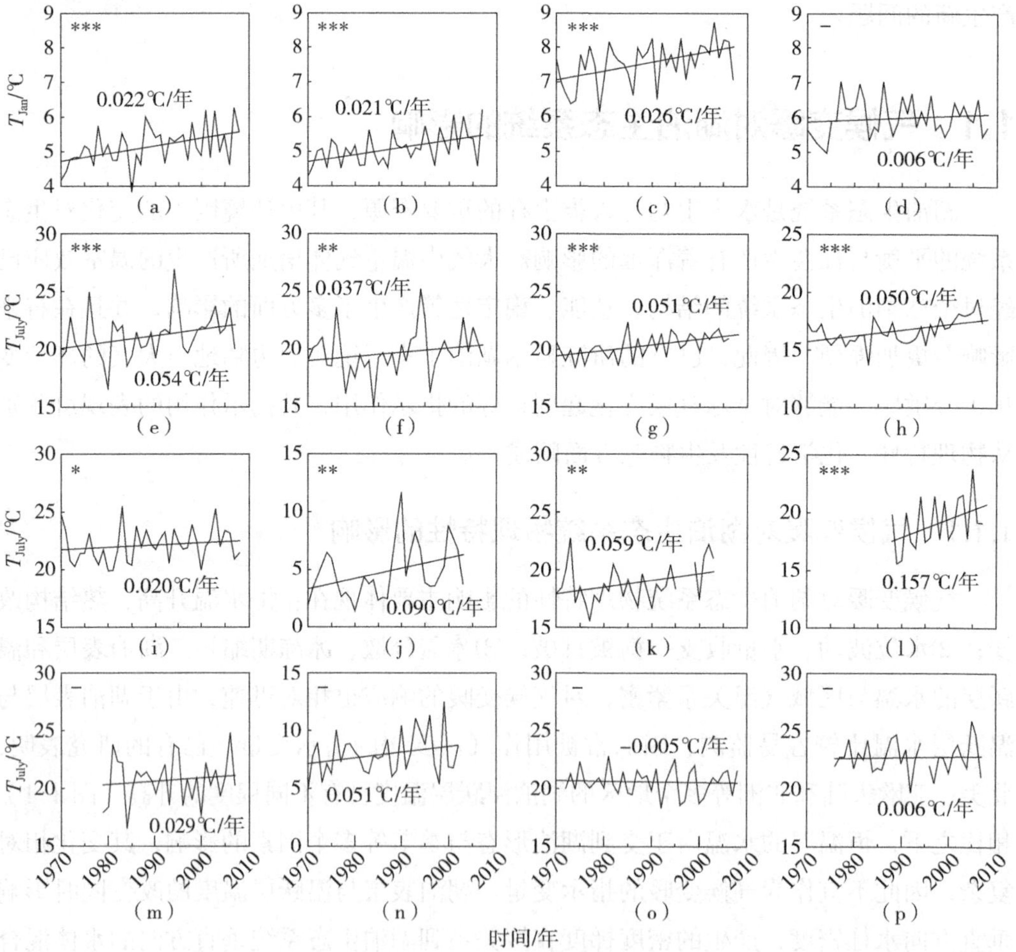

图 1-1　1970—2010 年 1 月（a~d）、7 月（e~p）北半球部分湖泊表层水温平均值的长期变化（“*”代表在 0.1 水平上趋势显著，“**”代表在 0.05 水平上趋势显著，“***”代表在 0.01 水平上趋势显著，“–”代表不显著）

1.1.2　气候变暖对湖泊生态系统化学特性的影响

很多湖泊生态系统的化学特性能够反映出陆地生态系统的变化，例如，湖泊中的营养盐浓度和比例很容易受到地表风化、降雨、径流、火灾频率及初级生产力的影响，而陆地生态系统的上述过程与区域气候又有直接的关系，因此，湖泊生态系统的营养盐浓度和比例能够在一定程度上间接地反映气候变化。此外，湖泊水体的 pH、离子的强度和组成、电导率等也能够很好地反映地表的风化程度与湖泊水量的收支平衡状况。湖泊水体中总溶解性有机碳浓度能够很好地反映陆地环境状况，因而也可以起到气候变化的指示作用（Tranvik et al.，2009）。湖泊生态系统中总溶解性有机碳浓度的变化时常伴随着湖泊中其他指标的变化，如水体透明度、热量的吸收以及湖泊的新陈代谢，相关指标的变化也很好地反映了陆地生态系统地表径流、永久冻土的融化、植被覆盖、湿地的改变情况以及 CO_2 浓度的变化。北方的湖泊生态系统中，总溶解性有机碳主要靠外界输入，因此，其浓度的升高与气候变化关系更加密切，对湖泊生态系统的影响也更加强烈。湖泊溶解氧浓度受水体温度与热分层的影响较为强烈，因而也可以作为气候变化的指示变量。例如，2003 年，欧洲极端炎热的夏季使瑞士一些湖泊长期处于热分层状态，导致均温层水体严重缺氧。湖泊生态系统均温层水体的溶解氧浓度受到内部营养物质载荷、底栖环境面积与生物利用程度的共同作用，必要时也可作为气候变暖的佐证。

1.1.3　气候变暖对湖泊生态系统生物的影响

湖泊生态系统生物的密度、分布以及个体大小受到多重因素的影响，如资源的可利用性、种群密度、捕食作用等，因此，生物与气候变化的相互作用较为复杂。此外，这种影响通常具有种类特异性和生态系统特异性。一些研究表明，湖泊生态系统中浮游生物的生存周期相比其他生物短，水体热结构的细微变化对浮游生物影响比较强烈，因此浮游生物对气候变化的响应相对于其他生物更加敏感。对于浮游动物而言，气候因子的胁迫作用极大地限制了生长速度较快种类的生存与繁殖；而生存时间较长的种类，气候变暖会加速它们的个体发育，从而改变它们的生活史。对于浮游植物而言，充足资源下的个体发育速度与个体大小、种群密度及种类组成均可以有效地反映区域气候变化。有研究表明，在水温较高的环境下，蓝藻极易成为浮游植物中的优势种；Winder 和 Hunter（2008）研究发现，强烈的垂直分层现象同样可以改变浮游植物的种类组成，蓝藻、硅藻、鞭毛藻等类群对湖泊水体温度以及湖泊混合状况的改变较为敏感，因此这些类群的组成变化能够为气候变化提供强有力的证据。冷水鱼类的种群分布、密度也较容易受到气候变化的影响。此外，气候变暖还会使一些春季溯河产卵的鱼类洄游时间提前。某种特殊状况下，气候变化也可能为入侵物种提供适宜的生长环境，影响湖泊生态系统的生物多样性。

1.1.4 国内有关气候变暖对湖泊生态系统的影响研究

目前，我国对气候变化的研究主要集中在古气候演化以及气候变化对陆地生态系统的影响等方面，而关于气候变暖对湖泊生态系统影响的研究略显欠缺。有关我国湖泊生态系统对气候变暖的响应的文献，研究对象多集中在湖泊水位和面积、湖水的矿化度、径流量等水文特征及水循环层面。例如，有学者根据嫩江代表水文站的年径流资料，利用小波分析法、累积滤波器、Mann-Kendall 秩次相关法、应用数理统计等多种方法，分析了嫩江径流 1956—2006 年的年内、年际变化特征及其影响因素；杜旭青（2010）针对气温和降水对黄河源区径流的影响程度进行了对比分析，并通过径流系数分析了气候对黄河其他地区径流的影响。我国是世界上湖泊众多的国家之一，因此，揭示气候变暖对我国湖泊生态系统的影响对于保障粮食安全、生态安全、社会经济可持续发展具有重要意义。

1.2 富营养化对湖泊生态系统的影响

1.2.1 湖泊生态系统的富营养化

水体富营养化是全球湖泊生态系统长期以来需要解决的难题（Schindler, 2012），主要表现为外源性营养物质的过量输入以及内源性营养物质的异常再释放，致使水体营养盐水平失衡。富营养化将直接改变湖泊的理化性质，进而影响水生生物的生存环境，最终破坏水生生态系统的稳定性（Chislock et al.，2013）。随着经济的发展，湖泊资源得到了人们更为广泛的关注和利用，工业用水、农业用水以及城市生活用水均与其密切相关，因而水体环境受到的人为污染也日益严重。

全球已有超过 30% 的湖泊水体呈现富营养化状态，并且呈现出快速上升的趋势。我国也面临着严峻的水体富营养化形势，调查显示，不同湖区共有 59.1% 的湖泊呈现不同程度的富营养化状态（李娜等，2018）。长江流域有我国五大淡水湖泊，中下游地区更是集中了大量的淡水湖泊资源（朱广伟等，2019）。但是，随着长期以来过量的碳、氮和磷等营养物质被持续输入水体，外源性污染的集中汇入超过了湖泊自我恢复能力的阈值，许多大型湖泊表现出明显的富营养化趋势。巢湖自 1984 年一直在经历水体环境破坏与修复的漫长过程，目前仍在较高的富营养化水平波动。洞庭湖虽未曾暴发过大面积的蓝藻水华，但近年来湖区的浮游动物却有趋于小型化的趋势，生物多样性下降的问题也已凸显。鄱阳湖流域的农业生产活动频繁，氮、磷元素通过化肥、食品与饲料等多种途径高强度、持续输入湖泊水体，其水体的氮、磷元素输入水平在世界主要流域中也较高（高伟等，2016）。2002—2003 年洱海的水体营养状态发生突变，水生植物覆盖度由 40% 下降至 10%，优势种群也由海菜花、大茨藻等清洁种变为眼子菜、金鱼藻等耐污种，叶绿素含量迅速增长 10 倍，全湖的透明度也因此下降了 50%，洱海地区经济过快发展带来的污染问题在短时间内直接推动了水体的富营养化进程（陈小华等，2018）。在近年来气候变暖的趋势下，预测含碳营养物质由陆地转向水体的比例会逐渐上升。我国主要淡水湖泊的富营养化状况不仅长期以来受到碳、氮营养盐输入的影响，而且水体温度的升高也在促进沉积物界面磷元素的再释放，受此影响，湖泊的富营养化水平进一步提高，因此在气候变化的协同作用下，富营养化湖泊水体遭受破坏的风险以及所受影响的程度将明显增加。

湖泊富营养化是指湖泊水体的氮、磷元素等营养物质超过一定的界限，引起藻类或其他水生生物异常过度繁殖，水体溶解氧含量和透明度大大降低，造成水质恶化，使湖泊生态系统结构和功能受到严重破坏，给湖泊生态系统的健康以及水资源的利用带来不利后果的过程。富营养化严重是亚热带浅水湖泊的一个重要特点。我国是一个湖泊数量众多的国家，据统计，我国湖泊总面积达 9.1 万 km^2，大小湖泊超 2 700 个。20 世纪 50 年代以来，我国亚热带浅水湖泊在人为活动作用下，水体富营养化严重，导致蓝藻水华频繁发生，使我国成为世界上藻类水华暴发最严重的国家之一，除处于原始状态和人烟稀少的湖泊外，我国境内的主要淡水湖水体的营养盐水平基本上都达到了湖泊富营养化的标准，多数湖泊水体的富营养化已处于相当高的水平。城市湖泊面临更严峻的富营养化问题：由于城市生活污水向湖泊大量排放，几乎所有的城市湖泊都已呈现富营养化或严重富营养化的状态。严重的富营养化状况使湖泊生态系统的结构与功能发生了剧烈的变化，给区域经济和社会可持续发展带来严重威胁。尽管我国已经加大湖泊修复与保护力度，有效控制和截断部分湖泊外源营养物质输入，但是湖泊沉积物的营养释放仍会导致富营养化程度的进一步加深。更严峻的问题是，当入湖营养盐负荷量减少或者完全截污后，沉积物内源负荷仍然可以使水体富营养化，这样的现象某种意义上加大了湖泊修复的难度，对改善我国湖泊富营养化水平产生了不小的障碍。

1.2.2 湖泊富营养化机理概述

营养盐是湖泊生态系统中重要的化学物质，是湖泊生态系统中生物生长所必需的营养元素，也是湖泊生态系统的初级生产力和食物链基础。湖泊水体如果接纳了过量的氮、磷等营养元素，藻类等水生生物会异常繁殖，水体透明度和溶解氧含量严重降低，水体老化加速，从而使水体的生态系统和功能遭到破坏。

氮是生物生长必需的营养元素，在生命有机体的DNA、RNA、蛋白质等重要营养组分中不可或缺，同时，氮也是能够引起水体富营养化的主要营养元素之一。湖泊沉积物中氮元素存在的形态分为有机氮和无机氮，其中以有机氮为主，一般认为氮在沉积物－水界面的动态迁移变化主要与沉积物中各种形态氮的分解和转化有关，而各种环境与生物因素都能够对氮的释放过程产生影响（于军亭等，2010）。已有研究表明，不同溶解氧水平下，不同形态的氮营养盐会呈现出不同的变化规律；pH 对氮元素的释放影响比较明显，但影响机制比较复杂，一般认为 pH 是通过影响沉积物表面的微生物活动，进而影响沉积物－水界面氮的迁移转化。此外，从电化学的角度分析，水溶液中 H^+ 浓度随 pH 的降低而明显增大，沉积物胶体中 NH_4^+ 的吸附位置被大部分 H^+ 离子占据，从而被释放；由于风浪的不断扰动，湖泊水土界面常处于不停的交换过程，因此，湖泊沉积物营养盐在静态时的释放量远比水力扰动作用下小许多，一定条件下，水力扰动强烈的湖泊中，沉积物营养盐的释放甚至可以成为湖泊营养盐的主要来源。

磷是浮游生物生存的另一个主要营养元素，在生物活动中起着至关重要的作用。水中的磷可分为溶解态和悬浮态两类。目前对于自然状态下水体沉积物吸收、释放磷的研究已经有很多，沉积物释放磷元素的过程主要受到不溶性磷酸盐（钙盐、铝盐和铁盐等）重新溶解的环境条件的制约。一般认为，溶解氧能够通过影响 Fe^{2+}、Fe^{3+} 的化学反应，进而影响 Fe^{3+} 与磷酸盐的结合。在好氧条件下，磷营养盐处于吸附状态，而厌氧条件下沉积物中磷营养盐则处于释放状态。有研究表明，释磷量最小时 pH 在中性范围，酸性和碱性条件都能够提高磷元素的释放量；表层沉积物因受到扰动作用再悬浮，反应界面有所增加，也可以在一定程度上加速沉积物间隙水中磷向上覆水的扩散，但扰动的影响对磷元素的释放只是短期的有限效应。

环境温度的改变亦会影响水体中氮、磷等营养元素的动态迁移特征。温度的改变影响微生物活性，从而使沉积物中不同形式氮元素的释放速率受到不同程度的加速或抑制。多数研究显示，湖泊沉积物氮元素的释放速率均呈现出夏季较快、冬季较慢的变化规律；环境温度升高，沉积物中的微生物活性增强，有利于 Fe^{3+} 的还原，显著促进沉积物中铁、磷元素的释放过程。因此，了解全球变暖背景下温度升高对浅水湖泊沉积物－水界面营养物质动态迁移的影响具有十分重要的意义。

1.3　多重环境压力对湖泊生态系统的影响

气候变化已经对多数类型的生态系统产生了极显著的影响，对湖泊生态系统的影响更加强烈，如果一些研究中所预测的未来大气层温室气体增加量成为现实的话，气候变化对湖泊生态系统的影响将会持续增加。本章中已提到，一些气候因子的变化会影响湖泊水体的温度、混合状态、营养结构以及外部营养盐的输入，并且以上因素状态的改变可能导致湖泊的富营养化。水温的改变会对大范围的水生生物生活史产生显著影响，因此水温是种群分布与种类结构的决定性因子；同时，水温的升高也会降低溶解氧的饱和水平，从而增加营养盐的载荷以及浮游动物与底栖动物的呼吸作用，对鱼类以及其他耐受种类的生存产生威胁。热结构与混合状态的改变不仅会影响湖泊生态系统水体的浑浊程度，而且会对湖泊生态系统中硅藻的生物密度与种群结构产生显著的影响。营养结构的改变会影响鱼类的种群结构，从而间接增加蓝藻成为浮游植物优势种的风险。北方温带区域，大量地表径流以及极端天气的频繁发生是湖泊生态系统每年外来营养盐输入较高的主要原因。然而，有关升温对于湖泊生态系统沉积物－水界面物质交换过程的影响研究还相对较少。

1.4　研究区气象观测数据浅析

1.4.1　研究区域概况

近百年来，地球气候发生了一系列以变暖为主要特点的显著变化，气候变暖以及伴随的极端天气事件给全球经济社会发展带来了许多的不利影响，在一定程度上威胁人类生命和财产安全。全球变化大背景下，50 多年来我国的气候也发生了一系列变化，全国范围内的气温、降水、风速和日照等气候要素均发生了一定程度的改变。武汉市地处北亚热带季风气候区，气候要素尤其是夏季降水、冬季气温等年际差异大，气象灾害频繁。受到全球气候变暖的冲击，武汉地区的气候发生了一定的变化。此外，有关全球气候变化的研究已有很多，对武汉地区气候变化进行研究，可以使我们以大尺度来分析武汉地区的气候变化与全球气候变化的关系。

武汉市的地理位置决定了其受季风气候的影响较明显，30°N 附近的纬度位置和海陆位置热力性差异是本章将武汉市作为单独的气候区域来研究的主要原因。以武汉市 1951—2012 年气象观测资料为基础，分析气温、降水、风速、日照时数的近 62 年历史变化特点，为区域气候变化的研究提供参考，同时为武汉市充分、合理利用本地区的气候资源、指导农业生产和人民生活提供合理依据。

武汉市位于长江中游江汉平原东部，长江与汉水交汇处，是湖北省省会。武汉市是长江中游的经济、科技、教育和文化中心，为华中地区唯一的特大型城市和全国重要的交通枢纽。截至 2008 年年底，武汉市户籍总人口达 833.24 万。

武汉市位于 29°58′～31°22′N、113°41′～115°05′E，属于北亚热带季风性气候，具有热量充足，雨量充沛，四季分明，冬冷夏热，雨、光、热同季，无霜期长的特点。武汉市年平均气温为 15.8～17.5℃，其中 1934 年 8 月 10 日出现 41.3℃极端最高气温，1977 年 1 月 30 日出现 -18.1℃极端最低气温，年无霜期平均为 211～272 d，年日照时数为 1 810～2 100 h，年降水量为 1 150～1 450 mm，且多集中在 6—8 月，占全年降水总量的 40% 左右。武汉市市域范围内水体丰富，市内江河沟渠纵横交错，湖泊库塘星罗棋布，被誉为“百湖之市”，水域总面积占全市土地总面积的 26.1%，达到 2 217.6 km^2。

1.4.2 数据收集与分析方法

气候实际观测数据来自中国气象科学数据共享服务网，选取能够代表武汉市的 1951—2012 年主要气候因素或极端情况的气象因子，包括平均气温、平均最高气温、平均最低气温、极端最高气温、极端最低气温、平均气温距平、降水量、最大日降水量、平均风速、极大风速、最大风速和日照时数。

以 1982 年为时间节点，将近 62 年的各主要气候因素观测值按所设定的时间节点平均分为两阶段，对两阶段的各主要气候因素观测值进行单因素方差分析，探究各因素是否在过去的近 62 年存在升高或降低的趋势。之后，提取存在趋势的主要气候因素，利用线性回归方程，进行时间与气候指标间的定量分析，以探究气候因素的具体变化趋势。以时间变量为自变量（X），单个气候指标为因变量（Y），来反映因变量发展趋势，样本数为 62，建立的一元线性趋势方程为

$$Y=mX+\mathrm{C} \tag{1-1}$$

式中：X、Y 分别为自变量和因变量；C 为常数；m 为序列趋势系数。式中的 m、C 选用最小二乘法拟合原则，并用以下公式分别求得。

$$m=\frac{\sum x_i y_i - nXY}{\sum x_1^2 - nX} \qquad \mathrm{C}=Y-mX \tag{1-2}$$

其中，按以下 m 的取值范围来确定各气候因子的具体趋势变化：

（1）$m>0$ 时，气候指标与时间呈正相关，说明气候指标呈现上升趋势，m 值越大，变化率越大，气候指标随时间变化越剧烈。

（2）$m=0$ 时，气候指标与时间变量不存在关系，说明气候指标没有呈现任何变化趋势。由于之前的单因素方差分析已经提取出存在变化趋势的气候指标，因此该种情况在本研究结果中不会出现。

（3）$m<0$ 时，气候指标与时间呈负相关，气候指标呈现下降趋势，m 值越大，变化率越大，气候指标随时间下降速率越大。

所有分析过程在 Excel 以及 R2.5.0 统计软件中进行，显著性程度设定为：$P<0.01$ 为极显著，$P<0.05$ 为显著。

1.4.3　气温因子的变化趋势

武汉市 1951—2012 年的平均气温总体维持在 16.7℃，各气温要素的变化趋势分析结果见表 1-1。除极端最高气温外，其他 5 项气温要素均表现出了一致的升高趋势，且显著性程度均为极显著（$P<0.01$），说明武汉市近年气温上升程度较为明显。将各气温要素作为因变量，以时间为自变量分别作图并建立一元线性趋势方程，结果见图 1-2。由图 1-2 可知，近 62 年武汉市平均气温呈小幅波浪上升变化，总体呈现增温趋势，其渐变率曲线为 $Y=0.0277X-38.191$，曲线方程的斜率为 0.027 7，说明武汉市平均气温近 62 年内每 10 年升高约 0.28℃，共升高了约 1℃。同理，平均最高气温、平均最低气温均有一定程度的上升，平均最高气温上升幅度较小，上升速率为每年 0.02℃，相对而言，平均最低气温上升速率为每年 0.04℃。所有收集的气温要素中，极端最低气温的上升速率最大，曲线方程为 $Y=0.1093X-223.68$，说明武汉市近 62 年的极端最低气温在以每年 0.11℃的速率升高，然而，极端最低气温的波动也最剧烈，达到平均值 ±3.5℃的波动幅度，表现出武汉市近 62 年来冬季气温的极不稳定性，其中 1977 年与 1969 年的极端最低气温分别为 −18.1℃和 −17.3℃，为近 62 年来武汉地区出现的 2 个最低气温。平均气温距平的回归图不仅反映了武汉地区历史年份平均气温的上升趋势，而且能够反映出武汉历史气温的稳定及异常情况。由图 1-2 可知，平均气温距平回归曲线的斜率为 0.027 7，与平均气温的回归曲线斜率一致。1993 年以前，武汉市平均温度距平多为负距平，且绝对值基本在 1℃以内，唯有 1968 年达到 −1.2℃，说明 1993 年以前，武汉地区的气温变化相对较为平稳，没有异常波动，而 1993 年以后，平均温度距平上升比较明显，除 2011 年、2012 年外，其余年份平均温度距平均为正距平，2004 年与 2007 年达到了最高点，说明 1993 年以后，武汉市气温上升的趋势较为明显，且气温的波动性较大。

表 1-1 1951—2012 年武汉市气温要素变化趋势分析结果

项目	平均气温	平均最高气温	平均最低气温	极端最高气温	极端最低气温	平均气温距平
1951—1981 年平均值 /℃	16.30	21.00	12.50	37.40	-9.20	-0.35
1982—2012 年平均值 /℃	17.10	21.50	13.70	37.60	-5.20	0.53
F 值	30.50	8.00	39.60	0.80	30.70	30.50
p 值	＜0.01	＜0.01	＜0.01	0.38	＜0.01	＜0.01
趋势	上升	上升	上升	无	上升	上升
趋势显著性	极显著	极显著	极显著	无	极显著	极显著

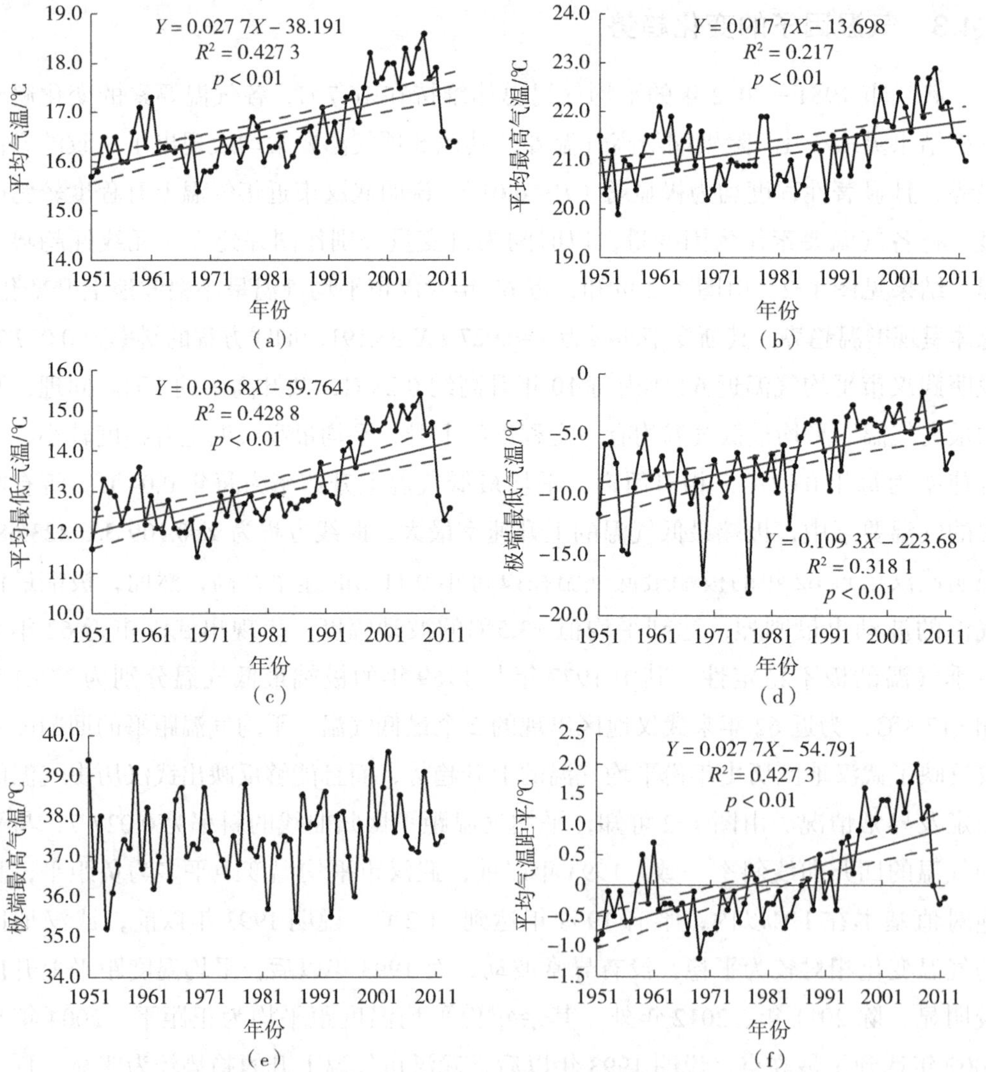

图 1-2 1951—2012 年武汉市气象因子的变化趋势
（实线代表回归线，虚线代表 95% 置信区间）

对武汉市近 62 年的气温要素变化趋势研究发现，武汉市近 62 年平均气温的升高幅度与升高速率均高于全国平均水平，而我国的平均气温升高的速率又显著高于同期全球平均气温的升高速率，说明武汉市的气候变暖程度明显超过全球平均水平。由图 1-2 可以看出，武汉市气候变暖主要发生在 20 世纪 90 年代后，进入 21 世纪后变暖的幅度和速率更大。有研究指出，20 多年来武汉市平均气温升高的现象主要是全球气候变暖与城市热岛效应 2 个因素共同作用的结果。20 世纪后半期，北半球平均气温达到了过去 1 300 年来的最大值，亚洲地区 1950—2000 年的平均气温距平从 0℃上升至 1.1℃，上升幅度排在大陆地区首位，因而，全球气候变暖已是不争的事实。国内一些研究将大气中的温室气体浓度、气溶胶浓度、太阳辐射和火山活动等作为胁迫因子，建立气候模型来模拟 20 世纪我国近地面平均气温，最终得出的模拟结果与实际观测的气温状况较为一致，较为准确的气候模型表明，增强的大气温室效应可能是我国气候变暖的主要原因。城市热岛效应的定义为：当城市发展到一定规模时，由于城市大气污染、下垫面的改变以及人工废热的排放等使城市气温明显高于郊区，形成“高温孤岛”的现象（白杨等，2013）。19 世纪就有学者通过对不同纬度和规模的城市与郊区气温进行观测和研究，发现城市气温比四周郊区气温偏高，证明了城市热岛是城市受到气温影响的最突出特征。一些研究也表明了我国过快的城镇化进程对地面气温的影响十分显著，因此，热岛效应对武汉市气温变化的影响也不容忽视。有研究表明，热岛效应对武汉市城区年平均气温、最低气温和最高气温升高的贡献率分别达到了 60.4%、67.7% 和 21.8%，并且今后对武汉市气温的影响会进一步增强。对武汉市城区的遥感研究表明，武汉地区热场的分布具有明显的规律性，旧型工业区的区域平均温度明显高于郊区，并且城市地面结构对于区域温度也有直接的影响。综上所述，武汉市近 62 年各气温要素的变化，不仅反映了全球气候变暖对区域温度的影响，而且也是城市热岛效应作用的结果。

1.4.4　降水、风速、日照时数的变化趋势

武汉市近 62 年的降水量、平均风速、日照时数分别为：（1 257.5±285.5）mm、（2.1±0.7）m/s、（1 952.2±194.3）h，各相关气候要素的变化趋势分析结果见表 1-2。由表 1-2 可以看出，降水量与日最大降水量均没有显现出显著的变化趋势（$p>0.05$）；平均风速表现出极显著的下降趋势（$p<0.01$）；相对于平均风速而言，极大风速、最大风速虽有几年的缺失值（图 1-3），但以现有的观测值来判断，两者依然显现出了极显著的下降趋势（$p<0.01$）；同样，日照时数也显示出极显著的下降趋势。将降水、风速、日照时数等气候因素作为因变量，以时间为自变量分别作图，

并建立降水、风速、日照时数的一元线性趋势方程，结果如图 1-3 所示。由图 1-3 可知，武汉市近 62 年的年降水量较为稳定，而日最大降水量虽没有下降趋势，但变化极不稳定，最小值出现在 1956 年（52.6 mm），最大值出现在 1959 年（314.4 mm），约为最小值的 6 倍。武汉市近 62 年的平均风速每年下降了约 0.03 m/s，最低点出现在 1997 年（1 m/s），之后风速有所回升，2012 年上升至 1.9 m/s，而与 1953 年的平均风速相比还是下降了 1.4 m/s，下降幅度达到 42.4%。与平均风速相比，极大风速与最大风速的下降速率更大，分别达到了每年 0.18 m/s 与每年 0.2 m/s。武汉地区日照时数的变化趋势图同风速一样，显示出下降趋势，拟合曲线的斜率为 -0.06，近 62 年总日照时数下降了约 372 h。1951 年开始，日照时数有所增加，1960—1990 年日照时数开始波动减少，由 2 100.8 h 降到 1 885.2 h，下降幅度达到 10.3%，2000 年以后，日照时数在相对较低的范围波动。

表 1-2　1951—2012 年武汉市相关气候要素的变化趋势分析结果

项目	降水量	日最大降水量	平均风速	极大风速	最大风速	日照时数
1951—1981 年平均值	1 201 mm	118 mm	2.7 m/s	23.3 m/s	16.3 m/s	2 059.6 h
1982—2012 年平均值	1 314 mm	128 mm	1.5 m/s	16.7 m/s	9.5 m/s	1 844.8 h
F 值	2.5	0.4	180.6	54.5	50.5	27.0
p 值	0.12	0.51	<0.01	<0.01	<0.01	<0.01
趋势	无	无	下降	下降	下降	下降
趋势显著性	无	无	极显著	极显著	极显著	极显著

武汉市近 62 年的降水量与日最大降水量均没有表现出显著的变化趋势，一些地区由于受到气候变化的影响，不仅气温升高且降水量也有减少的趋势（Sanderson et al., 2011），然而武汉地区降水量相对稳定，说明武汉市的降水量并没有受到全球气候变化的影响。夏季是武汉市降水比较集中的时段，来自海洋的暖湿气流在东南季风的影响下可到达长江中下游地区，从而产生丰富的降水，因此武汉日最大降水量多数出现在夏季。日最大降水量变化较大（图 1-3），1959 年、1969 年、1982 年、1991 年、1998 年的日最大降水量均出现了突然比上一年大幅升高的波动现象，间隔年数分别为 10 年、13 年、9 年、7 年，因而推测其中可能存在一定的周期性。许多研究证明一些区域的降水量呈现出一定的周期性：有学者利用小波分析法对 1961—2008 年临沂降水变化特征进行研究，结果表明临沂夏季和冬季降水时间序列存在 15 年的变化尺度，周期内均经历了少雨到多雨的转变；勾丽杰等（2012）用相同的研究方法证明了河北平原 1960—2004 年的四季降水量均呈现出 3～4 年的周期性变化。有学者对武汉市 1951—2007 年夏季降水量多时间尺度变化特征进行分

析，发现夏季降水以 10 年为周期波动最强。因此，武汉市日最大降水量的历史变化也可能受到了夏季降水量以 10 年为周期的周期性波动影响，但这种周期性影响的存在还有待进一步验证。

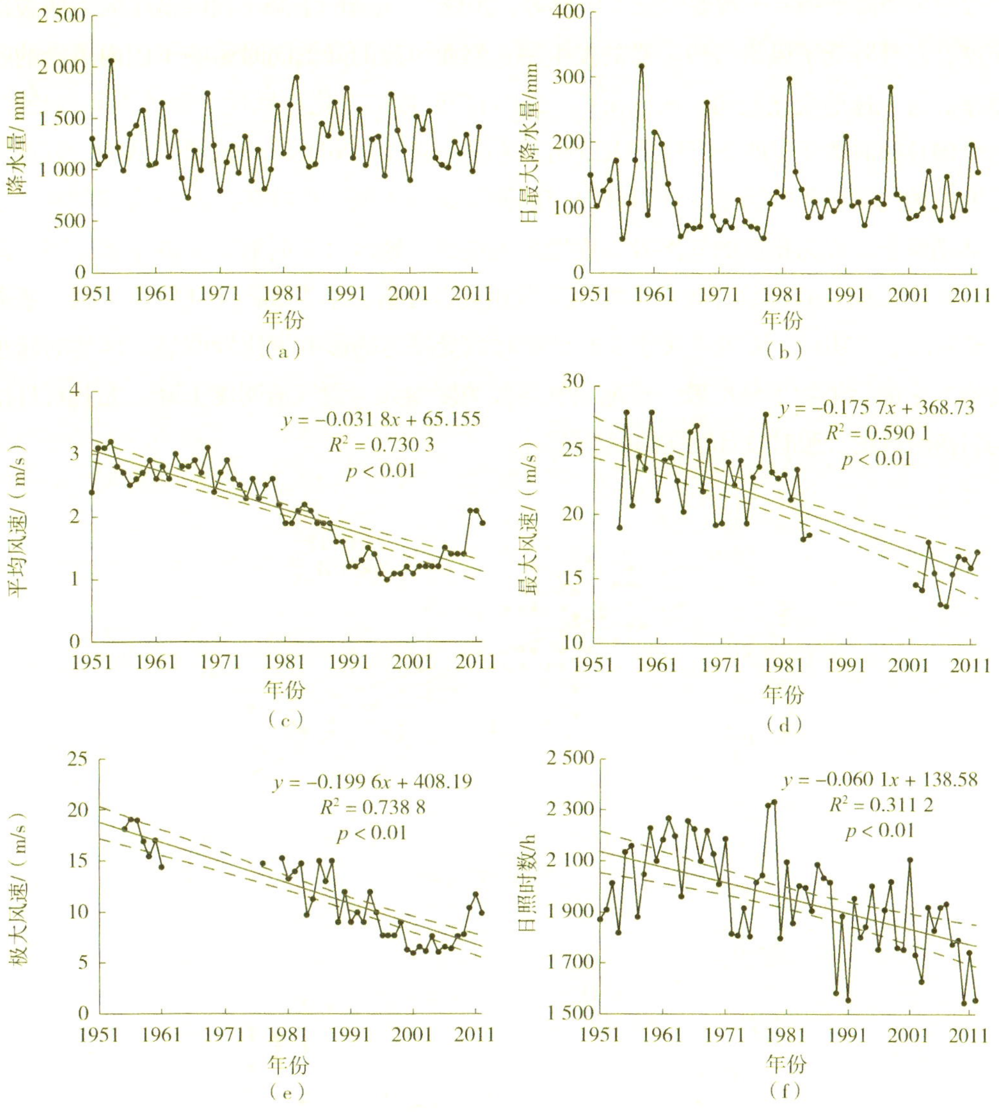

图 1-3　1951—2012 年武汉市相关气候要素的变化趋势

（实线代表回归线，虚线代表 95% 置信区间）

近 62 年武汉市平均风速、极大风速以及最大风速均表现出极显著下降的趋势，其中平均风速每年下降约 0.03 m/s，这与全国近 60 年风速的改变趋势研究结果一致，但武汉市平均风速的下降速率高于全国平均水平（Guo et al.，2011）。有研究表明，我国各个地区风速不同程度的减小可能与亚欧大陆的温度升高有关，因为大陆气温的升高会减小区域周边海洋的温度梯度与气压梯度，从而引起风速的减小。将武汉市历史年平均气温与平均风速做相关性分析，结果如图 1-4 所示，两者的相关系数 r =0.713（p<0.01），说明武汉市风速的改变确实受到了气温升高的影响。同时，城市化进程的加快，使得气象站周边受到了较高建筑的阻挡，城市下垫面增高，也是导致武汉市风速降低的一个重要因素（田晨等，2012）。风速的下降不仅降低了风力的波动幅度，而且降低了风暴与沙尘暴的发生率，然而风速的降低同时影响了国内风能的收益率。与风速的变化相同，武汉市近 62 年日照时数的变化也呈现了显著下降的趋势，与全国日照时数呈现的下降趋势大致相同（虞海燕等，2011）。一般研究认为，云量是日照时数的主要影响因子，而对武汉市的研究结果表明，近些年武汉市人口稠密、经济活动频繁，人为排放的气溶胶浓度增加可能是该地区日照时数减少的主要原因。此外，将武汉地区的日照时数与平均风速做相关性分析，结果如图 1-4 所示，相关系数 r =0.511（p<0.01），说明武汉地区的日照时数受风速的影响也比较明显，风速的减小使空气中的污染物不易扩散，近地层气溶胶浓度增大，空气透明度下降，尤其对日出与日落时段的日照时数有较强的削减作用。

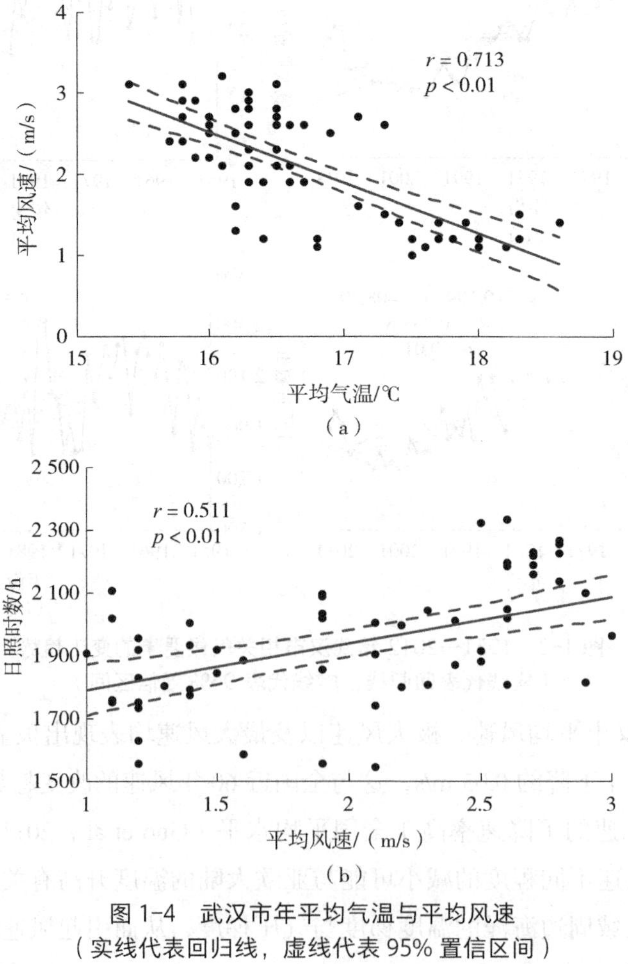

图 1-4　武汉市年平均气温与平均风速

（实线代表回归线，虚线代表 95% 置信区间）

1.5　研究区湖泊多重环境压力浅析

1.5.1　研究区域湖泊概况

武汉市南湖（121°21′E、30°30′N）属长江中游浅水湖泊，面积约为 7.63 km^2，平均水深 1.6 m。十几年来，由于城市的迅速发展和湖泊周边地产的开发，南湖沿岸区域人口突破 30 万，且仍呈增长趋势，大量生活污水流入湖中，加速了水体的富营养化。有研究表明，南湖营养程度由 1982 年的中营养上升至 1998 年的重度富营养水平，16 年上升了 4 个营养级别。近几年有关武汉南湖的研究发现，武汉南湖水体中各营养盐浓度都有了较大的升高，总氮的平均浓度已经达到 12.66 mg/L，硝态氮的平均浓度为 1.076 mg/L，氨氮的平均浓度为 0.832 mg/L，亚硝态氮的平均浓度为 0.238 mg/L；水体总磷和正磷酸盐的平均浓度分别为 0.240 mg/L 和 0.033 mg/L。

长江中下游地区是我国浅水湖泊比较集中的地区，该地区亦是我国富营养化湖泊分布的主要地区。20 世纪中期以后，伴随着经济发展的加快，湖泊的富营养化日益严重，人类活动导致沉积物和水体中的营养盐含量增加了 2～3 倍，沉积物系统中的其他指标（如氮、碳同位素含量、重金属元素含量）也都表现出同样的变化趋势。同时，有学者研究发现，在只考虑温室气体增加的条件下，210 年间整个长江中下游地区地表温度平均升高幅度约为 4.5℃，高于全球平均水平。

1.5.2　中宇宙实验研究系统

本气候变化模拟系统由 48 个中宇宙子系统组成，每个子系统高 1.4 m，直径 1.5 m，总容积约 2 500 L。每个子系统中配备两个温度传感器，一个加热器，并通过一套温度控制系统来实现气候变化模拟。升级前后系统性能参数对照见表 1-3。

表 1-3　升级前后性能参数对照

升级内容	升级前	升级后
固定升温程序	子系统交错升温影响温度控制效果，并易受环境温度的影响，升温滞后 24 h 左右，且各子系统到达目标温度的时间不一致	精准控制、同步升温，升温滞后小于 6 h
波动升温程序	手动更改每日升温幅度，升温明显滞后，极端温度控制效果不佳	精准控制、同步升温，升温滞后小于 6 h
控制精度	±0.5℃	±0.3℃
温度显示	控制电脑显示	移动电脑、手机显示
温度调控	控制电脑修改、调控	移动电脑、手机客户端修改和调控

续表

升级内容	升级前	升级后
温度数据采集和存储	控制电脑采集并存储于其中，采集频率为每分钟一次	存储于云服务器，并逐日发送给系统管理维护人员，每 10 s 采集一次
温度控制保护系统	需每日查看控制电脑，故障排除耗时费力，不能及时调整	增加升温过热自动停止保护程序，实时发送故障信息至管理维护人员手机及邮箱

（1）为了更稳定、更精确地控制特定升温幅度，从而模拟未来情景下的气候变暖。前期的温度控制系统不稳定，会出现交错加热情况，而且精度不够。升级改造后，每个子系统温度精度可达 ±0.3℃，出现加热滞后或者超出设定温度的情况可以及时报警，以便及时调整。

（2）为了准确地控制设定的波动温度，从而模拟未来的极端气候情景。前期的系统，对于波动温度的控制存在明显的滞后。因此，通过升级改造，可以达到理想的极端温度变化控制。

（3）升级改造后可以方便、快捷地采集和保存系统温度数据，并及时预警突发问题。通过电脑和手机终端可以在任何时间、地点监控系统中的温度，从而便于控温系统的管理。

1.6 结论

现阶段，全球气候变暖对湖泊生态系统影响的相关研究有两个特点：①研究大多集中在北部温带区域（Alsterberg et al.，2011），对亚热带浅水湖泊关注度较低；②研究大多集中于水体浮游食物网，对沉积物系统的研究仍为数不多。此外，沉积物系统对全球变暖的响应研究多集中在单一物种或营养级的影响等方面，由于沉积物系统是一个由食物网介导的复杂生物地球化学循环过程的系统，所以必须考虑气候变暖对沉积物系统功能和结构等方面的影响。因此，研究气候变暖所引起的湖泊沉积物系统结构与功能的改变，以及气候变暖对沉积物营养物质的循环速率的影响，对揭示气候变暖趋势下亚热带浅水湖泊的响应机制具有重要意义。一些研究指出，温度与营养存在交互作用，进而可能影响到生产力、食物网结构以及有机物质矿化速率。然而，人们对沉积物系统如何响应富营养化与气候变暖的共同作用了解不多。

（1）武汉市 1951—2012 年的 6 项气温要素中，除极端最高气温外，其他 5 项气温要素（平均气温、平均最高气温、平均最低气温、极端最低气温以及平均气温距平）均表现出极显著的上升趋势，上升原因主要是全球气候变暖与城市热岛效应的共同作用。

（2）武汉市 1951—2012 年的降水气候要素没有任何显著趋势，降水量较为稳定，但日最大降水量波动较大。

（3）武汉市 1951—2012 年风速与日照时数均有极显著的下降趋势，风速的减小与该地区气温的升高和城市化进程加快有关，而日照时数的下降主要是受到了空气中人为排放的气溶胶浓度增加的影响。

综上所述，武汉市近 62 年的气候变化主要受到了全球气候变暖、城市化进程以及自然气候变率三者的共同影响，各气候因子受到以上三者影响的程度各有不同。因此，应积极开展节能减排，采取有针对性的科学措施，以应对和减缓武汉地区气候变化产生的负面影响，从而有力改善城市环境。

第2章 气候变暖对不同营养水平湖泊营养物质动态迁移的影响

浅水湖泊的沉积物–水界面在自养与异养生物的生命活动中扮演着重要的角色，与水体相比，沉积物表面具有相对较高浓度的营养物质、有机物质以及细菌生物量（Attermeyer et al.，2013）。沉积物表面上方的水层与沉积物自身组成了一个整体区域，该区域在湖泊生态系统中污染物的运输过程以及营养物质的化学转化方面起着重要的作用，各种物质在沉积物–水界面的交换过程不仅影响着湖泊中污染物的控制，也影响着整个湖泊生态系统营养物质的均衡状态（Ospina-Álvarez et al.，2014）。对于营养盐、溶解氧和其他物质在浅水沿岸带以及河口的沉积物–水界面的交换过程已进行了很多研究（Brady et al.，2013；Couceiro et al.，2013），已有的研究结果表明，一年当中的特定时段，沉积物中释放的营养盐是生态系统中浮游植物生长营养的主要来源（Pinardi et al.，2011）。然而，浅水湖泊沉积物–水界面由于水动力扰动而处于更加不稳定的状态，物质交换强烈，因此，对于浅水湖泊富营养化机制的理解仍然不够清晰，还无法满足富营养化湖泊治理的实际需求。

2.1 沉积物在湖泊生态系统中的作用

湖泊沉积物是不同地质、气候、水文条件下各类碎屑、黏土、自生或生物成因矿物以及有机物质等的综合体，是自然与人类作用下各圈层相互作用的产物和信息库，保存了丰富的有关区域构造活动、气候变化和人类活动的信息（章金东，2011）。沉积物在湖泊生态系统中自上而下与自下而上的物理化学循环过程均扮演着重要的角色，对湖泊中生物的组成、分布以及生长速率也具有一定的影响力（图 2-1）。

2.1.1 沉积物对湖泊生态系统物理特性的作用

沉积物能够决定水柱垂直方向上的光照强度，对湖泊生态系统的物理性质产生决定性作用，悬浮的沉积物颗粒具有吸收和散射效应，会减小光照补偿深度，从而

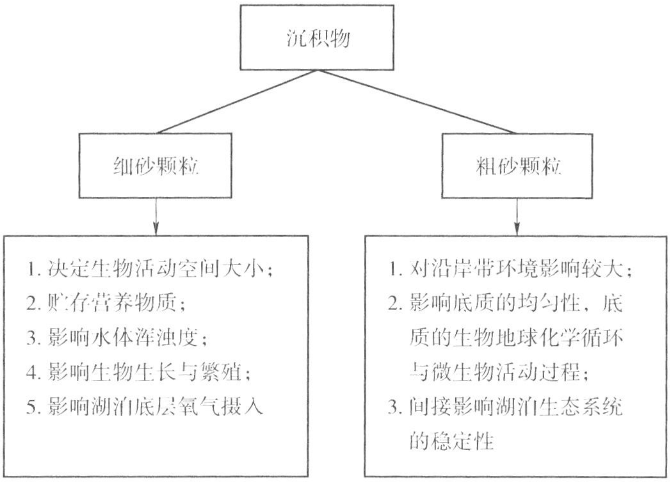

图 2-1　不同颗粒大小的沉积物对湖泊生态系统的作用（改自 Donohue and Garcia，2009）

影响光照补偿点以下水体的光合作用，降低湖泊生态体系的初级生产力。Hoem Neher 等（2013）在美国阿拉斯加州两个不同浑浊度的湖泊发现，浑浊度增加 5 NTU，会削弱水体 75% 的光合作用能力。有学者研究表明，矿物沉积物的悬浮颗粒吸收蓝光的能力比吸收红光更强，从而加大了水体中光的波动，影响到湖泊生态系统的光合产物。不同程度的光衰减，会直接影响到湖泊生态系统中一些生理过程与光周期、光强度有关的生物，改变其生活习性。Kemp 等（2011）对一个较小的山麓湖研究发现，由于水体浑浊度的增加，白天浮游动物在垂直方向会有较明显的趋光迁移行为。沉积物在影响湖泊生态系统光照强度的同时，还能够影响其水体温度，矿物沉积物的悬浮颗粒不仅可以吸收热量，还可将阳光反射入周围的水环境，从而导致湖泊生态系统的水体温度发生改变，而水体温度的改变势必会影响到湖泊生物的生长和繁殖。与此同时，水体热力结构的改变有时会间接地反作用于沉积物，如水体热结构改变会影响水体的密度，若湖泊水体密度与沉积物颗粒密度较为接近，沉积物颗粒的沉降速度就会受到一定影响。

2.1.2　沉积物对湖泊生态系统化学特性的作用

沉积物对湖泊生态系统的化学作用，主要表现在溶解氧以及营养盐浓度的影响。沉积物具有一定的隔离氧气能力，其脱氧能力是等体积碳酸水的 16 倍，沉积物的增加与再悬浮能够显著地影响水体溶解氧的可利用性，降低水体自净的速率（Hogsett et al.，2013）。沉积物可以将湖泊生态系统中的氮、磷等营养盐聚集到表面，作为食物网营养物质的来源。沉积物的矿物特性与水体的化学循环过程相互作用，直接决定了营养物质在沉积物中的吸附和解吸，如湖泊均温层的周期性缺氧会导致大量的营养物质从沉积物中解吸进入水体。

2.1.3 沉积物对湖泊生态系统生物的作用

沉积物与湖泊生态系统中的细菌、浮游动物、底栖动物和鱼类都有一定的相互作用。黏土性质的沉积物悬浮颗粒能够强烈吸附溶解性有机碳，在有机物质丰富的湖泊生态系统中，黏土沉积物起到了重要的调节作用。墨西哥的查帕拉湖矿化浑浊度较高，营养物质丰富，有学者认为其中一个重要因素便是其大面积的黏土悬浮颗粒吸附了大量的溶解性有机碳，从而为湖泊中细菌的生长繁殖提供了大量的营养物质。大量的溶解性有机碳打破了异养微生物固有的循环过程，营养级较高的浮游生物不再通过原生生物获取养分，而是从水体当中直接获取碳源从而使大量的溶解性有机碳得到了充分利用。在这种情况下，团聚性细菌逐渐成为群落优势种，细菌的生物量及生产力也与无机沉积物颗粒悬浮产生的浑浊程度有着十分显著的相关性（Carrasco et al.，2013）。沉积物悬浮颗粒较强的光吸收效应对湖泊中浮游植物的光合作用有较大的影响，较高的无机浑浊度会显著降低浮游植物生长速率及生产力，同时，黏土沉积物颗粒会吸附藻类，加快藻类的沉降速率从而降低浮游植物的生物密度。

沉积物颗粒浓度还能够对湖泊浮游动物的生物量与生物密度起到一定的间接作用，已有研究表明，较高的沉积物颗粒浓度会降低浮游动物的生存力与繁殖力，且对幼体造成的影响比成体大许多，也会显著延迟浮游动物的第一次生育年龄。室内模拟实验表明，浮游动物摄食与合成碳营养物质的速率也受到沉积物颗粒的影响，Schulze 发现，沉积物悬浮颗粒浓度在 50～100 mg/L 时，水蚤摄食藻类碳源的速率会直线下降到仅能维持自身生存的水平（Schulze，2011）。此外，沉积物还可能影响到湖泊浮游生物的种类组成：一些富营养型湖泊，较高浓度的沉积物颗粒吸附着大量的营养物质，致使杂食性水蚤成为浮游动物的优势种类。底栖动物在湖泊食物网以及营养物质的贮存、循环方面扮演着重要的角色，湖泊沉积物悬浮颗粒和底层沉积物对底栖动物都存在直接或间接的影响。野外湖泊调查表明，沉积物营养物质的增加会明显减小底栖动物群落的丰度，并且改变群落的种类组成。此外，有学者对坦噶尼喀湖底栖动物的研究发现，实验控制条件下，人为增加沉积量会显著降低种群的自我恢复能力；有学者发现，大面积的沉积物堆积会使底栖动物的生存环境趋向一致，从而降低底栖动物的群落多样性。沉积物颗粒大小也对底栖动物群落有直接的决定作用，与粗泥沙质的沉积物相比，细泥沙质的沉积物对底栖动物的生长更加不利，因为细小的泥沙颗粒会堵塞湖泊底部的沉积物间隙，从而阻止氧气的摄入，导致底栖动物的生存条件与生长速率均受到显著的不良影响。湖泊生态系统中沉积物对鱼类的影响主要体现在对鱼类种群大小、群落多样性、种群的动态变化以及功能特点等方面。一些定期有洪水流入的溪流会产生浊度梯度，能够为溪流中迁徙的鱼类指引方向，最终进入湖泊或水库（Whitfield et al.，2012）。鱼类是视觉捕食者，湖泊沉积物通过影响水体的光照强度，间接影响了鱼类的视力与捕食能力，降低的光照强度不仅影响了鱼类的视力范围，而且降低了目标物体的反射光强，从而延长鱼类发现食物的反应时间，影响捕食效率。鱼类视力范围的降低不仅会影响鱼类本身的种群结构与功能，对其捕食目标的种群组成、个体大小以及行为能力也更加挑剔，例如，有实验表明，湖泊沉积物增加时，较小个体的浮游动物的捕食压力逐渐增大，而较大个体的浮游动物捕食压力没有明显的变化。

综上所述，沉积物对湖泊生态系统的物理化学过程、生物的生存与繁殖都有着直接或间接的影响。然而，沉积物与湖泊生态系统中其他胁迫因子的作用还有待进一步探究，如外来物种的入侵、气候变化等因素，相关的研究能够让我们更好地管理湖泊生态系统，保护生物多样性，充分地发挥湖泊生态系统各组成部分的生态功能。

2.2　升温对超富营养型浅水湖泊沉积物营养盐动态迁移影响的初步研究

2.2.1　升温控制条件与实验方法

本实验以重度富营养化的南湖为研究区域，于 2012 年 3 月 24 日—5 月 4 日在光照培养箱内模拟该地区春季气候变暖情景，重点关注升温情况下沉积物 - 水界面不同形态氮、磷的变化特征，旨在揭示气候变暖对重度富营养水平湖泊沉积物 - 水界面营养盐物质动态释放的影响，为进一步研究气候变暖趋势下湖泊生态系统的响应机制奠定基础。

2012 年 3 月 18 日，在武汉市南湖敞水区水深 1.5～2.0 m 处，用彼得森采泥器采集表层沉积物样品，经 40 目筛网过滤，静置后采用虹吸法除去上覆水，将底泥混合均匀后一小部分冷冻保存，用于营养盐及其他指标初始值的分析，其余底泥分装入 12 个底部直径 10.2 cm、敞口直径 12.8 cm、高 9.0 cm 的圆柱形塑料容器，每个容器装入沉积物 200.0 mL，沉积物高度约 2.6 cm。采集南湖表层湖水，经 20.0 mm 孔径筛绢过滤，每个容器放入过滤后的湖水 700.0 mL。

根据中国地面国际交换站武汉市气候资料年值数据，武汉地区春季（3—5 月）的平均气温数据采用 2000—2010 年 3—5 月气温的平均值，近 10 年武汉地区春季的平均气温为18℃，在只考虑温室气体作用的影响下，已有研究预测本地区气温在21世纪末将升高约4.5℃。因此，本实验设置了2个温度处理：18℃（近10年春季平均气温）和22.5℃（预测本地区21世纪末气温），每个处理6个平行，置于光照培养箱中，光照强度3级，白天/黑夜为12 h/12 h。

系统静置后在液面下6 cm处取水样50 mL测定，将结果作为初始值，为消除各系统之间溶解氧的差异，并且使系统处于相对稳定的状态，在不扰动底泥的前提下为每个系统24 h不间断充氧，通气24 h后，在同样深度取水样50 mL测定其值，作为第1天数据，此后每隔3 d以同样方法取同样体积的水样测定。取样、蒸发等原因损失的上覆水以双蒸水补充。采集的水样测定总氮（Total Nitrogen，TN）、总磷（Total Phosphorus，TP）、硝态氮（Nitrate Nitrogen，NO_3^--N）、氨氮（Ammonia Nitrogen，NH_4^+-N）和正磷酸盐（ortho-Phosphate，o-P）5项指标。TN与TP采用碱性过硫酸钾联合消解法测定，NO_3^--N采用紫外分光光度法测定，NH_4^+-N采用纳氏比色法测定，o-P采用钼酸铵法测定。同时，在实验第1天、第10天、第20天、第30天、第40天，为尽量避免扰动底泥，用药匙分别从两个处理组的6个平行样中随机选择3个平行样，取底泥约30 g，冰冻保存，实验结束后解冻风干一并用于测定沉积物总氮（Total Nitrogen in sediment，TNs）、总磷（Total Phosphorus in sediment，TPs）、烧失量（Loss on ignition，LOI）、叶绿素a（Chlorophyll a，Chl a）。TPs采用硫酸-高氯酸消化，钼锑抗比色法测定（Quinn et al.，1996）；TNs采用Thermo Flash 2000元素分析仪测定；Chl a采用分光光度法测定（吴以平等，2005）；LOI采用马弗炉灼烧法测定。每个指标所得到的数据，在Excel中将相同时间的不同处理进行单因素方差分析，同时对一些指标进行线性回归分析以探究其随时间的变化趋势。

如图2-2所示，两个处理组TNs的含量，除第20天含量产生了差异（$p<0.05$），其余各时间TNs含量均无显著性差异，然而线性回归分析显示，两个处理组TNs均具有显著下降的趋势（$p<0.05$），其中，18℃处理组的下降趋势更加显著（$p=0.03$）。同样，系统中TPs的含量差异不大，只有实验第40天时产生了显著差异（$p<0.01$），线性回归显示两个处理组的TPs含量在整个实验阶段内没有显著变化的趋势，但18℃处理组呈现出了一种“先上升，后下降”的变化规律，而22.5℃处理组的含量基本维持在原水平。

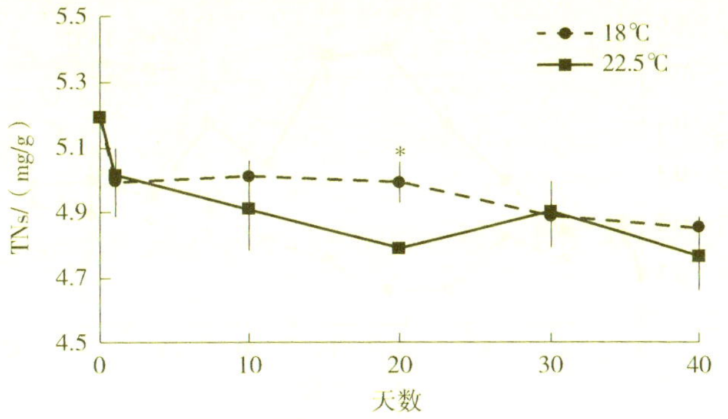

（a）TNs含量的变化

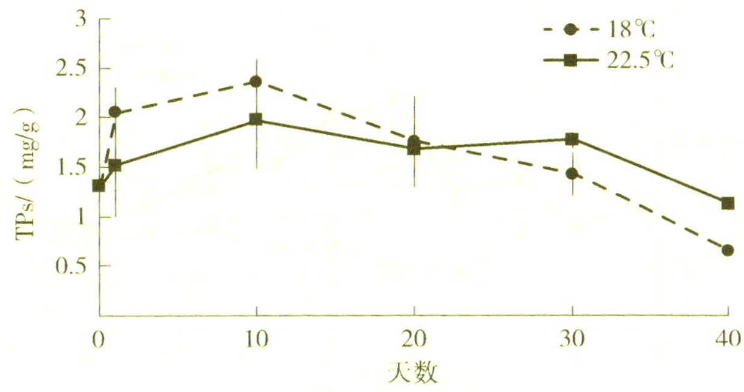

（b）TPs含量的变化

图 2-2　TNs 与 TPs 含量的变化
（“*”代表在 0.05 水平上存在显著差异，“**”代表在 0.01 水平上存在显著差异）

2.2.2　升温对系统沉积物磷动态迁移的影响

如图 2-3 所示，升温对水体磷浓度的影响较大，水体 o-P 初始含量均为 0.10 mg/L，之后 22.5℃处理水体中 o-P 呈现上升趋势，到第 13 天升至 0.55 mg/L，达到峰值，自第 26 天开始相对稳定在 0.27 mg/L 左右。18℃处理组最低值出现在第 13 天，为 0.07 mg/L，第 13～22 天出现缓慢上升，从第 22 天开始相对稳定在 0.22 mg/L 左右。除实验初期两组无显著差异外，其余各时段 22.5℃处理的水体中 o-P 的含量显著高于 18℃处理（$p<0.01$）。两个处理组水体中的 TP 初始含量均为 0.37 mg/L，22.5℃处理组最高值为 0.74 mg/L，出现在第 13 天，从实验开始至第 13 天水体中的 TP 明显增加，第 25 天开始保持相对稳定，含量约为 0.36 mg/L。18℃处理组最低值出现在第 10 天，含量为 0.18 mg/L，第 25 天开始相对稳定在 0.30 mg/L 左右。单因素方差分析表明，大多数时间点，22.5℃处理水体的 TP 含量显著高于 18℃（$p<0.05$）。

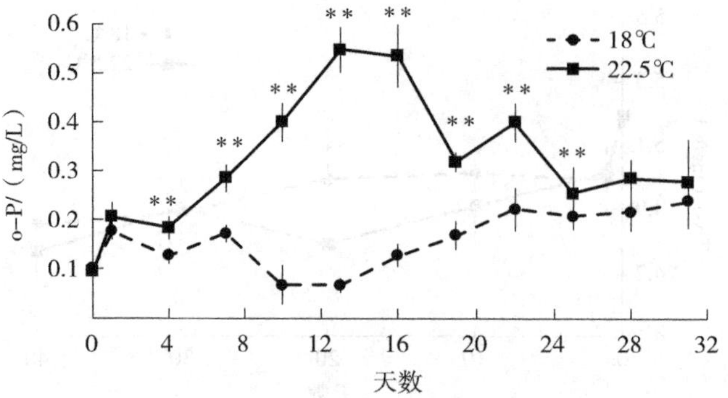

（a）水体中o-P的浓度变化

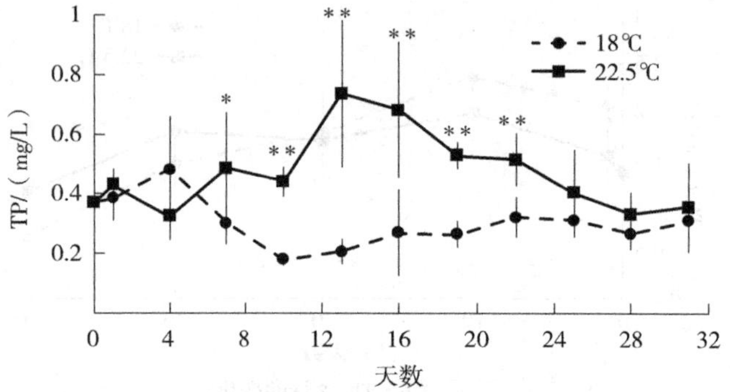

（b）水体中TP的浓度变化

图 2-3　水体中 o-P 和 TP 的浓度变化

（"*" 代表在 0.05 水平上存在显著差异，"**" 代表在 0.01 水平上存在显著差异）

本实验中，水体中的 o-P 和 TP 的浓度变化说明了两个处理组中沉积物磷元素的迁移方向是从沉积物中向上覆水中释放，释放的规律是先以一个相对快速的速率释放，而后逐渐缓慢而达到平衡，并且温度的升高能够促进这个释放的过程，这与以往有关磷释放的研究结果相似（易文利，2011），产生这种现象的原因有：①水体中磷的溶解度主要决定了各类磷酸盐矿物的溶解强度，温度作为影响该元素溶解饱和度的主要因素，在溶解过程中起到了极为重要的作用。温度升高，使水体中磷的饱和度增大，物理化学反应的平衡向溶解、解析的吸热方向转移，进而导致底泥释磷能力的提高，无机磷的溶解释放反应速率以及扩散速率增加。学者对瓦埠湖沉积物室内模式实验表明，在 30℃的条件下水体中最大 TP 浓度为 0.49 mg/L，约为 10℃时的 3.8 倍，而底泥的最大释放量为 12.79 mg/kg，约为 20℃时的 1.5 倍。②温度升高，沉积物中微生物活力增强，Fe^{3+} 还原为 Fe^{2+}，使得部分与 Fe 结合的 PO_4^{3-} 得以释放，而且微生物的活动还可以将有机磷转化为无机磷向上覆水中释放，同样的现象在其他湖泊中也有出现，如西湖当温度为 30℃时底泥磷释放速率为 0.20 mg/（m^2 · d），10℃时仅为 0.05 mg/（m^2 · d），因而夏季释放速率明显增加，春秋季略低，冬季则几乎为零。③有研究表明，水温的升高使有机质矿化作用增强，产生大量的 CO_2 加快了含钙沉积物的溶解速率，钙磷的释放也相应加快，因此温度对含钙沉积物的影响最大。④本实验中，22.5℃处理组水体中的 TP 和 o-P 浓度整体呈现先升高后降低最终稳定的变化规律。

如图 2-4 所示，两个处理组沉积物 Chl a 含量在整个实验阶段没有显著性差异，整体呈现出先下降后上升的规律，实验初始值为 175.5 μg/g，在实验第 20 天沉积物 Chl a 含量下降到最低，分别为 77.2 μg/g（22.5℃）与 82.3 μg/g（18℃），最终第 40 天沉积物 Chl a 含量分别为 125.2 μg/g 与 126.4 μg/g。

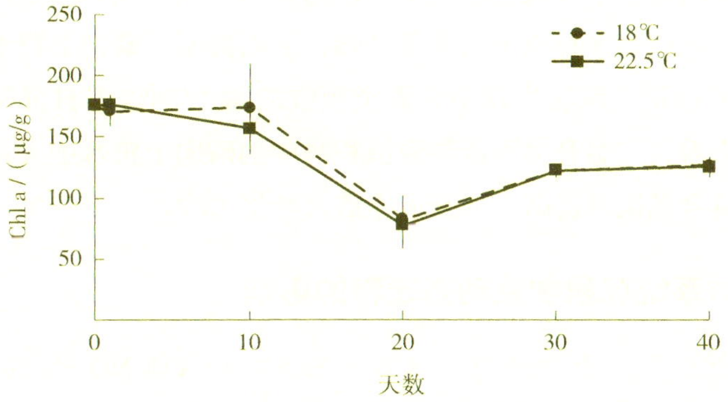

图 2-4 沉积物 Chl a 含量的变化

实验阶段中期，两个处理组的烧失量（LOI）大部分时间 22.5℃要高于 18℃（图 2-5），初始值 9.6%，回归分析显示两个处理组的沉积物烧失量没有显著上升或下降的趋势，但 22.5℃的处理组在整个实验阶段的波动较大，最终实验第 40 天依然高于 18℃处理组。

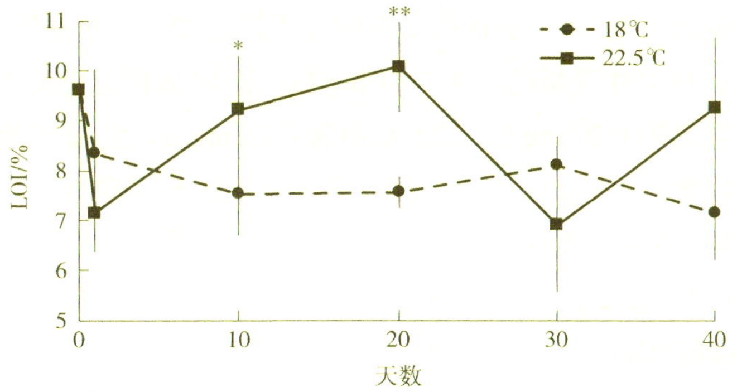

图 2-5 沉积物 LOI 的变化
（“*”代表在 0.05 水平上存在显著差异，“**”代表在 0.01 水平上存在显著差异）

一方面，这与系统中沉积物有机质含量的变化有着较大的关系，而对系统沉积物烧失量的测定就能够很好地反映沉积物有机质含量的变化，易文利（2011）研究表明，有机质可能会抑制沉积物溶解性活性磷的释放，22.5℃处理组中系统的沉积物有机质含量出现不规律的波动，但最终维持在了一个相对较高的水平（图 2-5），这与前者的研究结果相同，原因可能是虽然实验后期大量微生物死亡，有机质中带来磷营养，但能通过吸附机制将磷酸盐固定在沉积物颗粒中，抑制其从水体中释放；另一方面，底栖附着藻类也同样能够影响沉积物磷与水界面的交换，沉积物 Chl a 含量的变化很好地反映了实验过程中底栖附着藻类的生物量，整个实验过程底栖藻类生物量呈现出先下降后上升的变化规律，表明实验后期，底栖附着藻类对于沉积物中的磷向水体中释放也起到了一定的抑制作用，其原因是沉积物表层底栖藻类同化吸收了沉积物中释放出的大部分磷，从而抑制了磷向上覆水中释放，利用反射性同位素 P 标记失踪法发现附着藻类吸收的磷中 84% 来自沉积物。因此，从整个实验过程来看，气温升高可能导致沉积物中的磷向上覆水中大量释放，从而使水体中溶解态磷含量快速提高，加剧水体富营养化风险。

2.2.3 升温对系统沉积物氮动态迁移的影响

如图 2-6 所示，两个处理组（18℃和 22.5℃）水体 NO_3^--N 的含量在实验第 4 天时明显升高，分别为 3.09 mg/L 和 5.56 mg/L，相比之下 22.5℃处理组升高幅度更大并且达到整个实验周期的最高值（$p<0.01$），而 18℃处理组在第 7 天达到最高值，为 3.85 mg/L。两个处理组的 NO_3^--N 含量在达到各自最高值之后逐渐下降，从第 13 天开始保持相对稳定，18℃处理组约为 0.06 mg/L，22.5℃约为 0.40 mg/L。单因素方差分析表明，从第 16 天开始至实验结束，两个处理组间 NO_3^--N 含量一直存在显著性差异，并且 22.5℃处理组中 NO_3^--N 含量显著高于 18℃处理组（$p<0.01$）。两个处理组水体的 NH_4^+-N 含量在第 1 天明显下降，22.5℃处理组下降速率较快，降至 0.51 mg/L，18℃处理组则降至 3.81 mg/L，第 10 天两组含量开始保持相对稳定，18℃处理组约为 0.20 mg/L，22.5℃则为 0.13 mg/L。实验开始至第 4 天两个处理组间存在显著差异（$p<0.01$），而从第 7 天开始至实验结束，两个处理组间基本无显著差异。实验开始后两个处理组水体的 TN 含量均在持续下降，最终两组分别下降至 0.50 mg/L 和 0.49 mg/L，在整个实验过程中，除第 7 天存在差异外（$p<0.05$），其他各时段均无显著差异。

实验初期，两个处理组水体的 NO_3^--N 迅速升高，同时 NH_4^+-N 的浓度迅速降低，表明系统在充氧的作用下呈现较强的硝化作用。有研究认为，水体中的消化速率相当低，接近于零，氮营养盐的硝化作用主要在沉积物表面进行；而有学者利用东太湖和梅梁湾的底泥和水体构建微宇宙，研究表明，沉积物和水体中都进行

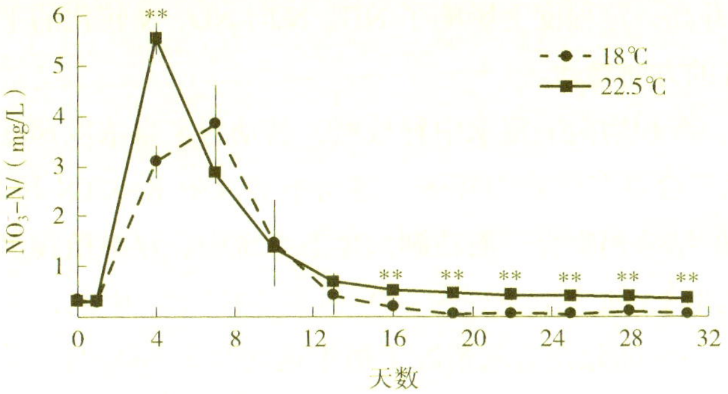

（a）水体中NO_3^--N的浓度变化

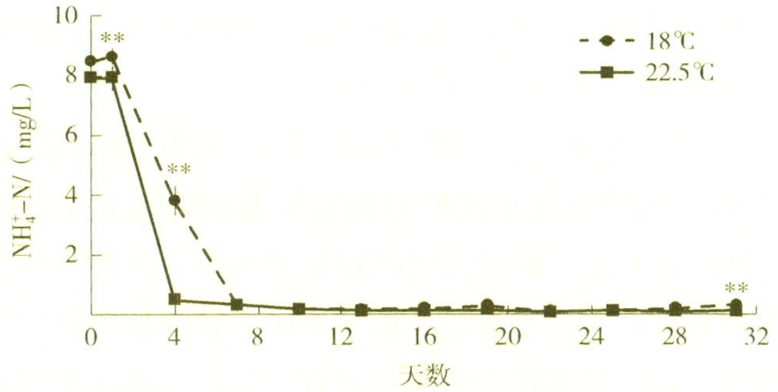

（b）水体中NH_4^+-N的浓度变化

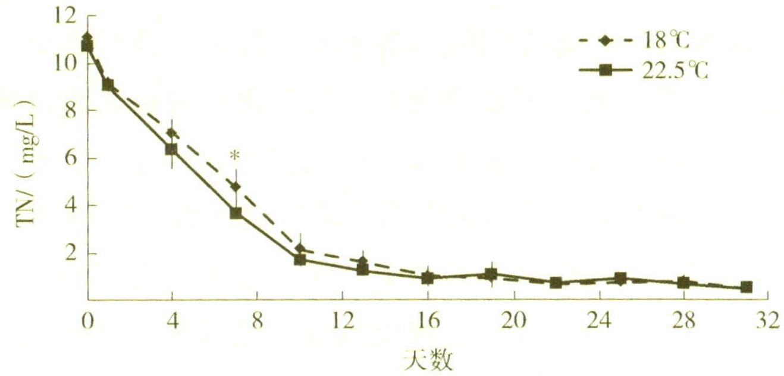

（c）水体中TN的浓度变化

图 2-6 水体中三种形态氮的浓度变化

（"*"代表在 0.05 水平上存在显著差异，"**"代表在 0.01 水平上存在显著差异）

了剧烈的硝化作用。本实验中，系统初期出现的剧烈硝化作用一方面是因为沉积物表面的硝化细菌在好氧环境下将 NH_4^+-N 转化为 NO_3^--N；另一方面是因为沉积物水体中存在较高的氧化还原电位（刘峰等，2011），使系统中大量的 NH_4^+-N 转化为 NO_3^--N，22.5℃处理组 NO_3^--N 浓度升高更加剧烈，说明在好氧环境下，温度的升高对水体中的 NH_4^+-N 向 NO_3^--N 的转化起到了一定的促进作用，然而与高浓度的溶解氧这一因素相比，温度的升高对这一转化过程产生了多大程度的影响还有待实验进一步探讨。实验后期，系统 NH_4^+-N 和 NO_3^--N 的浓度达到了一定的稳定状态，而 22.5℃处理组 NO_3^--N 浓度维持在了较高水平，总体高于 18℃处理组，说明在好氧环境下，温度的升高一定程度上影响了 NH_4^+-N 向 NO_3^--N 转化的平衡状态，使得反应平衡向 NO_3^--N 的方向移动。

有研究表明，沉积物向上覆水中释放氮，其动力来自浓度梯度，主要释放形式是 NH_4^+-N，来源于含氮有机物的降解。这与本实验中水体 TN 和 NH_4^+-N 浓度存在良好正相关关系的结果相吻合。而在湖泊生态系统中，浮游植物等将氮素转化为自身生物量，利用到的无机态氮主要为 NO_3^--N 和 NH_4^+-N，因此，本实验中沉积物释放的 NH_4^+-N 其中一大部分在有氧情况下被迅速转化为 NO_3^--N，而另一部分则被系统中生长的浮游植物和底栖藻类逐步吸收利用，从而导致系统中 NH_4^+-N 浓度持续降低，最终保持在相对平衡的状态，在此同时，稳定状态的 NO_3^--N 中一大部分来源于沉积物中 NH_4^+-N 释放入水体中之后的转化。

实验结果显示，两个处理组沉积物 TN 在整个实验过程中都呈现下降的趋势（$p<0.05$），说明沉积物当中氮元素迁移方向是从沉积物向上覆水中释放，而水体的 TN 却在实验初期快速下降，最终稳定在较低的状态，这表明本实验中升温并没有对沉积物氮元素的释放产生显著影响，而系统中氮营养盐的损失主要原因可能有以下两点：①沉积物中释放到水体中的氮元素部分通过反硝化作用转化为氮气从系统中溢出，有研究表明，反硝化作用主要进行的场所在沉积物中，沉积物厌氧层内的反硝化作用，以 N_2O、N_2 等无机气体等形态去除的内源性氮负荷，可达湖泊外源性氮输入总量的一半以上。多数情况下，反硝化作用被认为仅能在厌氧条件下发生，但也有一些实验证实在好氧条件反硝化作用同样存在，有研究认为，地下水中一些特定的生态环境下，反硝化作用是减少地下水 NO_3^--N 污染浓度的主要手段。富氧条件下，NO_3^--N 可以从上覆水中反向扩散渗透进沉积物厌氧层，再通过反硝化作用形成 N_2O、N_2 等逸散，这种脱氮过程是减少氮负荷最彻底的机制。但本实验中，系统中损失的大部分氮元素是否通过此途径从系统中溢出，还有待进一步实验论证。②部分氮营养盐被系统沉积物表面底栖藻类和底栖动物利用，有研究证明，底栖藻类对污水中的氮营养有很好的去除效果，而南湖沉积物的 Chl a 浓度较其他湖泊相对较高，说明其底栖藻类生物量相对较高，因此对水体中氮的消耗起到了更强的作用。对武汉市南湖大型底栖动物生态功能的研究表明，南湖中大型底栖动物生物多样性降低，种类较少，主要为寡毛类和摇蚊幼虫，然而对南湖中的氮元素仍具有一定的清除能力。最终，系统中沉积物氮素的释放与反硝化作用以及生物对氮的利用三者之间的作用达到平衡，形成了实验后期水体 TN 浓度的稳定状态。综上所述，反硝化作用与底栖生物利用两个原因，造成本实验模拟系统中氮的损失，同时未观察到升温对沉积物中氮的动态迁移产生显著影响。

2.3 不同营养水平湖泊沉积物 - 水界面物质动态迁移对气候变暖的响应特征

2.3.1 实验湖泊与温控模拟系统环境

1. 实验湖泊

采用两个不同营养水平的湖泊——高度富营养化的南湖与中度营养水平的梁子湖沉积物为研究对象，利用野外温控围隔系统模拟百年后气候变暖情景，设置两个温度梯度（自然水温，自然水温 +4.5℃），总计 4 个处理，每个处理 6 个平行。逐月观测不同处理组沉积物系统功能变量（如沉积物 - 水界面溶解氧、碱度、无机营养盐通量以及沉积物营养物质含量等）的变化特征，探讨不同营养水平湖泊沉积物 - 水界面物质迁移对变暖的响应特征。

现阶段南湖水体的总氮与总磷的平均浓度分别为 0.24 mg/L 和 0.03 mg/L，水质类别属于劣Ⅴ类，处于严重的富营养化状态，符合本实验对于高度富营养化湖泊的要求。实验的另一个研究区域为武汉市梁子湖：梁子湖位于长江中游南岸，武汉市东部的鄂州市西南部，地跨武汉、黄石、鄂州、咸宁 4 市，地理位置为 114°31′19″～114°42′52″E，30°04′55″～30°20′26″N。梁子湖是全国十大名湖之一，是武昌鱼的母亲湖和湖北省第二大淡水湖泊，现有水面面积约为 280 km^2，平均水深 2.5 m，蓄水量居湖北淡水湖泊之首，梁子湖水系是湖北省重点保护水系。2004 年，梁子湖水体总氮与总磷的平均浓度分别为 0.52 mg/L 与 0.06 mg/L，水质类别属Ⅲ类水，2012 年的梁子湖水质调查显示，梁子湖水体营养盐的总体浓度没有发生明显变化（孔令阳，2012）。

2. 中宇宙实验条件

室外控温围隔模拟系统建立在武汉市华中农业大学南湖基地（30°29′N；114°22′E），整个模拟系统由 24 个圆柱形敞口水箱组成，单个水箱高 1.4 m，口径 1.5 m，固定在地面下约 10 cm 处。每个水箱组成单个模拟系统，利用随机数抽取器将 24 个水箱随机均分成 4 个处理组，每组 6 个平行。实验的 4 个处理组分别为：①自然水温、高营养水平湖泊沉积物（HN）；②自然水温 +4.5℃、高营养水平湖泊沉积物（HNT）；③自然水温、低营养水平湖泊沉积物（LN）；④自然水温 +4.5℃、低营养水平湖泊沉积物（LNT）。原位围隔模拟系统利用专门的水温动态控制系统来实现单个系统水温的测定与控制，水体温度的升高利用陶瓷材质的加热器来完成，实验期间温控系统将自然水温处理组的 12 个系统水温的均值作为对照，始终将升温处理组的水温控制在比均值高出 4.5℃的水平。2013 年 3 月中旬，利用彼得森采泥器采集南湖表层沉积物，充分混匀后，将南湖沉积物铺设在HN处理组与HNT处理组的系统中，每个系统底部沉积物厚度约为10 cm，同时从梁子湖采集表层沉积物，以相同的方法分装在LN处理组与LNT处理组的系统中。采集南湖表层水，用20 μm孔径的筛绢过滤后，缓缓加入HN处理组与HNT处理组的系统中作为上覆水，每个系统加入上覆水的体积约为1.77m^3。LN处理组与LNT处理组的上覆水采用以下方法加入：分别采集南湖与梁子湖的表层水样带回实验室测定总氮与总磷，所得实验结果得出南湖水体的总氮与总磷浓度约为梁子湖水体的8倍，因此将相同筛绢过滤后的南湖表层水稀释8倍后（自来水稀释）缓缓加入到LN处理组与LNT处理组的系统中作为上覆水，各系统加入的上覆水体积与HN处理组、HNT处理组相同。2013年3月29日实验开始，模拟系统的升温控制模块开始运行，同年10月31日实验结束，温控系统关闭。

自然水温处理组与升温处理组的水温日平均值随时间的变化如图2-7所示。实验初始阶段，自然水温约为17℃，随着时间的推移，夏季自然水温日均值最高水平出现在7月29日，水体温度为33.8℃，最低水温出现在4月22日，水体温度为13.9℃。温控系统始终将升温的处理组控制在自然水温处理组均值以上的4.5℃范围，误差在±0.2℃。

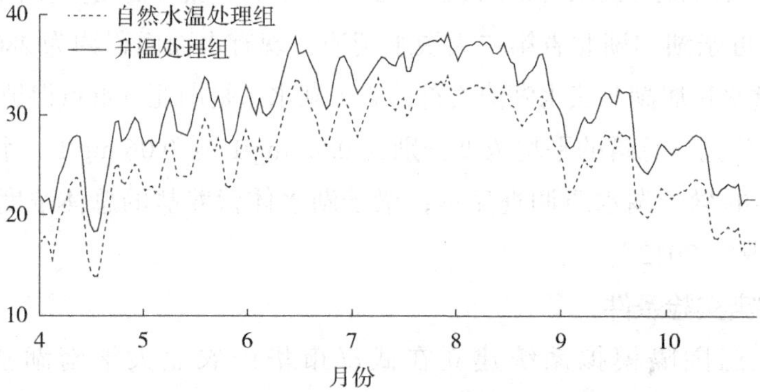

图2-7 2013年4—10月系统自然水温处理组（虚线）与升温处理组（+4.5℃，实线）水温日平均值的变化

3. 实验方法

实验期间，利用原位沉积物-水界面上覆水采集装置采集界面上覆水，以计算各营养物质交换通量，2013年4—10月每月19—20日采样1次，全部实验阶段共采样7次。每次采集水样的第1天，利用采集装置取界面水样共100 mL，分装在2个50 mL聚乙烯塑料样品瓶中，利用其中1瓶水样，当场测定溶解氧（Dissolved Oxygen，DO）、电导率（Electrical Conductivity，EC）、pH，其中DO采用YSI 200型便携式溶氧仪进行测定，pH采用普希科防水型pH笔式酸碱度计测定，EC采用

上海雷磁 DDB-303A 便携式电导率仪测定。采集测定完毕后，将采集的共 48 瓶水样带回实验室，用酸碱滴定法（金相灿，1990）测定每个系统其中一瓶水样的总碱度（Total Alkalinity，TA），另一瓶水样冰冻保存。第 2 天同样的时间，用相同方法采集 48 瓶水样，测定相应指标后，带回实验室分析、保存。每月水样采集完毕后，再用自制的沉积物采集装置在尽量避免扰动系统的前提下采集各系统的沉积物，带回实验室经风干处理后研磨，过 100 目筛网后分装保存。

冰冻保存的水样在采样结束第 2 天解冻，分别测定每个样品的氨态氮（NH_4^+-N）、硝态氮（NO_3^--N）、总氮（TN）、正磷酸盐（o-P）、总磷（TP）、硅酸盐（Silicate，SiO_3^{2-}）。沉积物样品在所有实验结束后，统一测定沉积物总氮（TNs）、总碳（Total Carbon in sediment，TCs）、总有机氮（Total Organic Nitrogen in sediment，TONs）、总有机碳（Total Organic Carbon in sediment，TOCs）、总磷（TPs）、烧失量（LOI）、叶绿素 a（Chl a）以及碱性磷酸酶活性（Alkaline Phosphatase Activity，APA）。NH_4^+-N、NO_3^--N、TN、TP、TNs、TPs、LOI 和 Chl a 的测定方法在 2.2.1 中已有描述。其余测定指标中，水样的 SiO_3^{2-} 采用硅钼酸法进行测定，TCs、TONs、TOCs 采用 Thermo Flash 2000 元素分析仪测定，其中 TONs、TOCs 需要事先将样品用 1 mol/L 盐酸酸化，蒸馏水洗涤烘干后再进行测定。APA 的测定：用对-硝基苯磷酸二钠盐（pNPP，Merck 公司出品）为底物（最终浓度为 10 mmol/L），称取约 0.013 g 沉积物干样，加入 2 mL Tris 缓冲液（0.1 mol/L，pH 为 7.4）与 2 mL pNPP，于 37℃培养 1 h 后在冰箱中冷藏 15 min 终止反应，然后加入 $CaCl_2$（0.5 mL，0.5 mol/L）和 NaOH（2 mL，0.5 mol/L）溶液与沉积物混匀后在 3 000 r/min 下离心 10 min，取上清液于 398 nm 下用分光光度法测定。APA 由底物生成的对-硝基酚反映出来。

沉积物-水界面的 DO、TA、NH_4^+-N、NO_3^--N、TN、o-P、TP 与 SiO_3^{2-} 的物质交换通量利用原位沉积物-水界面上覆水采集装置采集的上覆水初始值与 24 h 之后浓度差值再换算成以 mg/（m^2·h）为单位进行分析，pH、EC 利用 2 d 的平均值进行进一步分析。所有测定指标的数据按时间分组，利用 Kolmogorov-Smirnov 法检验每组数据的正态性分布，必要时将数据进行相应转化并剔除离群点。将各测定指标单月的 HN 处理组、LN 处理组数据合并，HNT 处理组与 LNT 处理组数据合并，之后进行单因素方差分析（One-way ANOVA）探究温度对各个指标的影响，再将各测定指标单月 HN 处理组、HNT 处理组的数据合并，LN 处理组与 LNT 处理组的数据合并，比较不同营养水平湖泊中各个指标的差异。最后将所有处理组合并，以时间为协变量，温度以及营养化水平为固定因素对每个测定指标进行双因素方差分析（Two-way ANOVA）。将时间作为协变量，不仅可以分析出各指标随时间变化是否存在上升或下降的趋势，而且可以在去除时间因素影响的基础上，探究温度与营养水平对各个指标的单独影响以及交互作用。显著程度设定 $p<0.01$ 时为极显著，$p<0.05$ 时为显著，而 $p<0.1$ 时属生态学意义的统计显著，因此本实验分析结果中也将 $0.05<p<0.1$ 纳入分析结果显著的范畴（Alsterberg et al.，2011），所有的数据分析过程在 SPSS Statistics 16.0 统计软件中进行。

以时间为协变量，温度、营养水平为固定因子的双因素方差分析结果见表 2-1。由表 2-1 可以看出，温度对系统沉积物－水界面的 pH、EC 产生了极显著的影响，对沉积物的 Chl a、TNs、TONs、APA 以及沉积物－水界面 TN 的通量均产生了显著性的影响。沉积物系统的营养水平对沉积物－水界面的 EC、TP 通量以及沉积物的 LOI、TCS、TOCs、TNs、TONs、TPs、APA 均产生了极显著的影响，对沉积物的 Chl a 以及沉积物－水界面 TA、NO_3^-–N、NH_4^+–N、TN 通量产生了显著影响。对温度与营养水平的交互作用探究表明，两者对沉积物 TCs 以及界面 NO_3^-–N、SiO_3^{2-} 的通量变化产生了交互作用（$p<0.01$）。

表 2-1　双因素方差分析探究温度与营养水平对各测定指标的影响

项目	平均值				p 值			协变量
	常温	升温	低营养	高营养	温度	营养水平	温度 * 营养水平	时间
pH	8.0	7.8	7.9	7.8	**	0.197	0.854	**
EC/（μs/cm）	337	395	286	446	**	**	0.294	**
Chl a/（g/g）	47	43	47	43	*	*	0.245	**
LOI/%	10	10	13	7	0.214	**	0.256	0.463
TCs/（mg/g）	41	38	49	31	0.172	**	*	0.815
TOCs/（mg/g）	38	36	48	26	0.137	**	0.442	0.367
TNs/（mg/g）	4.02	3.84	4.96	2.91	*	**	0.282	0.952
TONs/（mg/g）	3.89	3.69	4.89	2.69	*	**	0.9	*
TPs/（mg/g）	0.092	0.088	0.02	0.161	0.705	**	0.7	**
APA/［mg/（g · h）］	2.95	2.79	3.08	2.66	*	**	0.25	**
DO/［mg/（m^2 · h）］	−4.9	−3.8	−4.3	−4.4	0.153	0.915	0.681	**

续表

项目	平均值				p 值			协变量
	常温	升温	低营养	高营养	温度	营养水平	温度 * 营养水平	时间
TA/[mg/（m^2·h）]	55.6	64.22	48.67	72.5	0.451	*	0.238	0.819
NO_3^--N/[mg/（m^2·h）]	-0.03	-0.01	-0.03	-0.10	0.236	*	*	0.788
NH_4^+-N/[mg/（m^2·h）]	0.25	0.41	0.21	0.46	0.12	*	0.278	0.345
TN/[mg/（m^2·h）]	0.14	0.34	0.12	0.36	*	*	0.299	0.281
o-P/[mg/（m^2·h）]	0.17	0.17	0.05	0.31	0.96	**	0.274	0.236
TP/[mg/（m^2·h）]	0.19	0.27	0.05	0.43	0.205	**	0.886	*
SiO_3^{2-}/[mg/（m^2·h）]	0.62	0.24	0.54	0.32	0.259	0.504	*	0.953

注：* $p<0.1$；** $p<0.01$。

各处理组 pH、EC 随时间变化如图 2-8 所示。各处理组的 pH 在实验初期没有明显差异，总体水平为 7.4±0.1，随着时间推移各处理组的界面 pH 均显示出了上升的趋势，HN 处理组升高最为剧烈，9 月达到最大值 8.69±0.2。温度因素的单因素方差分析表明，8 月温度使升温组的 pH 显著低于常温组，而以营养水平为因素的单因素方差分析表明，营养水平对各个系统的沉积物 - 水界面 pH 影响不大，只在 7 月两个处理组产生了显著差异，但随后的时间差异性消失。各处理组的 EC 随着实验的进行整体呈现出下降的趋势，HNT 处理组始终保持在最高的状态，最高值达到 5 月的（581.5±15.6）μS/cm，而 LN 处理组始终处在最低水平，随时间的推移 10 月下降到最低，最低点的值为（164.3±5.8）μS/cm，与初始值（378.7±2.9）μS/cm 相比降低了约 214 μS/cm。两次单因素方差分析表明，尽管温度在实验后期使加热处理组的 EC 有所升高，但整个实验阶段，高营养水平系统的 EC 始终高于低营养水平系统，并且差异性极显著（图 2-8），说明沉积物的营养水平在系统 EC 的变化中起到了决定性作用。

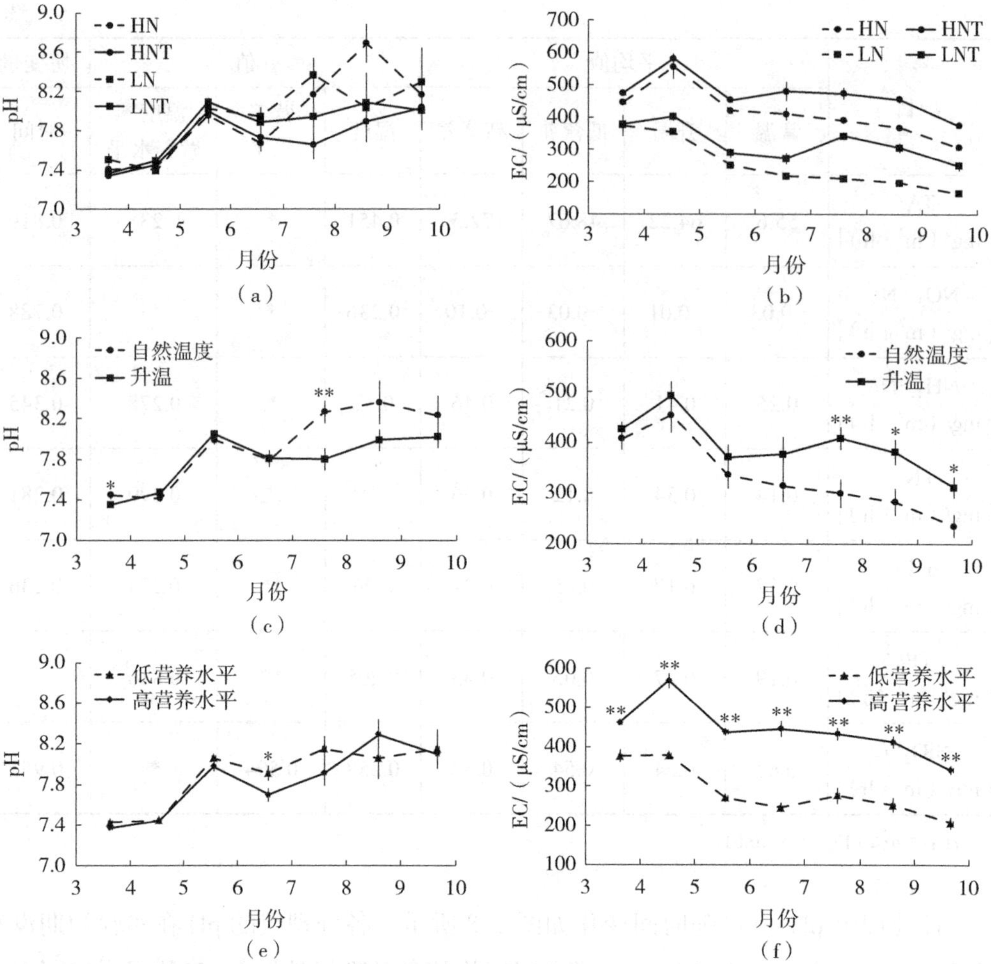

图 2-8　不同处理组（a、b）、不同温度（c、d）以及不同营养水平（e、f）的系统 pH、电导率（EC）平均值的变化

（“*”代表在 0.1 水平上存在显著差异，“**”代表在 0.01 水平上存在显著差异）

沉积物 Chl a 随时间的变化趋势以及单因素方差分析结果如图 2-9 所示。实验初始阶段各处理组的 Chl a 浓度较高，其中 LN 处理组的 Chl a 浓度为（79±3）μg/g，为所有处理组的最高值，随时间的变化，各处理组的 Chl a 均有明显的下降趋势，其中 HNT 处理组与 HN 处理组在实验结束时均下降到了全部实验周期的最低水平，分别为（32±1）μg/g 与（36±6）μg/g。两次单因素方差分析表明，Chl a 产生的变化与温度和营养水平均有一定的关系，其中实验初期与末期，系统营养水平较低的处理组 Chl a 浓度较高，而升温则在实验开始后对 Chl a 的变化产生了较微弱的作用。

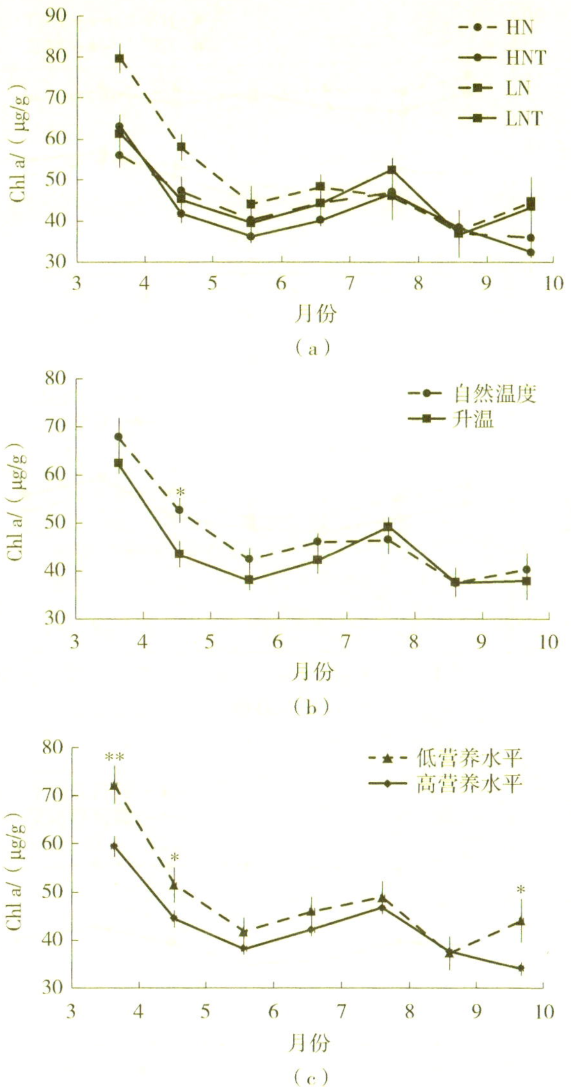

图 2-9 不同处理组（a）、不同温度（b）以及不同营养水平（c）的系统沉积物叶绿素 a（Chl a）平均值的变化
（“*”代表在 0.1 水平上存在显著差异，“**”代表在 0.01 水平上存在显著差异）

图 2-10 显示了各处理组的沉积物 LOI 在实验各阶段的变化情况。各处理组沉积物 LOI 的值随时间变化不大，而 LN、LNT 两个处理组的 LOI 相对 HN 处理组、HNT 处理组而言始终保持在较高的水平，因此以营养水平为因素，4 个处理组的 LOI 始终在两个不同的水平上下波动，同样的情况出现在两次单因素方差分析结果中，由图 2-10 可知，水体温度并没有对系统沉积物的 LOI 产生显著影响，而整个实验阶段，低营养水平的沉积物 LOI 值全部极显著高于高营养水平，由此可知，温度并不是影响系统 LOI 的主要因素，而系统的营养水平对系统的 LOI 变化起到了决定性作用。

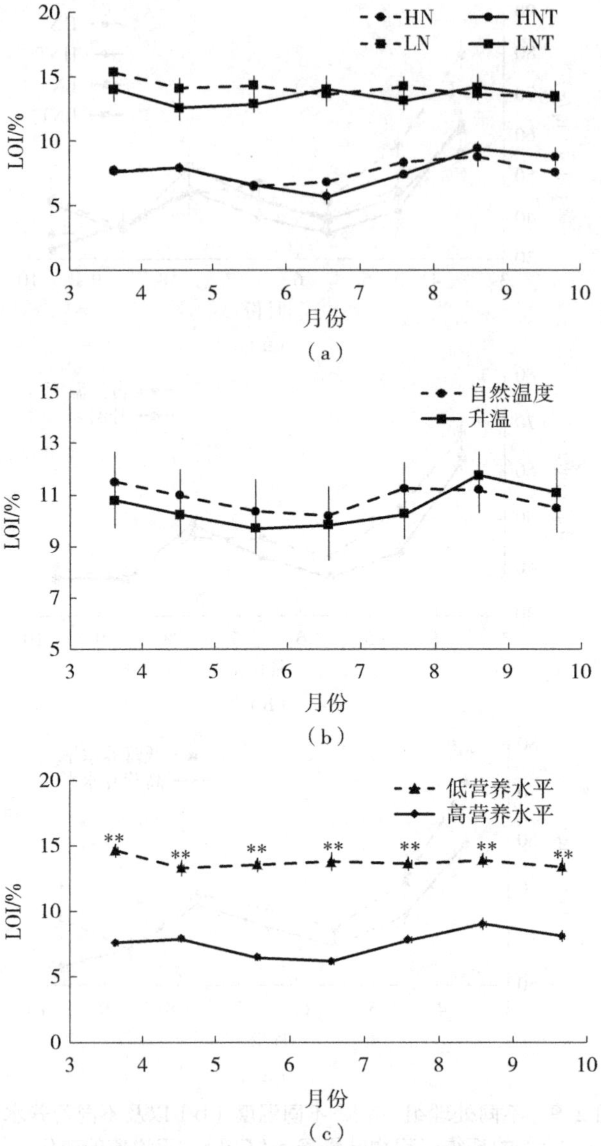

图 2-10 不同处理组（a）、不同温度（b）以及不同营养水平（c）的系统沉积物烧失量（LOI）平均值的变化
（“*”代表在 0.1 水平上存在显著差异，“**”代表在 0.01 水平上存在显著差异）

2.3.2 升温对沉积物 – 水界面物质交换的影响

沉积物 TCs 与 TOCs 的变化趋势如图 2-11 所示。实验中，每个处理组的 TCs 与 TOCs 相差不大，说明湖泊沉积物系统碳的组成主要以有机碳为主。与 LOI 的变化趋势相同，整个实验阶段 4 个处理组的 TCs 与 TOCs 在两个不同的高低水平波动，并没有随时间显示出任何升高或降低的趋势，其中以 LN 与 LNT 为一组的

TCs 的均值在（49±3）mg/g 的水平波动，而 TOCs 则在（48±3）mg/g 的水平波动，相对而言，以 HN 与 HNT 为一组的 TCs 与 TOCs 含量相对较低，其中 TCs 平均水平约为（30±1）mg/g，TOCs 平均水平约为（27±1）mg/g。两次不同因素的单因素方差分析结果表明，温度对系统 TCs 与 TOCs 的影响不大，而系统的营养水平对其影响则较为强烈，营养水平较高的系统与营养水平较低的系统相比，其 TCs 与 TOCs 的值有明显的降低。

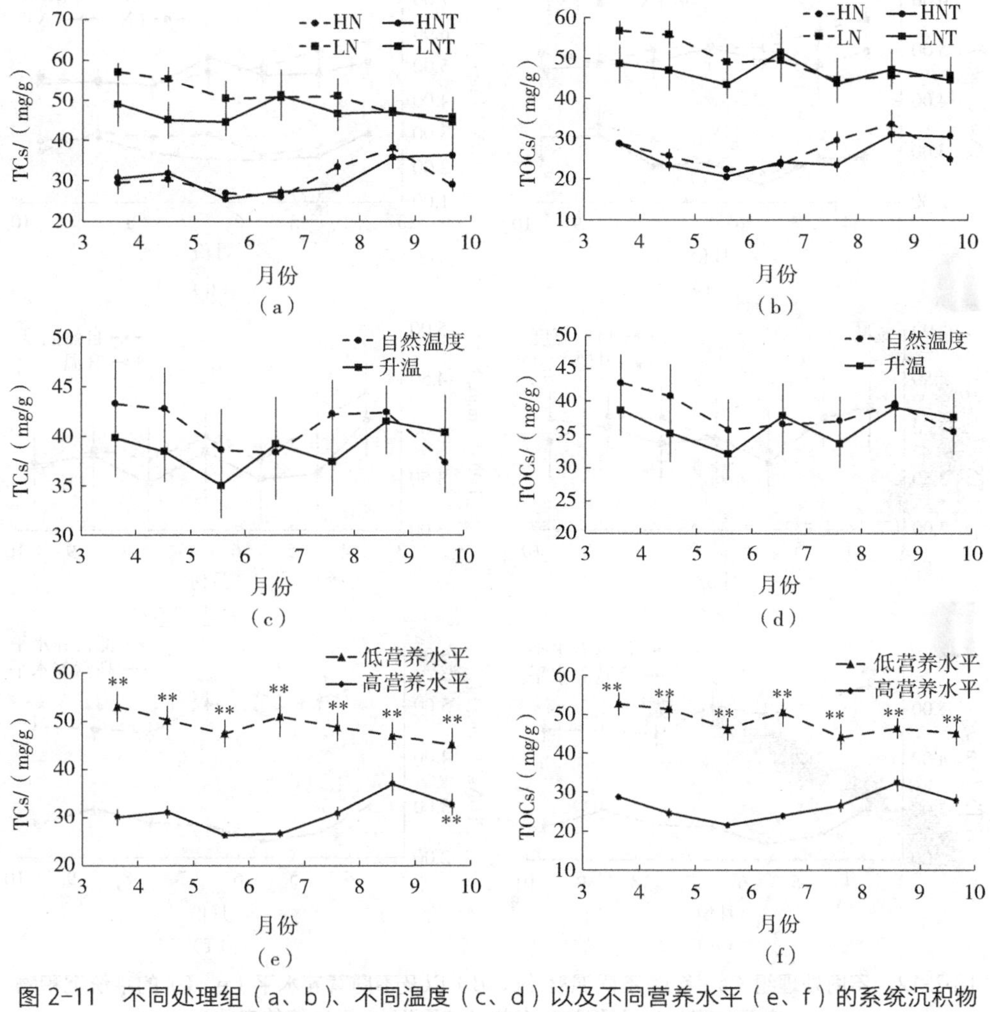

图 2-11　不同处理组（a、b）、不同温度（c、d）以及不同营养水平（e、f）的系统沉积物总碳（TCs）、沉积物总有机碳（TOCs）平均值的变化
（"*" 代表在 0.1 水平上存在显著差异，"**" 代表在 0.01 水平上存在显著差异）

TNs 与 TONs 的变化情况如图 2-12 所示。与碳的情况相同，每个处理组的 TONs 只是略小于同处理组的 TNs，说明湖泊沉积物系统的氮以有机氮为主。相对碳的含量而言，沉积物系统的氮含量较少，TNs 与 TONs 的最高值均出现在 4 月的 LN 处理组，分别为（5.77±0.2）mg/g 与（5.60±0.2）mg/g。以时间为协变量的双

因素方差分析表明，TNs 没有随时间的推移产生变化，而 TONs 的变化则存在略微下降的趋势（$p<0.05$）。单因素方差分析结果与对沉积物碳的结果一致，水体温度并没有对沉积物系统的氮元素变化起到显著影响，而沉积物的营养盐水平对于 TNs 与 TONs 的高低影响较为强烈，由图 2-12 可知，低营养水平的沉积物系统中 TNs 与 TONs 的值均显著高于高营养水平的沉积物系统。

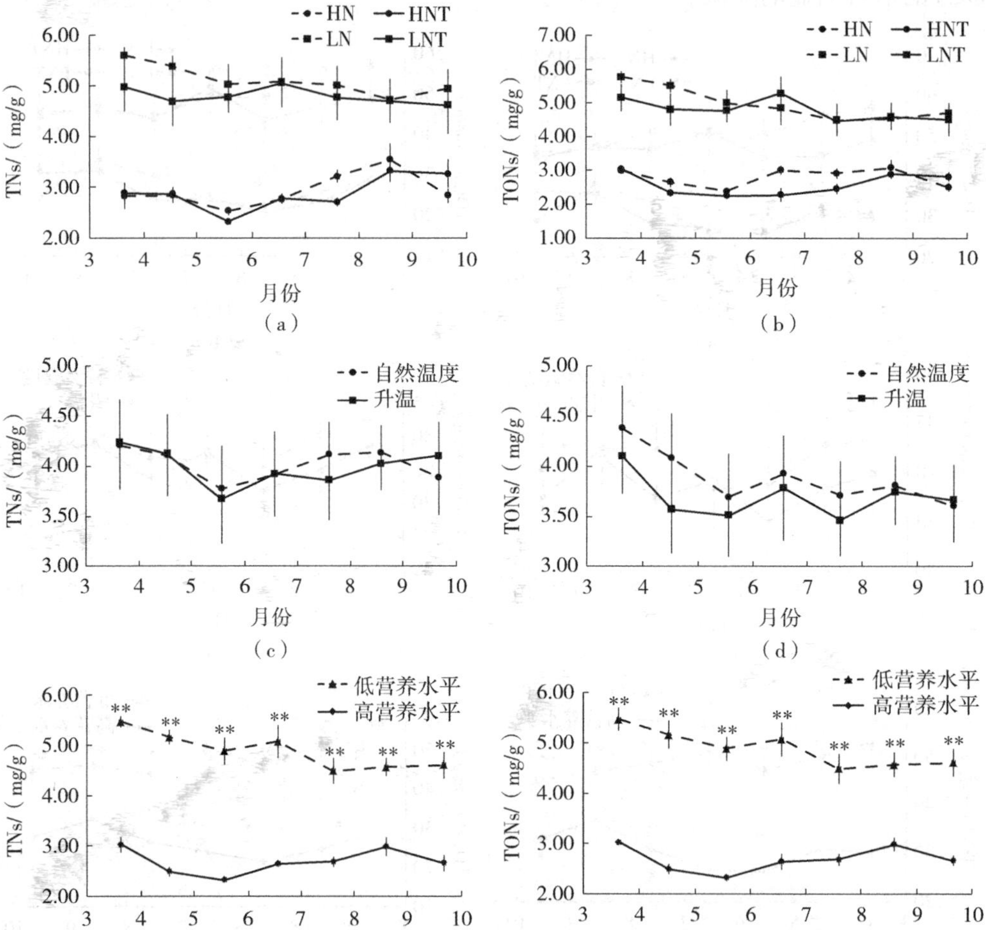

图 2-12　不同处理组（a、b）、不同温度（c、d）以及不同营养水平（e、f）的系统沉积物总氮（TNs）、沉积物总有机氮（TONs）平均值的变化
（“*”代表在 0.1 水平上存在显著差异，“**”代表在 0.01 水平上存在显著差异）

图 2-13 显示了各处理组 TPs 与 APA 在整个实验阶段的变化情况以及单因素方差分析的结果。与碳氮的变化情况不同，TPs 在实验阶段的变化比较活跃，尤其是高营养水平的系统，升温与常温处理组的 TPs 均显示出了显著的上升趋势，10 月上升到最大值，HN 处理组为（0.21±0.01）mg/g，HNT 处理组为（0.22±

0.01）mg/g，相比之下低营养水平处理组的 TPs 没有显示出明显的上升或下降的变化趋势。两次方差分析结果同样表明，高营养水平的沉积物系统中的 TPs 要显著高于低营养水平的沉积物系统，然而温度并没有使沉积物系统的 TPs 产生任何显著性差异，同样，温度对 APA 也没有产生强烈的影响。4 个处理组的 APA 均显示出了相同的变化趋势，实验开始后有所降低，5 月、6 月降到最低值，7 月、8 月缓慢回升，9 月又再次降低，虽然整个时间段各处理组的 APA 一直有所波动，但以时间为协变量的方差分析证明，系统 APA 整体还是出现了一定的下降趋势，相比温度而言，系统的营养水平依然是 APA 高低的一个重要决定性因素，由图 2-13 可知，大部分的实验阶段低营养水平的沉积物系统，其 APA 值都显著高于高营养水平的沉积物系统，其中 4 月、6 月、10 月均达到了极显著的程度。

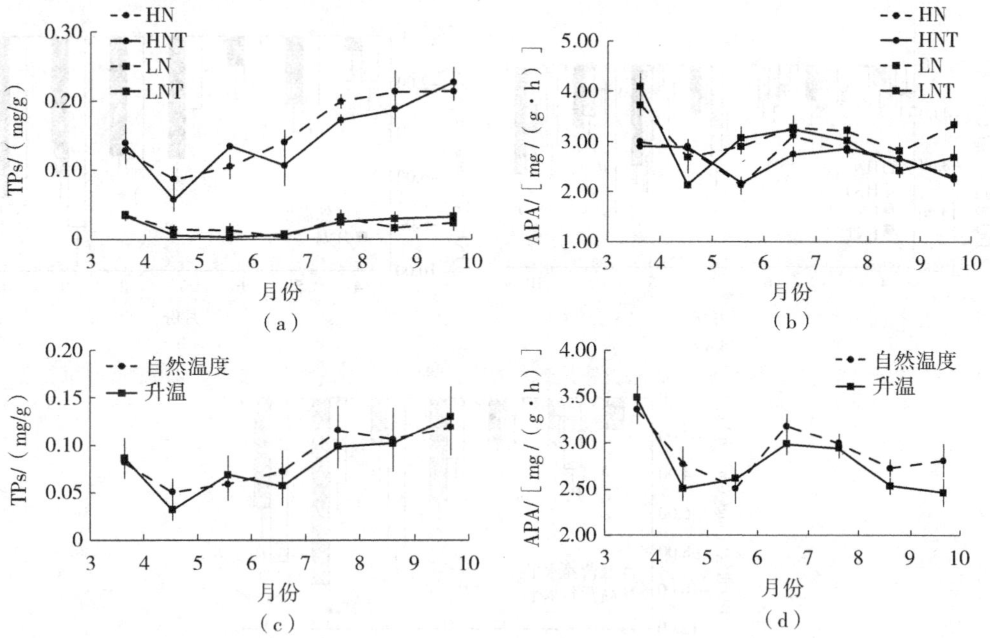

图 2-13　不同处理组（a、b）、不同温度（c、d）以及不同营养水平（e、f）的系统沉积物总磷（TPs）、碱性磷酸酶活性（APA）平均值的变化

（* 代表在 0.1 水平上存在显著差异，** 代表在 0.01 水平上存在显著差异）

沉积物－水界面 DO 的交换通量随时间的变化如图 2-14 所示。实验中的大部分阶段，各处理组的 DO 每月测定的第 2 天的监测值比第 1 天有所降低，因此判定 DO 通量处于消耗状态。随着时间的推移，各处理组沉积物－水界面的 DO 通量有显著降低的趋势，说明沉积物对于 DO 的消耗能力随着时间有所增加，其中 HN 组在 9 月显示出最强的消耗 DO 能力，达到各处理组的最低值（−12.28±1.16）mg/（m^2·h），但整体来看，各处理组沉积物系统对 DO 消耗的能力在各个实验阶段并不相同，没有显示出较强的规律性，两次不同的单因素方差分析也证实了这一点，温度与营养水平并没有对沉积物－水界面的 DO 通量产生过多影响，营养水平在实验过程中的 8 月、9 月使得两组处理有所差异，但整体来看这 2 个月发生的偶然差异并不能成为证明营养水平能够显著促进或抑制沉积系统消耗 DO 的依据。

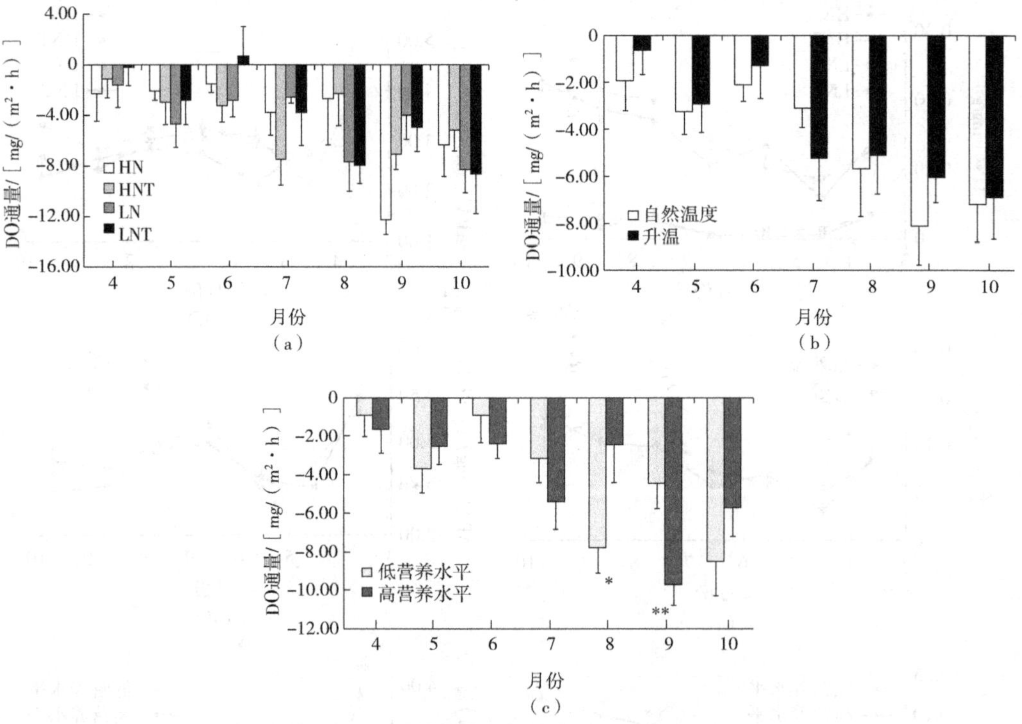

图 2-14　不同处理组（a）、不同温度（b）以及不同营养水平（c）
的系统沉积物－水界面溶解氧（DO）通量平均值的变化
（* 代表在 0.1 水平上存在显著差异，** 代表在 0.01 水平上存在显著差异）

沉积物－水界面 TA 的交换通量在实验的每个月均显示出释放的状态（图 2-15），即每月第 2 天的测定值均比第 1 天有所增高。双因素方差分析表明，协变量时间并没有对 TA 通量产生一定影响，因而各处理组的 TA 通量变化在整个实验过程中没有表现出一定的变化趋势。其中，HNT 处理组在实验后期 TA 通量有所增加，8 月达到最大值（190±138）mg/（m^2·h），其他处理组的变化规律都不是很明显。两次单因素方差分析同样显示出各处理组变化规律并不明显，由图 2-15 可知，温度的单因素方差分析中，各个时间段的 TA 释放通量虽有一定的不同，但均没有检测到统计显著性（$p>0.1$），而营养水平的单因素方差分析同样没有得到显著的规律性，虽然在 8 月、10 月两个时间点，高营养水平的沉积物系统 TA 释放能力相对低营养水平的沉积物系统较高，但与其他时间点一同看来并不能说明普遍的现象。

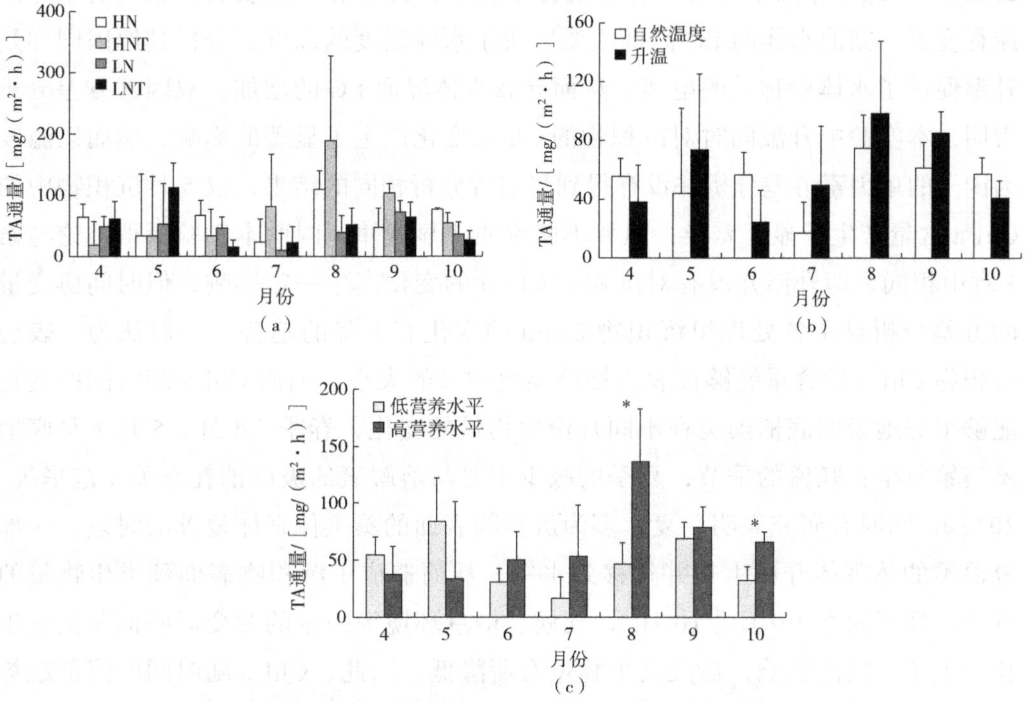

图 2-15　不同处理组（a）、不同温度（b）以及不同营养水平（c）的系统沉积物 - 水界面总碱度（TA）通量平均值的变化

（“*”代表在 0.1 水平上存在显著差异，“**”代表在 0.01 水平上存在显著差异）

升温对沉积物 - 水界面 pH、EC 以及沉积物 Chl a 的含量产生了显著的影响，基于温度的单因素方差分析表明，升温使沉积物 - 水界面的 pH 在部分时间有所降低，而整个实验阶段，升温组沉积物 - 水界面的 EC 均高于未升温组，实验后期升温组高出的幅度变大并逐渐产生了显著性差异，双因素方差分析也表明，各处理组 pH 随时间的推移有明显升高的趋势。一般情况下，水体碳酸盐体系的解离平衡是湖泊 pH 水平高低的主要控制因素，因此，能够改变碳酸盐相对浓度的化学过程都可能对 pH 产生影响，Said 等研究表明，在盐度为一定值时，温度从 4℃升高到 28℃，水体的 pH 相应以 0.01 的单位有所降低，其原因是温度的升高增大了水体中碳酸盐的解离程度，因此单就温度对碳酸解离常数的影响考虑，实验过程中单

月 pH 的分析结果显示出温度升高的处理组 pH 反而较低。然而，随着时间的推移，春季开始至夏季，升高的水温使得各处理组水体中的浮游植物密度增加，逐渐增强的光合作用促进了浮游植物对于游离 CO_2 的吸收，同时，水中的 CO_3^{2-} 浓度也相对升高，最终导致各处理组水体 pH 随时间推移逐渐升高。本实验中，温度的升高对系统沉积物 - 水界面 EC 的升高起到了显著的促进作用，EC 主要反映了水体的离子浓度，也有研究表明水体的 EC 与河流泥沙含量呈现显著的线性关系（戴茜等，2008），因此可作为水体泥沙含量的指示变量，但是有研究表明，相同的水体浑浊程度下，湖泊水体的 EC 高低主要取决于水体温度的高低，分析其原因同样是升温促进了水体中物质的电离，从而导致水体界面 EC 的增加。双因素方差分析表明，本实验中升温同时对沉积物的 Chl a 变化产生了显著的影响，然而以温度为因子的单因素方差分析并没有得到与前者分析相同的结果，仅 5 月沉积物中的 Chl a 含量产生了显著差异，但并不能说明明显规律，因而本实验所得结论与第 3 章中相同，即升温并没有对沉积物 Chl a 的变化产生一定影响，但时间协变量的方差分析显示各处理组沉积物 Chl a 的变化有下降的趋势。一般认为，表层沉积物 Chl a 的含量能够代表底栖藻类生物量的大小，因而 Chl a 随时间的变化能够很好地说明底栖藻类在不同月份生物量的变化，春季（4 月、5 月）是底栖藻类繁殖生长旺盛的季节，夏季的减少主要与溶解氧的极度消耗有关（范华等，2012），同时有研究表明，夏季多为沉积物表面的藻类休眠体复苏的时段，一部分藻类的休眠体开始生长并迁移到水中，从而造成了沉积物表面藻类生物量的减少。到了秋季（9 月、10 月），气候、栖息环境等因素的改变对底栖藻类的生长产生了一定的影响，造成其生物量有所降低，因此，Chl a 随时间的降低趋势主要与系统的底栖藻类生物量减少以及部分藻类复苏迁移到水体有关。

双因素方差分析结果显示，实验中升温对沉积物的氮元素以及 APA、沉积物 - 水界面的 TN 通量产生了显著影响（$p<0.1$）。对于氮元素以及 APA 的温度单因素方差分析验证结果表明，温度没有使升温与常温环境的沉积物总氮、有机氮以及碱性磷酸酶活性产生明显的高低变化（图 2-16、图 2-17），然而各处理组碱性磷酸酶活性随时间推移表现出明显的季节性变化，整体呈现出下降的趋势，秋季有所回升。沉积物的碱性磷酸酶活性主要与沉积物解磷微生物的种类和活性有关，春季解磷微生物的种类较少，但其活性逐渐增强，秋季解磷微生物的种类最多，冬季又减少，影响到沉积物的碱性磷酸酶活性使其产生相应的变化。基于温度的单因素方差分析显示，8 月的升温处理组沉积物 - 水界面的 TN 释放量显著高于常温组，同时，TN 释放量也表现出夏、秋季节较大的特征，究其原因主要与沉积物 - 水界面的微生物活性有关，温度的升高使沉积物中的微生物活动强烈，加快了有机氮

的分解以及有机质的矿化，使氮的释放量增多，与此同时，浮游植物在夏季的大量繁殖消耗了水体中大量的无机氮，间接地加大了氮向上覆水扩散的速率（于军亭等，2010）。

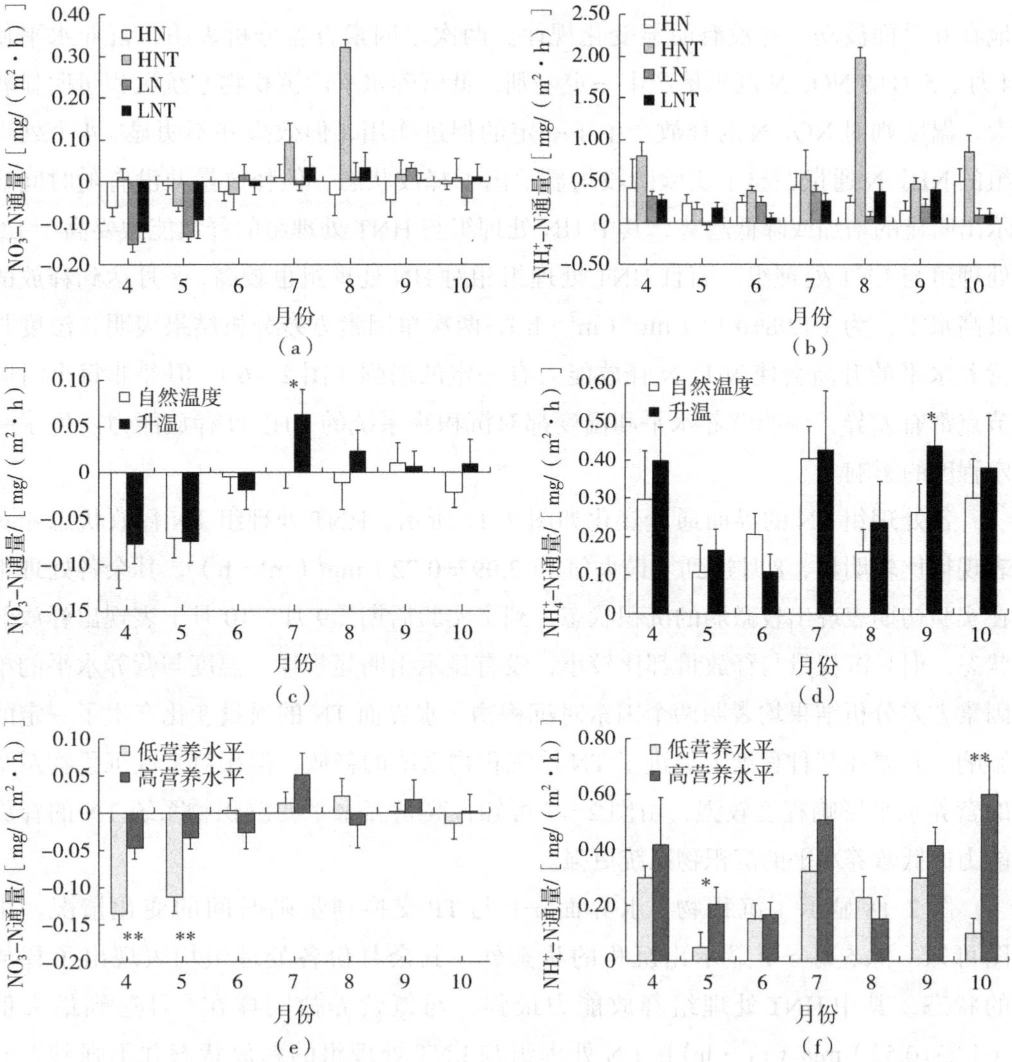

图 2-16 不同处理组（a、b）、不同温度（c、d）以及不同营养水平（e、f）的系统沉积物 - 水界面硝态氮（NO_3^--N）、氨态氮（NH_4^+-N）通量平均值的变化
（* 代表在 0.1 水平上存在显著差异，** 代表在 0.01 水平上存在显著差异）

2.3.3 不同营养水平沉积物 - 水界面物质交换的比较

NO_3^--N 与 NH_4^+-N 的界面通量变化如图 2-16 所示，双因素方差分析表明，两个指标的通量并没有随时间产生明显变化。各处理组界面的 NO_3-N 通量在实验初

期整体显示出沉积状态，4月、5月的沉积量没有明显变化，到6月沉积量开始有所降低，随后的实验阶段，HN处理组始终保持在沉积状态，HNT处理组显示出略微释放的状态，LNT处理组同样转为较为微弱的释放状态，而LN处理组则波动很大，在转为剧烈释放之后实验末期又变为沉积。4个处理组的NO_3^--N通量频繁地在0界面波动，并没有明显变化规律。两次单因素方差分析表明，营养水平使4月、5月的NO_3^--N沉积量产生一定差别，低营养水平的沉积物系统沉积量明显较大，温度则对NO_3^--N的释放产生了一定的促进作用，但效果并不明显。4个处理组的NH_4^+-N通量在整个实验阶段均显示出了释放状态，但释放量并没有随时间显示出明显的增加或降低趋势，其中HN处理组与HNT处理组的释放能力要高于LN处理组与LNT处理组，而且HNT处理组相对HN处理组也较高，8月达到释放的最高水平，为（1.98±0.13）mg/（m^2·h）。两次单因素方差分析结果表明，温度与营养水平的升高会使NH_4^+-N释放能力有一定的增强（图2-16），但并非每个时间节点都有差异，说明营养水平和温度都对沉积物系统的NH_4^+-N释放能力产生了一定程度的影响。

各处理组TN的界面通量变化如图2-17所示，HNT处理组TN释放状态相对表现得比较明显，8月达到了最大值[（3.097±0.72）mg/（m^2·h）]，其余各处理组在实验初期表现出较微弱的沉积状态，到了实验后期（9月、10月）表现出释放的状态，但是沉积量与释放量都比较小，没有显示出明显规律。温度与营养水平的单因素方差分析结果均表明两个因素对沉积物－水界面TN的通量变化产生了一定的影响，升温在某种程度上促进了TN从沉积物系统的释放，但相对来说沉积物系统的营养水平影响程度较强，由图2-17可知，高营养水平的沉积物系统TN的释放能力比低营养水平的沉积物系统更强。

图2-18显示了沉积物－水界面o-P与TP交换通量随时间的变化情况。由图可知，除5月o-P显示出沉积的状态外，其余月份各处理组均表现出了释放的状态，其中HNT处理组释放能力最强，与氮营养盐同样在8月达到最大值[（1.25±0.52）mg/（m^2·h）]，LN处理组与LNT处理组的释放状态并不强烈，同样结果在营养盐水平的单因素方差分析结果中表现更明显，由图2-18可知，无论是沉积量还是释放量，高营养水平的沉积物系统均显著高于低营养水平沉积物系统，而与营养水平相比，虽图中显示部分升温组的释放能力比未升温组高，但分析结果显示均不显著，说明温度并没有在o-P的界面通量变化过程中起到决定性作用。TP的界面通量变化情况与o-P较为相似，不同的是整体上TP各月份均表现出了释放的状态并且HN处理组多数时间比HNT处理组释放能力更强，但LNT处理组的释放能力比LN处理组更强。单因素方差分析表明，沉积物系统的营养水平决

定了 TP 的释放能力，相比之下，实验大部分阶段，高营养水平的沉积系统释放 TP 的能力要明显强于低营养水平的沉积物系统。

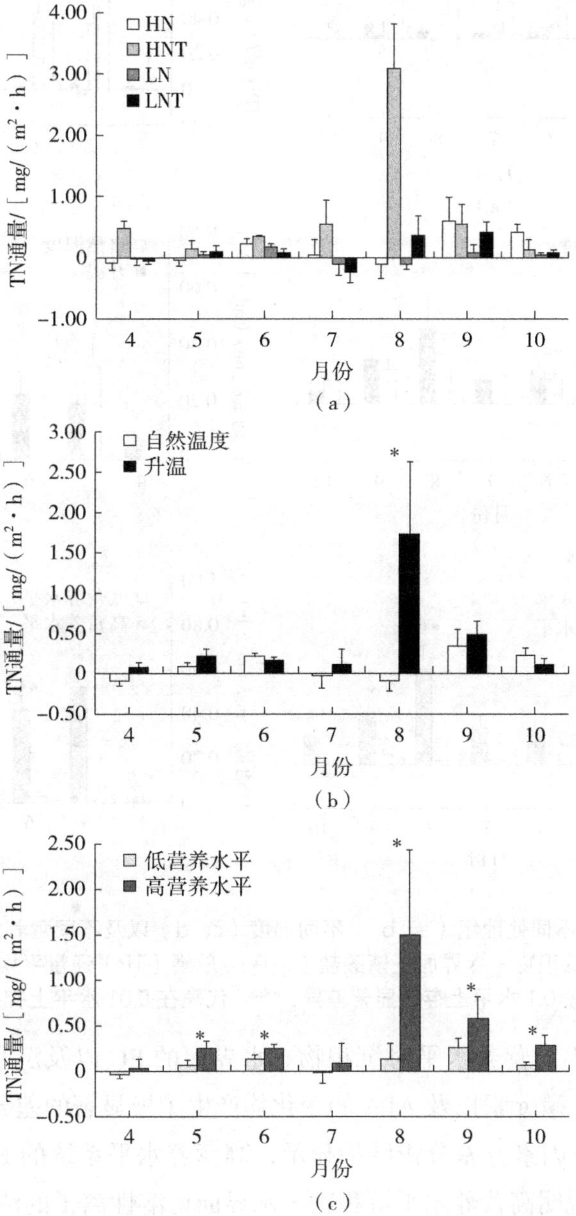

图 2-17　不同处理组（a）、不同温度（b）以及不同营养水平（c）的系统沉积物 - 水界面总氮（TN）通量平均值的变化

（* 代表在 0.1 水平上存在显著差异，** 代表在 0.01 水平上存在显著差异）

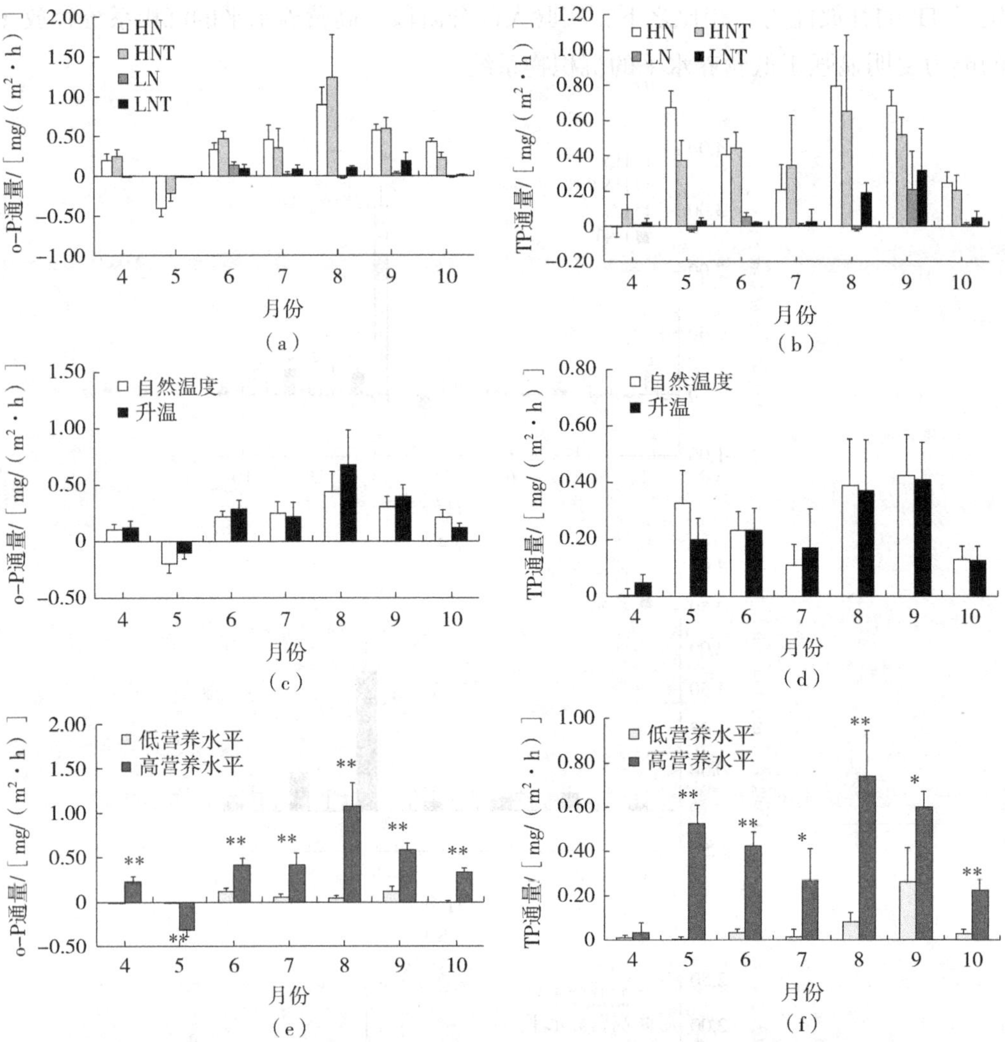

图 2-18　不同处理组（a、b）、不同温度（c、d）以及不同营养水平（e、f）的系统沉积物 - 水界面正磷酸盐（o-P）、总磷（TP）通量平均值的变化
（“*”代表在 0.1 水平上存在显著差异，“**”代表在 0.01 水平上存在显著差异）

本实验中，不同营养水平对沉积物 - 水界面的 EC 以及沉积物的 Chl a、LOI、碳元素、氮元素、磷元素以及 APA 的变化均产生了极显著的差异（$p<0.01$）。基于营养水平的 EC 单因素方差分析结果显示，高营养水平系统的 EC 始终显著高于低营养水平系统，说明高营养水平沉积物 - 水界面可溶性离子的浓度比低营养水平更高（Ali et al.，1988），氮、磷营养元素是湖泊发生富营养化的主要控制因子，且本实验中发现水体的营养水平也对其释放速率有着较强烈的影响，因此可以得出营养水平较高的系统沉积物 - 水界面 EC 显著升高主要是氮元素、磷元素等营养盐的可溶性离子浓度升高所导致，且相对温度而言，离子浓度的升高成为了影响界面 EC

的主导因素。基于营养水平的沉积物 Chl a 单因素方差分析所显示的结果并不像双因素方差分析一样明显，低营养水平的系统沉积物 Chl a 只是在实验初期比高营养水平的系统暂时有所升高，说明实验初期，低营养水平的处理组底栖藻类的生物量反而比高营养水平的处理组高，这可能是由于实验初期所取低营养水平沉积物的材料来源——梁子湖的水体透明度比南湖高，底栖藻类光合作用较强，所以实验初期梁子湖底栖藻类生物量较高，表层沉积物 Chl a 的浓度也较高（尹桂金等，2012）。烧失量能够比较可靠并且稳定地反映湖泊沉积物有机质和碳酸盐的含量，因此湖泊流域陆生植物碎屑会成为湖泊沉积物烧失量升高的主要因素，本实验的整个阶段，低营养水平的湖泊沉积物 LOI 均显著高于高营养水平，其原因是低营养水平的湖泊——梁子湖每年水草生长旺盛，产生的植物碎屑沉降到湖泊沉积物表面，成为梁子湖沉积物有机质的主要来源，因而比高营养水平的南湖有机质含量高出许多。梁子湖水草有机碎屑的沉降使沉积物的有机质含量比南湖明显升高，同时导致了梁子湖的沉积物有机碳与有机氮的含量较南湖沉积物有极显著升高。由于湖泊生态系统中有机碳、有机氮是沉积物碳、氮 2 个元素的主要存在形式（倪兆奎等，2011），因而低营养水平的梁子湖总碳与总氮的值也出现了显著高于高营养水平的南湖的现象。基于营养水平的沉积物总磷单因素方差分析显示，高营养水平的南湖沉积物总磷在实验各阶段均显著高于低营养水平的梁子湖沉积物，其中，高营养水平的沉积物总磷随时间变化还出现了升高的趋势，有研究表明，富营养化湖泊的沉积物中的磷组分主要以无机磷为主，有机磷含量随污染水平的升高而减少，而相对清洁的湖泊水草丰茂，有效磷被植物大量吸收，因而沉积物中磷组分以有机磷为主（王琦等，2006），这不仅很好地解释了本实验中富营养化的南湖沉积物总磷显著高于低营养水平的梁子湖沉积物的现象，同时沉积物 APA 测定结果也证实了这一点：沉积物中的磷酸盐浓度降低时，碱性磷酸酶的活性会有所增加，用以加快有机磷的分解速率，而无机磷的浓度较高反而会抑制碱性磷酸酶活性（Wang et al，2012），因此实验中的大部分阶段，沉积物磷元素以无机磷形态为主的南湖较沉积物磷元素以有机磷形态为主的梁子湖，其碱性磷酸酶的活性显著降低。

对于沉积物 - 水界面营养物质通量的双因素方差分析表明，营养水平对于界面的氮营养盐以及总碱度的交换均产生了显著影响（$p<0.1$），对于磷营养盐的交换产生了极显著的影响（$p<0.01$）。随后的单因素方差分析表明，系统营养水平对总碱度通量的影响仅在 8 月与 10 月存在显著差异，其他时间段均没有产生显著影响，不能判断出明显规律。然而，对于氮营养盐交换通量的影响主要在于 TN 的释放方面，高营养水平的沉积物系统 TN 释放能力显著高于低营养水平的沉积物系

统，氮化合物的分解程度主要决定了湖泊沉积物系统氮的释放，其释放氮的形态依沉积物–水界面的溶解氧状况而定（王雯雯等，2013），本实验中，整个实验阶段两个营养水平的处理组溶解氧均显示出了消耗的状态，因此系统的沉积物–水界面溶解氧含量均较低，厌氧状态下会使沉积物释放氨氮的能力相对提高，基于营养水平的氨氮界面通量单因素方差分析的结果也证明了这一点，因而本实验中高营养水平的沉积物系统释放的TN以氨氮为主要形式，这与其更加强烈的厌氧环境有直接关系。相比氮营养盐的释放而言，系统的营养水平对沉积物磷营养盐的释放影响更加显著，整个实验的大部分时段，高营养水平的沉积物系统释放o–P与TP的能力均显著高于低营养水平的沉积物系统，产生此现象的原因有：①沉积物体系的吸附/解析平衡状态浓度较高，金相灿等研究表明，每个沉积物体系都存在一定的磷酸盐吸附/解析的平衡浓度，富营养化湖泊由于水体中磷营养盐浓度较高，因而与沉积物建立的吸附/解析的平衡系统中的平衡浓度保持在较高水平；②高营养系统的沉积物–水界面较强的厌氧环境，会改变沉积物的氧化还原电位，使Fe^{3+}转化为Fe^{2+}，铁磷表面的$Fe(OH)_3$保护层转化为可溶性$Fe(OH)_2$，使o–P脱离沉积物进入间隙水，进而扩散到上覆水中（任万平，2012）。

2.4 结论

（1）室内控制实验中，以超富营养型浅水湖泊——武汉南湖表层沉积物和表层水为研究对象，设置18℃和22.5℃两个温度处理组，研究升温对沉积物营养盐释放的影响。结果表明，在超富营养型浅水湖泊中，温度的升高能够显著促进湖泊沉积物中磷元素的释放，使水体当中的磷浓度显著增加，从而加剧水体富营养化的风险；好氧环境下，温度的升高对水体中的氨态氮向硝态氮的转化起到了一定的促进作用，但室内模拟系统未观察到升温对沉积物中氮的动态迁移产生显著影响，推测是由于沉积物反硝化作用与底栖生物利用两个原因，但温度的升高对于超富营养型浅水湖泊沉积物中氮元素营养盐动态迁移的影响依然有待进一步实验论证。

（2）通过室外原位温控围隔模拟系统探究了不同营养水平湖泊沉积物–水界面物质迁移对变暖的响应特征。结果表明：升温可以显著影响湖泊生态系统沉积物–水界面离子的电离程度，使界面水体的pH显著降低，电导率显著升高，同时，升温对界面的总氮释放通量的提高产生了一定的促进作用，但未达到显著水平，其主要原因是升温增强了系统中微生物活性，加快了有机氮的分解以及有机质的矿化速率；高营养水平的浅水湖泊沉积物–水界面的无机氮元素、磷元素营养盐离子浓度相对较高，因此电导率较高，同时，较高的营养水平以及沉积物-水界面强烈的厌氧环境加速了氨氮与磷元素从沉积物向上覆水中的释放，进而影响到氮元素、磷元素的界面交换通量；而低营养水平的浅水湖泊由于水草繁茂，腐烂的植物碎屑沉降到湖泊沉积物表面使沉积物的有机碳、氮元素均比高营养水平的沉积物系统显著升高。

第 3 章　气候变暖与富营养化趋势下浅水湖泊水 – 气界面温室气体交换机制研究

浅水湖泊的沉积物 – 水界面在自养与异养生物的生命活动中扮演着重要的角色，与水体相比，沉积物表面具有相对较高浓度的营养物质、有机物质以及细菌生物量（Attermeyer et al.，2013）。沉积物表面上方的水层与沉积物自身组成了一个整体区域，该区域在湖泊生态系统中污染物的运输过程以及营养物质的化学转化方面起着重要的作用，各种物质在沉积物 – 水界面的交换过程不仅影响着湖泊中污染物的控制，同时也影响着整个湖泊生态系统营养物质的均衡状态（Ospina–Álvarez et al.，2014）。营养盐、溶解氧和其他物质在浅水沿岸带以及河口的沉积物 – 水界面的交换过程已进行了很多研究（Brady et al.，2013；Couceiro et al.，2013），已有的研究结果表明，1 年当中的特定时段，沉积物中释放的营养盐是生态系统中浮游植物生长营养的主要来源（Pinardi et al.，2011）。然而，浅水湖泊沉积物 – 水界面由于水动力扰动而处于更加不稳定的状态，物质交换强烈，因此，对于浅水湖泊富营养化机制的理解仍然不够清晰，还无法满足富营养化湖泊治理的实际需求。

3.1　湖泊温室气体循环及其影响因素

3.1.1　湖泊 CO_2 循环及其影响因素

湖泊中的 CO_2 循环主要包括沉积物 – 水体 – 大气界面间的生成、运输和排放等一系列过程，并受物理、化学和生物等多重环境因素的共同影响。湖泊 CO_2 的生成主要依赖于富氧的水体与沉积物界面有机质分解的有氧呼吸作用，而厌氧的沉积物界面生成溶解态 CH_4 之后在水柱溶氧充足情况下参与后续的 CH_4 氧化为 CO_2 的过程同样被证明能够间接促进湖泊 CO_2 的大量排放。异养型湖泊通常表现出强烈的水生生物呼吸作用，适宜的升温有助于有机碳矿化作用和光化学氧化过程的不断增强，好氧环境下水体中的活性有机碳能够被高效利用并很可能作为湖泊 CO_2 生成过程中的直接底物，进而能够显著促进水体中溶存 CO_2 的增长。湖泊生态系统中溶存 CO_2 的动态平衡则主要取决于 CO_2、CO_3^{2-} 和 HCO_3^- 之间碳酸盐体系的移动，碳酸盐体系首要受到水体 pH 的直接影响（杨平和仝川，2015），而水体温度、营养盐水平以及微生物活动等环境因素及人为因素的相互作用，能够进一步影响水体溶存 CO_2 的动态过程，进而使得 CO_2 的排放情形更为复杂多变。不同水体条件的湖泊 CO_2 在不同界面间的传输途径主要以扩散或植物运输为主，而 CO_2 气泡形式的排放量极少。通常认为，由于受到水体中液相阻力和 CO_2 饱和溶解度的限制，一般仅有 1%～2% 的 CO_2 通过气泡形式向上传输。CO_2 的扩散排放主要受到水温变化、营养盐水平和初级生产者等多种环境因子以及人为影响因素的共同调控，并且具有广泛的时空变异特征（Davidson et al.，2015；Audet et al.，2017；Fiskal et al.，2019；Jansen et al.，2019）。水生植物在 CO_2 的向上传输过程中能够起到显著的影响，一般认为植物通道的传输效率与水生植物的类型直接相关。挺水植物相比较于沉水植物一般有着更高的 CO_2 传输效率，可能的原因是挺水植物可以将沉积物界面生成的 CO_2 直接通过传输通道转移至大气界面而无须直接经过水体，进而降低了新生成的游离 CO_2 被吸收和再利用的可能性。对意大利北部生长有大量浮叶植物欧菱（*Trapa natans* L.）的 Lanca di Po 浅湖进行了水－气界面间 CO_2 通量昼夜观测，其结果间接佐证了上述观点，研究发现无菱角生长的水域（448.5±10.6）mmoL/（m^2・d）的 CO_2 排放量大致是有菱角生长的水域（147.1±10.8）mmoL/（m^2・d）的 3 倍，可能的原因便是由于处在迅速生长期的浮叶植物对水体中游离的 CO_2 表现出了极为强烈的吸收效应，显著降低了水体中溶存的 CO_2 含量。

3.1.2 湖泊 CH_4 循环及其影响因素

湖泊的厌氧沉积物表面是 CH_4 生成的主要区域，一般认为 CH_4 循环机制受到生成过程与氧化过程之间平衡的影响（Dean et al，2018）。产 CH_4 菌群活跃于湖泊的沉积物表层并主导着湖泊 CH_4 生成过程。根据反应底物的不同，产 CH_4 菌群可分为乙酸发酵型、氢营养型和甲基营养型 3 种主要的类型。CH_4 氧化过程通常有着极高的反应效率，甚至可以将湖泊沉积物界面产 CH_4 菌群大约 90% 的 CH_4 生成量在沉积物和水体向上扩散的过程中即被氧化消耗。根据已有的研究发现，扩散、气泡以及植物媒介均可能表现为 CH_4 在沉积物－水体－大气界面间的主要传输途径（Dean et al.，2018），具体又因湖泊水体环境的变化而呈现出不同的排放特征。关于湖泊水－气界面间 CH_4 扩散排放的研究国内外已有许多报道（贾磊等，2018；Jansen et al.，2020），通常认为 CH_4 的扩散传输途径受到水体中溶存 CH_4 和大气 CH_4 的浓度差、环境因子主导控制的扩散速率两个影响因素的直接作用。当缺少水生植物生长且沉积物界面 CH_4 的产生速率足够强烈时，新生成的 CH_4 借助表面张力的作用，能够直接在沉积物表面聚集形成高饱和的 CH_4 气泡并迅速向水－气界面传输，进而有效避免沉积物以及水体富氧层的直接氧化作用，促进水－气界面间 CH_4 排放效率的显著提升。植物媒介主导的传输途径主要发生在大型水生植物生长茂盛的湖区，由于水生植物具备丰富的导管组织而能够为 CH_4 提供便利的向上输送通路（Bhullar et al.，2013），因此植物传输路径对水－气界面间 CH_4 的潜在排放作用也有着不可忽视的影响效果。根据现有的研究发现，水温、溶氧等物理因子，溶解性有机碳、氮营养盐等化学因子，水体中浮游植物、水生植物等生物因子以及人为影响因素是湖泊 CH_4 循环过程中显著的环境影响因子（Davidson et al.，2015）。CH_4 生成和排放过程中环境因子的影响作用体现在多个方面，单一环境因子的变化可通过改变沉积物－水体界面产 CH_4 菌群和 CH_4 氧化菌群的活性而影响 CH_4 的生成和氧化消耗速率，而多个环境因子间产生的交互作用则能够对 CH_4 循环过程产生更为复杂的影响。

3.1.3 湖泊 N_2O 循环及其影响因素

湖泊 N_2O 的生成主要依赖于水体与沉积物的微生物作用（Jia et al.，2016；Xia et al.，2017），主要包括硝化、反硝化、硝化－反硝化和硝酸盐异化还原为铵（Dissimilatory nitrate reduction to ammonium，DNRA）等过程（Denk et al.，2017；Toyoda et al.，2017）。硝化作用和反硝化作用又在其中占据重要地位，根据估算全球超过 2/3 的 N_2O 排放量与硝化菌群和反硝化菌群主导的微生物过程直接相关（Maavara et al.，2019）。硝化作用能够决定湖泊沉积物－水体中无机氮的赋存形态和分布规律并进一步影响 N_2O 的排放过程。环境因子对湖泊水体硝化作用和 N_2O 生成过程的影响首先体现在溶解氧以及氨的生物可利用性两个方面，而硝化反应速率还会受到 pH、盐度以及营养盐水平等多种环境因子的共同限制。反硝化在硝酸盐去除过程中能够起到重要作用，并被认为很可能是生态系统 N_2O 生成过程中更为重要的自然来源。然而，不同类型的水生生态系统中主导 N_2O 生成的微生物过程存在高度的异质性，Maavara 等（2019）对水库、河流以及河口等不同地域的 N_2O 生成与排放过程进行的建模研究表明，在控制变化水动力学的实验条件下反硝化作用是河流中 N_2O 生成的主要途径，而在河口以及水库中 N_2O 的生成则主要受到硝化作用强弱的影响。湖泊沉积物－水体－大气界面间的 N_2O 传输途径主要以扩散和植物运输两种方式为主，自然条件下 N_2O 的产生速率很低，但在大量输入有机质和氮元素的情形下也能够产生少量的 N_2O 气泡（Yang et al，2014；刘婷婷等，2019）。根据现有的研究表明，水体中不同形态的无机氮含量与 N_2O 的生成和排放过程直接相关。水生生态系统由于受到工农业生产活动的影响，外源性输入的氮元素更易于富集至水体以及沉积物界面，使得湖泊生态系统汇集过量的含氮营养物质，进而主要作用于 N_2O 的生成和排放过程（Zhu et al.，2015）。Xiao 等（2018）认为 NO_3^--N 增加对酸性水稻土中 N_2O 排放有显著的促进作用。此外，Stein 证明 NH_4^+-N 的输入可促进土壤中 4 种细菌反应速率的提升（化能自养氨氧化菌、化能自养甲烷氧化菌、异养氨氧化菌和亚硝酸盐氧化菌），进而通过硝化作用促进 N_2O 的排放。水体中 N_2O 的产生速率与有机碳的含量大多数情况下也呈现为正相关关系，碳是异养 N_2O 生成菌的主要营养物质，更高的有机碳含量有助于增强微生物对水体中溶解氧的消耗，沉积物界面的厌氧环境进一步促进了产 N_2O 的厌氧微生物过程。湖泊沿岸带等水深较浅的区域有着更为强烈的 N_2O 排放潜力，水生植物由此表现出对 N_2O 循环过程更为显著的影响效果，Rückauf 通过控制实验发现芦苇的迅速生长对 N_2O 排放量的迅速增长起到显著促进作用，其中淹水处理后种植芦苇组的 N_2O 交换通量约是未种植芦苇组的 2 倍。

3.2 气候变暖与富营养化对湖泊温室气体交换的影响

3.2.1 气候变暖对湖泊温室气体交换的影响

气候变暖能够对湖泊生态系统产生多方面的影响，微弱的水温变化也可能引起湖泊物理、生物过程的强烈响应，进而影响湖泊温室气体在沉积物–水体–大气界面间的交换过程及其响应机制（Bartosiewicz et al.，2016）。湖泊的沉积物界面活跃着大量有关温室气体产生的微生物群落，生成后的温室气体又通过扩散、气泡和水生植物介导等方式在水体中进行传输，表明沉积物以及水体共同构成了温室气体参与生物地球化学循环的主要活动区域（Davidson et al.，2015）。依据现有的研究，预测变暖将会对不同温室气体的生成环境以及传输方式产生直接或间接的影响作用。

CO_2 是大气中最为主要的温室气体，水温的升高直接导致温室气体在水中饱和溶解度的降低而有利于温室气体向外界的扩散，水体中溶存 CO_2 含量相比较于其他温室气体（主要是 CH_4 和 N_2O）最高，通常能够表现出最为显著的交换现象。若考虑生物层面的影响，水温的升高能够增强浮游植物呼吸作用和光合作用的速率，而且呼吸作用的增幅一般大于光合作用，可能的原因是大多数湖泊在外源有机碳输入的情况下均表现出强烈的矿化效应，这将导致沉积物–水体界面溶解氧的减少和 CO_2 生成量的增多。也有研究认为，在天然湖泊和浅水池塘等相对封闭或静止的水体一般表现出较低碳循环速率与较高生物活性的特点，或许能够促使增温情景下更为活跃的有机质分解过程，引起水体 CO_2 分压（pCO_2）的上升，增强 CO_2 在水–

气界面间的排放。因此，升温通常能够对湖泊 CO_2 的交换起到促进作用。

有研究表明升温能够促进 CH_4 气泡的产生，使得水体中向上传输的 CH_4 能够躲避水体好氧与厌氧氧化层的直接影响而增强外排效果。Louis 等研究认为水温的升高会导致浅水区沉积物界面 CH_4 累积量的过于饱和，从而更多地以气泡形式在沉积物－水体－大气界面间进行传输。Williamson 等对北美湖泊监测时发现变暖显著引起了水位的波动，而水域面积的变化将影响到温室气体在湖泊中的排放方式，有研究认为湖泊 CH_4 的排放方式一般以扩散为主，但随湖泊开阔水域面积的扩大，水体总的 CH_4 贮存比例逐渐降低，水－气界面通过扩散与气泡排放 CH_4 的比例则在升高，其中气泡所占比例可达到 40%～60%，表明气候变暖可通过影响水文条件而促使湖泊 CH_4 排放方式的转变。

水温的上升能够提高沉积物界面反硝化细菌的活性，进而影响 N_2O 的排放过程，一般认为适度的升温有利于温室气体的生成。有控制实验的结果表明，当升温控制在微生物的耐受范围内时，N_2O 排放量与温度之间能够表现出明显的相关性，但考虑湖泊异质性等因素时，更可能是多个过程动态影响水－气界面 N_2O 的交换，而无法表现出升温与排放量间的直接关系。升温对于硝化过程和反硝化过程的影响效果也存在差异性，溶氧充足时升温增强了硝化细菌的活性而加快反应速率，并且能够为反硝化过程提供更多的底物 NO_3^-，理论上将增强反硝化过程生成 N_2O 的量，但硝化过程速率提升与 N_2O 排放量的关系可能并不显著，有研究表明增温后的反硝化过程倾向于直接完全反应并生成终产物 N_2，而且硝化过程中生成的 N_2O 同样将参与到还原为 N_2 的反应之中致使升温后反硝化过程中 N_2O/N_2 的比例下降而影响 N_2O 在水体中积累（Zhao et al.，2014），以上表明升温后的水体若发生完全的反硝化过程并不会起到显著增排 N_2O 的效果。

3.2.2 富营养化对湖泊温室气体交换的影响

富营养化湖泊的水体一般具有较高的营养盐负荷，已知水体中碳、氮、磷营养盐浓度的变化均能够显著影响温室气体在湖泊沉积物－水体界面间的生成和传输过程。其中，碳、氮营养盐能够为温室气体提供基础的反应底物，因而与沉积物界面温室气体的产生有着最为直接的联系。水体磷营养盐的含量相比较于碳、氮营养盐较低，但也是水体富营养化的主要驱动因子。湖泊水体的初级生产过程主要会受到总磷、有机碳以及湖泊形态的共同影响，并且湖泊在长期的富营养化进程中沉积物界面 TOC 含量与水体中磷的浓度表现出同步上升的变化趋势（Fiskal et al.，2019）。现有的研究认为湖泊的初级生产过程与沉积物界面温室气体的生成过程关联密切，原因在于富营养化湖泊的初级生产过程中能够生成大量的活性有机物，其沉积物界面的微生物呼吸速率也迅速提高，因而可能对水－气界面间温室气体的排放具有显著的促进作用（Davidson et al.，2018）。

已知水－气界面 CO_2 的交换过程受到水体富营养化的影响，研究发现当过量的无机碳输入湖泊时，水体与大气间的 CO_2 交换过程将变得更为频繁。水体营养状况的改变能够对湖泊水体中初级生产者的生长和代谢过程产生多重影响效果进而改变水－气界面 CO_2 的交换过程。较早的研究表明，水体的富营养化可直接增强浮游植物作为初级生产者的竞争优势而有利于增强水体中 CO_2 汇的能力以及累积的量。而若水生植物占据初级生产者的优势地位时，处于自养状态的水体，光合作用强吸收水体中的氮元素、磷元素，能够降低水体的碱度，pCO_2 将会下降，CO_2 由大气进入水体，促进湖泊水体成为 CO_2 汇；处于异养状态的水体，水生植物的生长过程消耗大量的氧气，在呼吸作用强于光合作用时，大量 CO_2 自然会引起水体 pCO_2 的上升，CO_2 的外排增强，促进湖泊水体成为 CO_2 源，表明富营养化趋势下水生植物光合作用与呼吸作用的相对强弱能够主导湖泊水体 pCO_2 的动态变化，进而影响水－气界面间 CO_2 的交换。

研究认为，具有高生物可利用性的溶解性有机碳（DOC）能够作为 CO_2 和 CH_4 产生过程的直接碳源，因而外源性含碳有机质的大量输入与含碳温室气体排放速率的上升通常表现出一致性。另有研究发现甲烷氧化与氨氧化的代谢通路由于 CH_4 与 NH_4^+ 的结构具有相似性而可能产生影响，因此在富营养化情景下外源氮元素的过量输入便很可能会抑制 CH_4 的氧化过程。此外，沉积物－水体界面在营养盐含量骤增的情况下将增强基质的可利用性以及消耗更多的溶解氧，从而影响产 CH_4 菌群与 CH_4 氧化菌群共同介导的交换过程。升温与富营养化趋势下 CH_4 的交换则表现出更为明显的特征，Sepulvedajauregui 等（2018）对来自 10 个不同纬度区间的湖泊沉积物和水体的研究发现，利用模型分析在增温 2℃的情况下富营养化湖泊 CH_4 排放量是贫营养湖泊 CH_4 排放量的 1.80～3.89 倍，因此富营养化在不同程度上增强了这些湖泊 CH_4 排放对于增温的响应。

湖泊水体中 N_2O 的生成首先受到氮元素的限制，随着近年来人类活动干扰的不断加剧，水体中外源碳元素、氮元素和磷元素的输入负荷显著增加，由此产生的富营养化问题对湖泊生态系统的氮元素物质循环及 N_2O 排放产生了重要影响。水体中硝化过程主要发生在好氧环境，而反硝化过程则适宜于在厌氧环境中进行（杨萌，2016），因而溶解氧状况能够直接影响沉积物－水体界面硝化与反硝化过程的动态平衡，在富营养化的浅水湖泊中沉积物－水体界面溶氧一般都是较低的，整个的浅水环境中可能缺少富氧的区域，硝化过程很可能因为氧的可利用性降低而受到反应速率上的限制，反硝化过程利用硝化过程产物 NO_3^- 生产 N_2O 的量也将会受到影响。

3.2.3 气候变暖与富营养化对温室气体交换的综合影响

IPCC在其气候变化评估报告中指出，全球变暖与大气中温室气体浓度的急剧上升表现出显著的相关性。CO_2是大气中浓度最高的温室气体，约占所有温室气体对气候变暖贡献率的2/3，同时也是参与生态系统中碳元素循环的主要气体形态。总体上，生态系统一般表现为强烈的碳汇，估算全球除海洋之外的生态系统每年光合作用减去呼吸和换气作用的碳净值接近于工业消耗量的1/3（杨萌，2016），全球湖泊生态系统沉积物中碳储量的估算值也高达820 PgC（$1Pg = 10^{15}$ g）（Mendonça et al.，2017），其中大量的含碳营养物质可在CO_2的生成过程中被直接利用。现有的研究一般认为水生生态系统是大气中温室气体的重要来源（Holgerson et al.，2016），保守估算内陆水体每年向大气排放的CO_2为1.2～2.1 PgC，湖泊是内陆水体的重要组成部分，预计全球湖泊年均能够向大气排放的CO_2占内陆水体总排放量的25%，表明湖泊能够以CO_2形态在碳循环过程中展现出十分强烈的排放特征（齐天赐等，2019），进而具备抵消水生生态系统中大量碳汇的能力（Tangen et al.，2015）。Elder等（2019）通过对Alaska地区热岩溶类型湖泊温室气体季节性排放来源的研究发现，高纬度地区湖泊的温室气体排放对气候变暖产生了积极的反馈。气候变暖显著促进了Alaska地区多年冻土的融化并且重新形成大量的热岩溶湖泊，原本被冻土封存的碳库随着新湖泊的生成而变得十分活跃，湖泊温室气体排放活动的加剧则会促使形成更为明显的升温效应。气候变暖趋势下富营养化湖泊CO_2交换通量的变化同样引起了诸多学者的关注。Davidson等（2015）在长期运行的控制实验中，通过设置升温和营养盐添加及其交互作用的处理组观测温室气体交换过程的响应变化，研究发现高浓度氮、磷等营养盐的添加能够对控制系统内水－气界面间CO_2的排放起到显著的抑制作用；Audet等（2017）则在升温与营养盐添加的基础上进行了模拟夏季热浪的控制实验，其结果表明热浪期间水－气界面间CO_2的排放速率更为强烈。目前，区域性和全球性的CO_2估算清单存在较大的不确定性（Borges et al.，2015），气候变暖与富营养化交互作用下不同区域湖泊的CO_2交换机制也存在差异，进而影响湖泊碳循环过程中源汇的转换情况。

CH_4是一种重要的温室气体，在大气中的周转期平均仅为10年，表明CH_4对于气候变化的响应十分迅速（Borges et al.，2017）。根据估算全球淡水生态系统的CH_4年均排放量为103 Tg（$1Tg = 10^{12}$ g），而湖泊中的CH_4的年均排放范围在8～48 Tg。湖泊中的CH_4约占其全球自然来源的16%，占内陆水体的来源甚至能达到77%，进而使湖泊表现为内陆水体强烈的CH_4排放源。量化湖泊中的CH_4排放内部循环的研究结果也表明，水体中溶存CH_4的浓度很低，但在水层中一般仍处于过饱和状态而表现出明显的排放现象，因此浅水湖泊的沉积物界面仍是大气中的 CH_4 的重要贡献区域。而有的学者研究发现水域面积小且水位低的湖泊和水塘在碳收支过程中表现得更为活跃。自然水域的 CH_4 排放具有明显的温度依赖性，气候变暖对 Alaska 地区热岩溶湖泊中溶解态 $^{14}CH_4$ 的增长起到关键作用，表现出多年冻土解冻影响下水 - 气界面 CH_4 交换通量与变暖之间的正反馈效应（Elder et al.，2019）。Davidson 等（2015）在长期运行的控制实验中，通过设置升温和营养盐添加的交互作用观测温室气体交换过程的响应变化，研究发现含有氮元素、磷元素的营养盐的添加对水 - 气界面间 CH_4 的交换过程表现出显著的抑制效果，而升温对 CH_4 交换通量的影响则不明显。Audet 等（2017）则在升温与营养盐添加的基础上进行了模拟夏季热浪的控制实验，其结果表明在低营养盐的处理组中热浪能够显著促进 CH_4 排放量的增长，而高营养盐的处理组中热浪对 CH_4 排放量增长的作用相对较弱。整体而言，气候变暖与富营养化交互作用下湖泊水 - 气界面间 CH_4 的交换过程仍表现出强烈的区域性差异。升温和水体富营养化均能够消耗水体中的 DO，进而使得沉积物界面趋于厌氧状态，湖泊生态系统中的初级生产者充分利用 O_2 促进自身的生长和繁殖过程，进一步在沉积物界面形成适宜 CH_4 生成的环境条件（DelSontro et al.，2016）。与此同时，升温与磷添加交互作用对 CH_4 传输路径的影响也不容忽视，研究认为未来气候趋势下富营养化湖泊水体能够显著提升 CH_4 气泡形式的排放比例和 CH_4 气泡排放量的增长（Davidson et al.，2018）。

N_2O 作为一种重要的温室气体在大气中的浓度以年均 0.25%±0.05% 的速度稳定增长。N_2O 虽然在大气中浓度较低，但具有较高的全球增温潜势（Global warming potential），便可能有效抵消氮汇的潜在影响（Tangen et al.，2015）。相较于陆地生态系统所受到的广泛关注，有关水生生态系统 N_2O 排放过程的研究相对较少。已知水生生态系统 N_2O 的排放量十分可观，占全球总估算量的 20%～30%。湖泊作为大气 N_2O 的重要排放源，根据近年来对高纬度地区 N_2O 排放的估算，该地区贡献了内陆水体 N_2O 排放量的 12%（谢燕红等，2018）。国内外对于湖泊 N_2O 交换过程也已有较多的研究，如 Kortelainen 等（2020）估算芬兰以及北方湖泊 N_2O 的排放量分别达到 0.6 Gg N_2O-N/a 和 29 Gg N_2O-N/a，表明 N_2O 在这些区域具备显著的气候变暖潜力。国内的研究发现，如太湖、白洋淀和鄱阳湖的 N_2O 交换过程在监测的绝大部分时间内也是以排放现象为主（徐会显等，2016）。尽管湖泊 N_2O 的排放趋势明显，但在不同区域的响应程度也存在差别。谢燕红等（2018）对内陆水体 479 个湖泊 N_2O 通量的纬度和营养状况的分析结果表明，N_2O 通量呈现随纬度升高而降低、随营养水平升高而升高的变化特征，因此，区域之间的温差以及营养水平的差异均会对湖泊 N_2O 的交换产生显著的影响。区域性湖泊 N_2O 通量表现出与温度以及营养水平之间的相关性，但其内在机制仍需通过控制实验进一步探究。现有的研究主要集中在温带地区，如 Davidson 等（2015）在长期运行的控制实验中，通过设置升温和营养盐添加的交互作用观测温室气体交换过程的响应变化，发现高浓度的氮、磷营养盐添加显著增加了系统内 N_2O 的排放量，但升温的直接影响却并不显著；Audet 等（2017）则在升温与营养盐添加的基础上进行了模拟夏季热浪的控制实验，其结果表明 N_2O 的排放对营养水平的响应不显著，而热浪则显著促进了夏季 N_2O 排放量的增长。以上研究对温带湖泊中影响 N_2O 排放规律的内在联系进行了相关解释，在气候变暖与富营养化趋势下准确地量化不同区域湖泊生态系统 N_2O 的交换过程，有助于更准确地评估和预测全球湖泊 N_2O 排放水平，进而对缓解大气中氮元素的积累起到重要作用。

3.3 气候变暖与富营养化中实验条件设置与方法

3.3.1 实验边界条件与实验设计

梁子湖位于长江中下游地区（30°11′～30°23′N，110°20′～114°23′E），水域面积约为 227.96 km^2，湖水平均深度为 2.44 m，具备典型的亚热带浅水湖泊特征，年均气温约为 17℃，年均降水量约为 1 347.4 mm，本实验采集的表层沉积物和湖水均取自梁子湖。先前的研究监测其水体 TN 平均值为 0.448 mg/L，水体 TP 平均值为 0.027 mg/L，水体 Chl a 平均值为 9.39 mg/m^3，表明梁子湖水体基本处于贫营养到中营养状态（董文龙等，2016）。实验开始前对所取湖水的 TN 浓度和 TP 浓度重新进行了测定，计算得到控制系统内加入湖水的初始 TN 浓度为 0.560 mg/L，初始 TP 浓度为 0.065 mg/L。

中尺度围隔控制系统位于湖北省武汉市华中农业大学水产养殖国家级实验教学示范中心内，均匀分布有 48 个相互独立的塑料水缸（直径 =1.5 m，高度 =1.4 m）。Wang 等（2020）对于本控制系统的设计原理已进行了详细描述。整体上可概括为控制系统的每一个塑料水缸中都包含 1 个固定功率的加热元件（600W）、2 个均匀放置的温度传感器（DS18B20）和 1 套微型温控装置（C8051F320），通过 3 种相互联系的控制组件实现稳定的升温功能。同时，塑料水缸内均配备 1 台全天运行的混合潜水泵以避免水体分层，通过与远程电脑的无线连接实现缸内水温的实时观测与每日水温数据云端自动上传的功能。

本实验于 2017 年 10 月在梁子湖敞水区采集表层沉积物，充分混合均匀后加入至控制系统的塑料水缸内，铺设沉积物的厚度为 10 cm，注入深度为 1 m 的梁子湖水，待系统稳定后，于 2018 年 1 月 1 日开始实验。实验设计包括 3 种温度模式与 2 种营养盐模式的处理，交互后共计 6 个处理组，每个处理组 6 个平行，利用随机数抽取器将实验的处理随机分配至 36 个塑料水缸。

6 个处理组分别为：对照组（C）自然水温，在温度和营养水平方面模拟梁子湖的现有状态；固定升温组（T）依据 RCP8.5 情景，模拟 20 世纪末期的升温情况，设置恒定升温 4℃；波动升温组（V）在固定升温的基础上考虑温度波动的情形，根据多项研究预测的极端气候事件持续时间和频率（Guo et al.，2017；Russo et al.，2014；陈晓晨等，2015），总共设定 15 次升温趋势的波动，持续时间在 2～12 d，以及 17 次降温趋势的波动，持续时间在 3～11 d，最终保持该处理总热量输入与恒定升温处理一致；磷添加组（P）参照有关文献并做出适宜调整（高伟等，2016），在自然水温条件下每 2 周向水体中加入磷酸二氢钾（KH_2PO_4）25 μg/L，以模拟梁子湖的富营养化进程；固定升温与磷添加组（TP）是在自然水温的基础上恒定升温 4℃，并且每 2 周向水体中加入 KH_2PO_4 25 μg/L；波动升温与磷添加组（VP）是在恒定升温 4℃同时考虑温度波动情景，每 2 周向水体中加入 KH_2PO_4 25 μg/L。

整个实验期间，控制系统内的每一个塑料水缸中均通过温度传感器对水温进行每日实时监测，处理组间的日均水温变化趋势如图 3-1 所示。图中显示控制系统内 T 组和 TP 组的水温在整个实验期间恒定高于自然水温（C 组和 P 组的水温）4℃左右，而波动升温的 V 组和 VP 组水温则在固定升温 4℃的基础上表现出 0～8℃的波动变化。总体上，自然水温、固定升温与波动升温处理组的水温在整个实验期间都表现出了明显的差异。

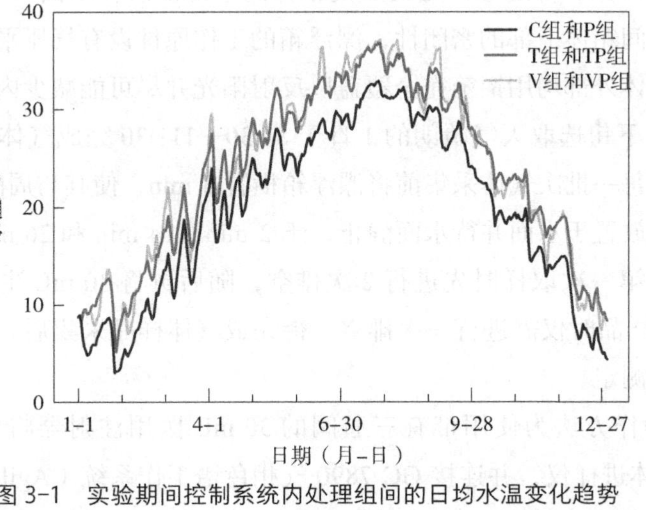

图 3-1 实验期间控制系统内处理组间的日均水温变化趋势

3.3.2 水体理化因子和生物因子的年际变化

在整个实验期间的前 2 个月（1—2 月）以每 2 周 1 次的频率，其余月份（3—12 月）以每周 1 次的频率，在控制系统中进行样品的采集以及水体理化指标的监测。pH、电导率和溶解氧（DO）等参数由 HQ40d 多功能水质分析仪（Hach，美国）直接在现场测定并记录。利用有机玻璃柱状采水器（长度 =1 m，直径 = 70 mm）取得混合水样，原水样通过 Whatman GF/C 滤膜抽滤后获取过滤水样。水体中的总氮（TN）、总磷（TP）、硝态氮（NO_3^--N）和氨态氮（NH_4^+-N）参照《水和废水监测分析方法（第四版）》进行测定。水体 Chl a 通过制备过滤水样取得的滤膜（同步记录抽滤体积）进行测定，具体操作步骤参照经优化后的热乙醇法。溶解性有机碳（DOC）使用定量的过滤水样，由 Vario TOC 总有机碳分析仪（Elementar，德国）直接测定。浮叶植物和沉水植物的生物量在采样期间现场记录，浮叶植物直接估算其盖度，沉水植物则估算其浸水体积（PVI），具体计算公式为 PVI 指数 =（植物盖度 × 植物高度）/ 水深（Olsen et al.，2015），以此来反映两种类型水生植物的生物量特征。控制系统内处理组间水体理化因子和生物因子的年际变化特征见表 3-1。

3.3.3 温室气体交换通量监测与累积交换量计算

温室气体交换通量采用漂浮箱 - 气相色谱法进行采集与分析工作。漂浮箱的箱体为聚乙烯材质的一端开口圆桶（内径 = 45 cm，总高度 = 50 cm），箱体外部固定有质量均匀的浮圈，并通过固定高度使箱体的下部浸没在水面以下约 5 cm 处，以此确保采样期间箱体下部的密闭性，漂浮箱的工作原件设有气压平衡管、采样管和温度探头，箱体外部均用铝箔完全覆盖以反射阳光并尽可能减少内部升温。实验期间，在每月中下旬选取天气晴朗的 1 日于 8：30—11：30 完成气体的采集工作，具体操作步骤为每一批次气体采集前将漂浮箱横置 3 min，使其与周围空气充分混匀，随后将其平稳放置于水面并待水面静止，于 2 min，14 min 和 26 min 时抽取气体样品，共 3 次。第一次取样时先进行 2 次排空，随后再将 30 mL 注射器注满，余下 2 次抽取气体样品时仅需进行一次排空。待完成气体样品采集后，在 48h 内完成温室气体样品的测定。

具体的操作方法为使用带有三通阀的 30 mL 医用注射器将气体样品注入至 CA-6 手动气体进样仪，并连接 GC 7890 气相色谱工作系统（Agilent，美国）完成测定工作，其中柱箱温度统一设置为 55℃。CO_2 浓度由氢火焰离子化检测器（FID）

表 3-1 控制系统内处理组间水体理化因子和生物因子的年际变化特征

处理组	电导率 /（μS/cm）	DO/（mg/L）	pH	DOC/（mg/L）	TN/（mg/L）	TP/（mg/L）	NO_3^--N/（mg/L）	NH_4^+-N/（mg/L）	Chl a/（μg/L）	沉水植物 PVI 指数（冬春）/%	浮叶植物盖度（夏秋）/%
C	222.50±4.19 171.03～301.80	7.16±0.58 0.17～15.50	8.51±0.13 6.91～10.21	5.45±0.17 3.07～9.21	0.57±0.02 0.19～0.97	0.058±0.004 0.010～0.186	0.156±0.019 0.001～0.611	0.094±0.007 0.006～0.211	6.36±0.58 0.98～19.97	43.28±5.95 0～90.55	40.69±5.93 0～98.33
T	261.39±6.89 197.35～426.50	7.41±0.52 0.21～14.95	8.68±0.11 7.07～10.04	6.38±0.27 2.97～12.36	0.83±0.03 0.40～1.39	0.062±0.005 0.013～0.181	0.135±0.014 0.001～0.534	0.123±0.012 0.007～0.430	12.44±1.32 1.28～43.02	49.25±5.57 0.49～91.29	22.95±5.32 0～97.29
V	263.78±6.23 201.67～385.50	7.05±0.51 0.11～15.19	8.61±0.10 6.88～9.97	6.44±0.24 2.97～11.12	0.75±0.03 0.32～1.34	0.064±0.005 0.009～0.237	0.135±0.014 0.001～0.526	0.122±0.011 0.000 1～0.350	9.75±0.90 1.33～29.50	48.60±5.08 0.48～91.29	18.47±4.36 0～87.50
P	232.23±5.73 171.18～343.60	6.96±0.63 0.06～16.71	8.61±0.13 6.99～10.37	5.60±0.25 2.53～12.28	0.58±0.02 0.19～1.17	0.059±0.004 0.006～0.139	0.090±0.013 0.001～0.500	0.120±0.011 0.000 1～0.339	11.61±1.16 1.91～37.06	39.83±6.01 0.02～90.73	45.30±5.40 0～90.00
TP	263.40±6.78 188.30～403.40	7.44±0.52 0.17～16.18	8.72±0.11 7.20～10.12	6.48±0.31 2.69～15.12	0.91±0.05 0.36～2.16	0.078±0.007 0.011～0.352	0.102±0.011 0.002～0.402	0.133±0.012 0.001～0.403	11.68±1.28 1.33～38.55	41.01±5.23 0.05～91.29	16.50±4.86 0～90.23
VP	255.28±5.73 194.03～366.00	7.83±0.47 0.14～16.28	8.86±0.10 7.39～10.21	6.22±0.23 1.67～11.61	0.75±0.03 0.32～1.37	0.070±0.005 0.009～0.172	0.101±0.010 0.002～0.380	0.120±0.012 0.001～0.401	13.09±1.34 1.81～39.56	47.48±5.28 0.05～90.91	8.19±2.06 0～41.67

注：表中每一处理组内两行数据分别表示整个实验期间的平均值±标准误差和全年变化范围。处理组分别为对照组（C）、固定升温组（T）、波动升温组（V）、磷添加组（P）、固定升温与磷添加组（TP）、波动升温与磷添加组（VP）。

测得，工作温度设置为200℃，工作回路包括一根内径为2 mm、长度为2 m的60～80目的Porapak Q不锈钢分离柱和工作温度设置为375℃的镍触媒转化器，载气为高纯N_2（纯度大于99.999%），流量为25 cm^3/min，空气及高纯H_2的流量分别设置为400 cm^3/min和30 cm^3/min。CH_4浓度也由FID测得，工作温度设置为200℃，工作回路主要包括一根内径为2 mm、长度为2 m的60～80目的13XMS不锈钢分离柱，载气为高纯N_2，流量为30 cm^3/min，空气及高纯H_2的流量同样设置为400 cm^3/min和30 cm^3/min。N_2O浓度由电子捕获检测器（ECD）测得，工作温度设置为300℃，利用2根内径为2 mm、长度分别为1m和3 m的80～100目的Porapak Q不锈钢分离柱完成对N_2O的分离和反吹，载气为高纯N_2，流量为25 cm^3/min。

通过计算可得到气体浓度随时间的变化速率（线性回归方程的斜率，为确保良好的线性关系，仅选取$R^2 \geqslant 0.90$的实验数据）。交换通量公式如下所示：

$$F=\frac{M}{V_0}\cdot\frac{P}{P_0}\cdot\frac{T_0}{T}\cdot\frac{V}{A}\cdot\frac{\mathrm{d}c}{\mathrm{d}t} \tag{3-1}$$

式中：F为温室气体交换通量；M代表CO_2、CH_4和N_2O的摩尔质量，分别为44 g/mol、16 g/mol、44 g/mol；P_0和T_0是标准状态下的大气压力和温度；V_0为目标化合物在标准状态下的摩尔体积；V/A在规则箱体中转化为水面上方的有效箱高；P和T为采样时箱内的实际气压和气温；dc/dt为漂浮箱体内CO_2、CH_4和N_2O气体浓度随时间变化的斜率，ppm/h。

借鉴Tangen等（2016）对累积通量的计算方法，本实验通过对实验期间每一个处理组内的月均CO_2、CH_4和N_2O交换通量数据进行加法运算，以此分别表示CO_2、CH_4和N_2O年累积交换量。若年累积交换量为负值则说明处理组在全年尺度上表现为大气的汇，而年累积交换量为正值则处理组在全年尺度上表现为大气的源。年累积交换量公式如下所示：

$$\mathrm{CE}=\sum_{i}^{n}F_i\cdot t_i \tag{3-2}$$

式中：CE表示CO_2、CH_4和N_2O的年累积交换量，g/（m^2·a）；n为全年总的采样次数；F_i表示为第i月的平均CO_2、CH_4和N_2O交换通量；t_i表示为第i月的天数。

实验数据依据季节性的变化特征将整个实验周期具体划分为冬季1—2月、12月，春季3—5月，夏季6—8月和秋季9—11月。对水体理化因子和生物因子进行月均值的处理，与CO_2、CH_4和N_2O交换通量的月度数据相对应。统计分析均采用R软件（version 3.6.1）完成。通过对实验数据的正态分布和方差齐性的检验发现，大部分数据以及转化后仍无法达到正态分布与方差齐性的检验条件，因此本实验选择多个独立样本的非参数检验方法（Kruskal-Wallis 秩和检验）检测处理组间参数的显著性，测试不同时期的处理组间对控制系统水 - 气界面不同温室气体交换通量的影响，并通过 Spearman 相关分析筛选显著影响于水 - 气界面不同温室气体交换的环境因子，并探究其影响机制。所有实验数据的绘图工作均通过 GraphPad Prism 软件（version 8.0.2）制作完成。最终处理的实验数据全部以均值 ± 标准误差的结果表示，统计性检验以 $p<0.05$ 标注，结果具有显著差异性。

3.4　气候变暖与富营养化影响水 - 气界面 CO_2 交换机制研究

3.4.1　CO_2 交换通量及年累积交换量的变化特征

控制系统内水 - 气界面间的 CO_2 交换过程表现出明显的季节性变化规律，处理组间在冬季、春季的 CO_2 交换通量主要为负值，表现为从大气中吸收 CO_2，而夏季、秋季的 CO_2 交换通量则基本由负值转为正值，常温处理组（C 组和 P 组）表现出强烈的排放现象，升温处理组（T 组、V 组、TP 组和 VP 组）表现为波动的吸收和排放现象（图 3-2、表 3-2）。全年表现为排放的月份数分别为 C 组（7 月）、T 组（6 月）、V 组（5 月）、P 组（6 月）、TP 组（3 月）和 VP 组（3 月），C 组和 P 组的排放最为明显且主要集中于夏季、秋季，升温处理组也在水温逐渐升高的夏季、秋季表现出排放现象，同时有着强烈的波动变化。

CO_2 年累积交换量（图 3-3）在常温与升温的处理组间表现出吸收与排放形式上的差异，C 组和 P 组的 CO_2 年累积交换量分别为 232.36 g/（m^2 · a）和 109.34 g/（m^2 · a），T 组、V 组、TP 组和 VP 组的 CO_2 年累积交换量分别为 −33.97 g/（m^2 · a）、−75.87 g/（m^2 · a）、−108.34 g/（m^2 · a）和 −48.50 g/（m^2 · a），在整个实验期间常温处理组均表现为大气 CO_2 的源，固定升温与波动升温的处理组均表现为大气 CO_2 的汇。

统计检验的结果表明（表 3-2），控制系统内春季、夏季、秋季和全年期间的平均 CO_2 交换通量均表现出显著的处理组间差异。冬季、春季处理组间的 CO_2 交换通量均表现为负值，仅春季期间 VP 组的 CO_2 交换通量显著高于其余处理组（$p<0.05$）。夏季、秋季处理组间的 CO_2 交换通量则呈现出由负值逐渐转变为正值的变化趋势，夏季期间常温处理的 C 组（$p<0.05$）和 P 组（$p<0.05$）的 CO_2 交换通量显著高于 VP 组；秋季期间则表现出更为明显的变化趋势，常温处理组的 CO_2 交换通量均要高于固定升温和波动升温的处理组，其中 C 组的 CO_2 交换通量显著高于 V 组（$p<0.05$）、TP 组（$p<0.01$）和 VP 组（$p<0.05$），P 组的 CO_2 交换通量

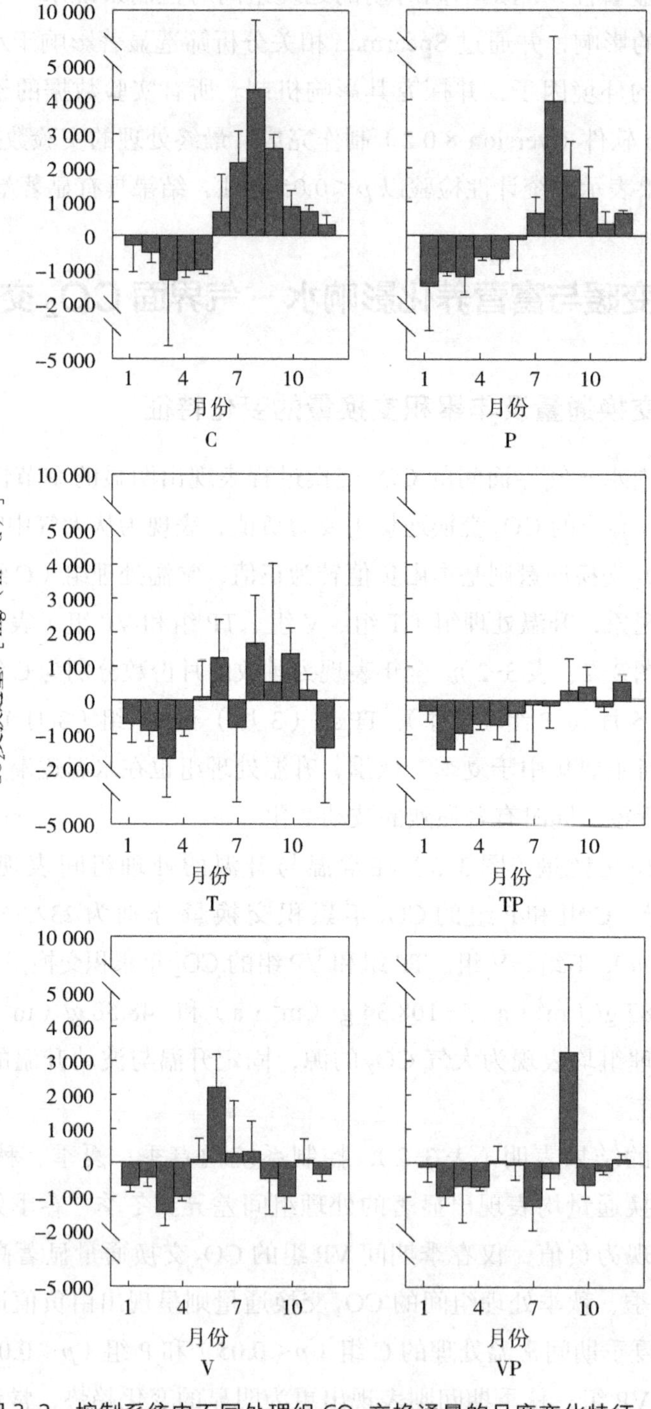

图 3-2　控制系统内不同处理组 CO_2 交换通量的月度变化特征

显著高于 V 组（$p<0.05$）。而在整个实验期间全年平均的 CO_2 交换通量则表现为 C 组显著高于 V 组（$p<0.01$）、TP 组（$p<0.05$）和 VP 组（$p<0.05$），表明全年尺度上固定升温或波动升温的处理均会对控制系统内水－气界面间 CO_2 的交换过程起到负反馈作用。

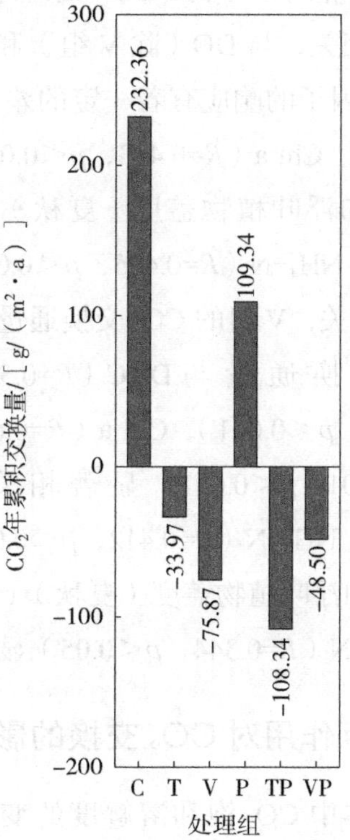

图 3-3 控制系统中不同处理水－气界面间 CO_2 年累积交换量

表 3-2 控制系统内不同季节 CO_2 交换通量的组间变化特征（均值 ± 标准误差）

单位：mg/（m²·d）

处理组	季节				
	冬季	春季	夏季	秋季	全年
C	−138.77±253.65	−1 110.36±685.57^{b}	2 350.50±1 134.30^{a}	1 216.84±311.73^{a}	438.86±379.22^{a}
T	−969.49±402.26	−823.98±481.00^{b}	617.51±915.10^{ab}	810.69±822.78^{abc}	−33.99±377.20^{ab}
V	−470.91±126.43	−669.7±328.74^{b}	929.10±673.36^{ab}	−407.88±392.52^{b}	−136.58±234.35^{b}
P	−569.68±308.50	−806.02±222.47^{b}	1 325.59±712.59^{a}	1 131.03±428.71^{ac}	251.35±254.52^{ab}
TP	−481.15±293.79	−811.08±229.20^{b}	−214.53±539.84^{ab}	187.5±344.82^{bc}	−345.39±203.25^{b}
VP	−357.74±218.18	−412.5±299.35^{a}	−534.52±318.72^{b}	499.46±669.83^{bc}	−244.26±192.41^{b}

注：标注不同小写字母表示同一时期处理组间的显著性差异（$p<0.05$）。处理组分别为对照组（C）、固定升温组（T）、波动升温组（V）、磷添加组（P）、固定升温与磷添加组（TP）、波动升温与磷添加组（VP）。

3.4.2 CO_2 交换通量与环境因子的相关性

Spearman 相关性分析的结果表明电导率、DO、pH、DOC、TN、TP、NO_3^--N、NH_4^+-N、Chl a、沉水植物 PVI 指数（冬春）和浮叶植物盖度（夏秋）均是显著影响控制系统内 CO_2 交换通量的环境因子（表 3-3）。处理组间的 CO_2 交换通量与电导率（除 V 组）均表现为显著正相关，与 DO（除 V 组）和 pH 均表现为显著负相关。同时，不同处理组对于各环境因子的响应有着一定的差异性，C 组的 CO_2 交换通量与 NH_4^+-N（R=0.525，p<0.001）、Chl a（R=0.483，p<0.001）、沉水植物 PVI 指数（冬春）（R=−0.471，p<0.05）和浮叶植物盖度（夏秋）（R=0.815，p<0.001）显著相关，T 组的 CO_2 交换通量与 NH_4^+-N（R=0.425，p<0.01）和浮叶植物盖度（夏秋）（R=0.716，p<0.001）显著相关，V 组的 CO_2 交换通量仅与 pH（R=−0.434，p<0.01）显著相关，P 组的 CO_2 交换通量与 DOC（R=0.515，p<0.001）、TP（R=0.317，p<0.05）、NH_4^+-N（R=0.657，p<0.001）、Chl a（R=0.607，p<0.001）和浮叶植物盖度（夏秋）（R=0.701，p<0.001）显著相关，TP 组的 CO_2 交换通量与 NO_3^--N（R=0.310，p<0.05）、NH_4^+-N（R=0.412，p<0.01）、沉水植物 PVI 指数（冬春）（R=−0.444，p<0.05）和浮叶植物盖度（夏秋）（R=0.538，p<0.01）显著相关，VP 组的 CO_2 交换通量则与 TN（R=0.344，p<0.05）显著相关。

3.4.3 升温与磷添加交互作用对 CO_2 交换的影响

升温能够直接影响水体中 CO_2 饱和溶解度的变化（兰晶，2015），进而引起水 - 气界面间 CO_2 浓度梯度以及扩散速率的变化。湖泊的初级生产过程也会受到水温波动的影响，进而改变水 - 气界面间 CO_2 的交换过程，有关大型湖泊 CO_2 昼夜通量监测的研究结果发现，表层水体白天受到光照辐射的影响，水温上升，光合作用消耗 CO_2 的能力变强；夜间水温自然下降导致水体中生物的呼吸作用占据主导地位从而产生大量 CO_2。由此表现出明显的 CO_2 日变化特征。实验的结果显示，季节性的水温变化同样对控制系统内 CO_2 交换通量产生了显著的影响，6 个处理组在冬季和春季均表现为 CO_2 由大气向水体吸收的状态，而在夏季和秋季则主要表现为 CO_2 由水体向大气释放的状态。统计检验表明，整个实验期间常温处理的 C 组的年均 CO_2 交换通量显著高于升温处理的 V 组、TP 组和 VP 组，控制系统内常温处理的 CO_2 年累积交换量为正值时表示为大气 CO_2 的源，而恒定升温处理组与波动升温处理组的 CO_2 年累积交换量均为负值时表示为大气 CO_2 的汇。水温是控制系统内 CO_2 交换通量的主要影响因素，更为明确的是升温处理对控制系统内 CO_2 的交换过程产生了显著的抑制作用，这与大部分研究的结论相反，但有学者对瑞典

表 3–3　整个实验期间不同处理组的 CO_2 交换通量与各环境因子的 Spearman 相关性（R）分析

处理组	电导率 /（μS/cm）	DO/（mg/L）	pH	DOC/（mg/L）	TN/（mg/L）	TP/（mg/L）	NO_3^-–N/（mg/L）	NH_4^+–N/（mg/L）	Chl a/（μg/L）	沉水植物 PVI 指数（冬春）/%	浮叶植物盖度（夏秋）/%
C	0.391**	−0.653***	−0.709***	0.099	−0.194	0.106	0.046	0.525***	0.483***	−0.471*	0.815***
T	0.472***	−0.632***	−0.689***	0.123	0.007	0.085	−0.209	0.425**	0.218	−0.013	0.716***
V	0.176	−0.166	−0.434**	0.052	−0.089	0.031	−0.121	0.009	0.137	−0.361	0.184
P	0.468***	−0.805***	−0.760***	0.515***	0.067	0.317*	0.126	0.657***	0.607***	−0.132	0.701***
TP	0.458***	−0.543***	−0.672***	−0.006	0.031	0.196	0.310*	0.412**	0.083	−0.444*	0.538**
VP	0.338**	−0.319*	−0.444***	−0.001	0.344*	0.093	0.141	0.185	0.183	−0.205	0.106

注：标注星号表示不同处理组的 CO_2 交换通量与环境因子的显著差异（$^{*}p<0.05$；$^{**}p<0.01$；$^{***}p<0.001$）。处理组分别为对照组（C）、固定升温组（T）、波动升温组（V）、磷添加组（P）、固定升温与磷添加组（TP）、波动升温与磷添加组（VP）。

Linköping 地区一个小型浅水池塘 CO_2 交换通量监测的结论与本实验相同。究其原因，水温变化对 CO_2 交换过程的影响也可能间接地体现出来。Soumis 等（2004）对北美地区多个水库 CO_2 交换通量的监测结果表明，在净初级生产的水体中，升温更倾向于促进初级生产者对水体和大气中 CO_2 的吸收与利用，进而显著降低水体的 pCO_2，这与本实验的研究结论表现出一致性。水温较低的冬季、春季是控制系统内沉水植物生长最为茂盛的时期，升温促进了沉水植物生物量的迅速增长，初级生产者对水体与大气中 CO_2 的吸收也达到了高峰。夏季、秋季控制系统内水体的温度已相对很高，沉水植物的衰亡、浮游植物的大量生长均为水体中的生物提供了充足的含碳营养物质，水体的碳周转速率加快，因此处理组中 CO_2 的排放效果逐渐增强。而在整个实验期间，特别是升温处理后冬季、春季，水体累积吸收的 CO_2 要明显高于其在夏季、秋季排放的 CO_2，说明控制系统内 CO_2 的源汇转换过程也受到升温的累积性影响。

已知湖泊的营养状态与 CO_2 的交换过程之间存在紧密的联系。先前的研究发现 DIC 与 CO_2 溶存浓度间具有显著的正相关性，表明含碳营养物质能够影响湖泊水体的 CO_2 溶存动态。同时，水体中的溶解态碳能够作为 CO_2 生成过程中关键的营养底物而主导溶存 CO_2 的动态变化，然而磷营养盐对水体 CO_2 动态的影响却不明确。本实验的结果表明，整个实验期间的 CO_2 交换通量表现为 C 组＞P 组＞T 组＞V 组＞VP 组＞TP 组，升温是影响控制系统内 CO_2 交换通量变化的主导因素，而磷添加对 CO_2 交换通量的影响并不显著，但在相同升温情景下磷添加处理组的 CO_2 交换通量均相对更低（C 组＞P 组；T 组＞TP 组；V 组＞VP 组）。Audet 等（2017）在模拟夏季热浪的控制实验中对夏季热浪期间水－气界面的 CO_2 交换通量进行了监测，研究发现无氮、磷营养盐添加的处理组 CO_2 交换通量同样没有显著的差异，可能的原因是富营养化能够抵消热浪效应对 CO_2 排放的促进作用。与此同时，浮游藻类的生长过程中通常能够高效地吸收富营养化湖泊水体中过量的氮、磷营养盐，进而在初级生产者中迅速占据优势地位。贾磊等（2018）对太湖富含浮游藻类湖区的 CO_2 交换通量的监测结果发现，春季、夏季的实验区域均表现为大气 CO_2 的汇，但在夏季则表现出 CO_2 由汇转为源的潜在趋势。该实验中的浮游植物的生物量在冬季、春季仍处于缓慢积累的阶段，至夏季、秋季逐渐达到峰值并保持稳定，并且夏季、秋季期间所有处理组水－气界面的 CO_2 均表现出明显的排放现象，这与先前的研究结果表现出一致性。

Spearman 相关性分析的结果表明，升温与磷添加显著促进了整个实验期间电导率、pH、DOC 和 TN 含量的升高，同时显著抑制了浮叶植物的生长。先前的实验结果表明，水体中 CO_2 的生成与消耗主要受到生物泵、气象因子和水体理化因子的共同影响。本实验中控制系统水－气界面 CO_2 交换通量与升温和磷添加交互作用下的电导率、DO、pH、DOC、TN、TP、NO_3^--N、NH_4^+-N、Chl a、沉水植物PVI指数（冬春）和浮叶植物盖度（夏秋）等环境因子均具有显著的相关性。控制系统内 CO_2 交换通量与所有监测的环境因子间均存在或强或弱的相互关系，不同的环境因子在控制系统内受到升温与磷添加的交互作用而表现出显著的变化特征，对于温度和磷营养盐的迅速响应能够进一步改变湖泊水体的 CO_2 交换过程。

本实验中，控制系统内处理组间的 CO_2 交换通量与电导率、DO和pH的相互关系最为明显。实验期间升温与磷添加的交互作用显著提升了水体电导率，另有研究发现富营养化水库中电导率与氮、磷营养盐的含量也表现出相同的变化趋势。水体中的DO和pH均与 CO_2 交换通量表现为显著的负相关关系，可能的原因是整个实验期间弱碱性的水体对 pCO_2 产生了明显的抑制作用，特别是在水温较低、营养物质尚处于积累期的冬、春季，沉水植物生物量的增长与较高的DO含量也表现出一致性，进而促进了水－气界面间 CO_2 的吸收。而在夏季、秋季，水温的升高对碳转化速率有着显著的提升效果，水体中累积的DOC得到充分利用，使得水－气界面间 CO_2 的排放趋势逐渐强烈。

实验期间控制系统内 CO_2 交换通量与DOC、TN、TP、NO_3^--N和 NH_4^+-N均表现为正相关性，但处理组间相关性分析的结果则显示 CO_2 交换通量与上述水质指标（除 NH_4^+-N）的相互作用并不强烈，究其原因可能是营养盐在主导水体初级生产的过程中更多通过间接作用来影响水－气界面间的 CO_2 交换通量（杨平等，2015；姜星宇等，2017）。现有的研究发现，DIC很可能是 CO_2 生成过程中关键的反应底物，Sobek等（2005）的研究则发现高纬度地区湖泊的水温与 pCO_2 之间的依赖性不明显，而水体DOC含量与 pCO_2 变化则表现出强烈的相关性，表明水体中溶解态的碳含量与净异养呼吸作用的 CO_2 生成过程极为密切。外源性DOC的输入使得湖泊净异养作用逐渐增强，导致水体净 CO_2 累积，本实验的结果也从侧面验证DOC与 CO_2 交换通量之间存在显著的正相关性。

不同类型的水生植物对水－气界面间 CO_2 交换过程的影响效果存在着差异。本实验发现，控制系统内升温与磷添加的交互作用下 CO_2 交换通量与浮游植物、浮叶植物的生物量表现出显著的正相关性，而与沉水植物的生物量表现出显著的负相关性。冬季、春季期间沉水植物在控制系统内初级生产者中占据了优势地位，并且沉水植物对光照的利用效率较高，更有利于光合作用的进行，因此能够消耗更多的 CO_2、生成更多的 O_2。夏季、秋季期间浮游植物和浮叶植物的生物量均达到峰值，而沉水植物衰亡后能够降解产生大量的含碳营养物质，为温室气体提供重要来源，水体处于净异养状态，水－气界面间的 CO_2 交换过程也表现得更为活跃。

3.5 气候变暖与富营养化影响水－气界面 CH_4 交换机制研究

3.5.1 CH_4 交换通量及年累积交换量的变化特征

整个实验期间控制系统内水－气界面间 CH_4 的交换过程均表现出强烈的排放现象，处理组间季节性的 CH_4 交换通量全部表现为夏季＞秋季＞春季＞冬季，并且不同季节之间的 CH_4 交换通量存在着数量级上的差异（图 3-4、表 3-4）。整个实验期间所有处理组的月均 CH_4 交换通量均为正值，说明控制系统内 CH_4 的交换过程均表现为水体向大气排放。

CH_4 年累积交换量（图 3-5）在整个实验期间所有的处理组一致呈现为排放现象，各处理组 CH_4 年累积交换量的波动范围在 10.61～26.07 g/（m^2·a），常温处理组（C 组和 P 组）的交换量相对更低，在整个实验期间所有的处理组均表现为大气 CH_4 的源。

统计检验的结果表明（表 3-4），控制系统内冬季、春季和夏季的 CH_4 交换通量表现出显著的组间差异。冬季期间 VP 组的 CH_4 交换通量显著高于 T 组（$p<0.05$）、P 组（$p<0.05$）和 TP 组（$p<0.05$），春季期间 V 组的 CH_4 交换通量显著高于 C 组（$p<0.05$）和 VP 组（$p<0.05$），夏季期间 TP 组的 CH_4 交换通量显著高于 P 组（$p<0.05$），表明控制系统内季节性的 CH_4 交换过程主要受到不同升温模式和磷营养盐添加交互作用的主导。而在整个实验期间，全年平均的 CH_4 交换通量表现为 P 组＞C 组＞V 组＞VP 组＞T 组＞TP 组，春季、夏季和秋季 CH_4 交换通量的变化规律与全年平均的 CH_4 交换通量也保持着相似性，常温处理的 C 组或 P 组始终保持着控制系统内较低的 CH_4 交换水平，不同升温模式与磷添加交互作用的处理组则始终表现出控制系统内较高的 CH_4 交换水平。

3.5.2 CH_4 交换通量与环境因子的相关性

Spearman 相关性分析的结果表明，电导率、DO、pH、DOC、TP、NO_3^--N、NH_4^+-N、Chl a、沉水植物 PVI 指数（冬春）和浮叶植物盖度（夏秋）是显著影响控制系统内 CH_4 交换通量的环境因子，而各处理组的 CH_4 交换通量与 TN 的相互关系并不显著（表 3-5）。各处理组间 CH_4 交换通量与 DO 和 pH 均表现为显著负相关，与 DOC 和 Chl a 均表现为显著正相关。同时，处理组间对于环境因子的响应有着一定的差异性，C 组的 CH_4 交换通量与 TP（R=0.333，$p<0.05$）和 NH_4^+-N（R=0.599，$p<0.001$）显著相关，T 组的 CH_4 交换通量与电导率（R=0.290，

$p<0.05$）、TP（$R=0.335$，$P<0.05$）、NO_3^--N（$R=-0.369$，$p<0.01$）、NH_4^+-N（$R=0.469$，$p<0.001$）和浮叶植物盖度（夏秋）（$R=0.517$，$p<0.01$）显著相关，

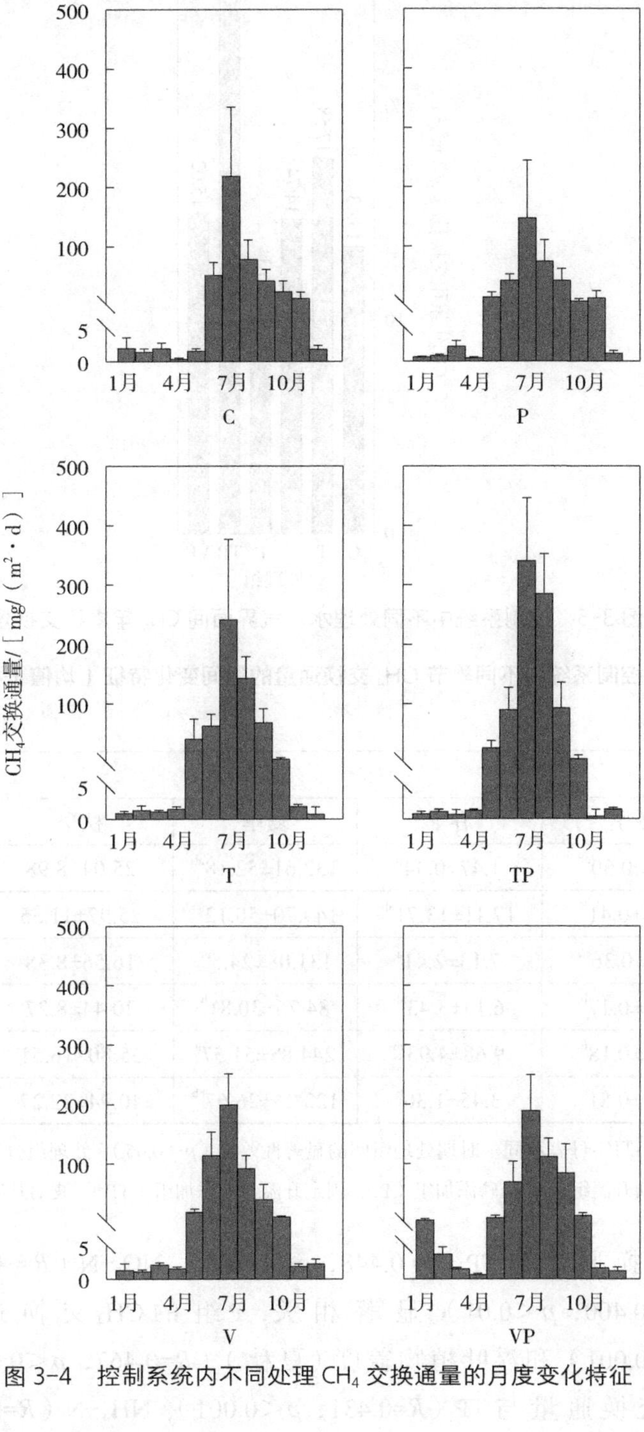

图 3-4　控制系统内不同处理 CH_4 交换通量的月度变化特征

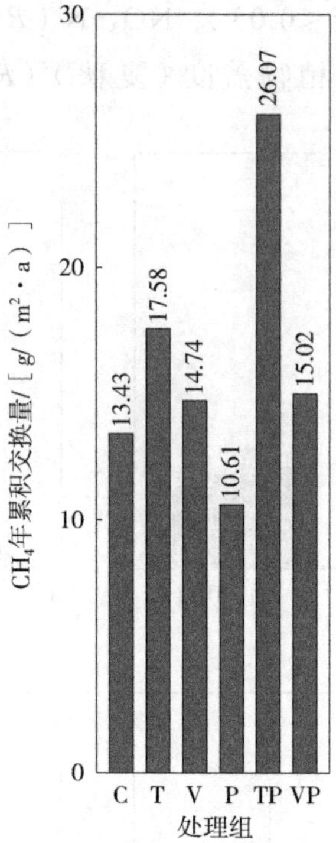

图 3-5 控制系统中不同处理水 - 气界面间 CH_4 年累积交换量

表 3-4 控制系统内不同季节 CH_4 交换通量的组间变化特征（均值 ± 标准误差）

单位：mg/（m^2 · d）

处理组	季节				
	冬季	春季	夏季	秋季	全年
C	1.77±0.50^{ab}	1.47±0.34^{b}	132.61±52.18^{ab}	25.04±8.98	36.38±13.07
T	1.06±0.41^{b}	17.11±13.71^{ab}	149.70±50.12^{ab}	25.97±11.35	54.86±17.36
V	1.56±0.36^{ab}	7.13±2.41^{a}	131.08±24.5^{ab}	16.56±8.38	44.38±10.54
P	1.03±0.17^{b}	6.13±3.43^{ab}	84.76±30.81^{b}	20.44±8.27	30.96±9.90
TP	1.23±0.18^{b}	9.68±4.93^{ab}	244.88±51.57^{a}	35.80±18.51	77.94±19.70
VP	3.31±0.81^{a}	3.45±1.30^{b}	123.26±26.67^{ab}	40.94±22.27	49.66±11.83

注：标注不同小写字母表示同一时期处理组间的显著性差异（$p<0.05$）。处理组分别为对照组（C）、固定升温组（T）、波动升温组（V）、磷添加组（P）、固定升温与磷添加组（TP）、波动升温与磷添加组（VP）。

V 组的 CH_4 交换通量与 TP（R=0.448，$p<0.001$）、NO_3^--N（R=−0.348，$p<0.01$）和 NH_4^+-N（R=0.400，$p<0.01$）显著相关，P 组的 CH_4 交换通量与 NH_4^+-N（R=0.455，$p<0.001$）和浮叶植物盖度（夏秋）（R=0.467，$p<0.01$）显著相关，TP 组的 CH_4 交换通量与 TP（R=0.431，$p<0.001$）、NH_4^+-N（R=0.278，$p<0.05$）

表 3–5 整个实验期间不同处理组的 CH_4 交换通量与环境因子的 Spearman 相关性（R）分析

处理组	电导率 /（μS/cm）	DO/（mg/L）	pH	DOC/（mg/L）	TN/（mg/L）	TP/（mg/L）	NO_3^-–N/（mg/L）	NH_4^+–N/（mg/L）	Chl a/（μg/L）	沉水植物 PVI 指数（冬春）/%	浮叶植物盖度（夏秋）/%
C	0.139	-0.721^{***}	-0.670^{***}	0.443^{***}	−0.029	0.333^{*}	−0.258	0.599^{***}	0.654^{***}	−0.117	0.325
T	0.290*	-0.720^{***}	-0.514^{***}	0.449^{***}	0.086	0.335^{*}	-0.369^{**}	0.469^{***}	0.455^{***}	0.176	0.517^{**}
V	0.241	-0.558^{***}	-0.393^{**}	0.620^{***}	0.047	0.448^{***}	-0.348^{**}	0.400^{**}	0.454^{***}	0.112	0.342
P	0.123	-0.604^{***}	-0.455^{***}	0.602^{***}	0.024	0.194	−0.138	0.455^{***}	0.373^{**}	0.285	0.467^{**}
TP	0.125	-0.446^{***}	-0.289^{*}	0.573^{***}	0.022	0.431^{***}	−0.135	0.278^{*}	0.342^{**}	0.029	0.560^{**}
VP	0.359**	-0.410^{**}	-0.452^{***}	0.541^{***}	0.213	0.326^{*}	0.132	0.162	0.471^{***}	-0.530^{**}	0.422^{*}

注：标注星号表示不同处理组的 CH_4 交换通量与环境因子的显著性差异（$^{*}p<0.05$；$^{**}p<0.01$；$^{***}p<0.001$）。处理组间分别表示为：对照组（C）；固定升温（T）；波动升温（V）；磷添加（P）；固定升温与磷添加（TP）；波动升温与磷添加（VP）。

和浮叶植物盖度（夏秋）（R=0.560，$p<0.01$）显著相关，VP 组的 CH_4 交换通量与电导率（R=0.359，$p<0.01$）、TP（R=0.326，$p<0.05$）、沉水植物 PVI 指数（冬春）（R=−0.530，$p<0.01$）和浮叶植物盖度（夏秋）（R=0.422，$p<0.05$）显著相关。

3.5.3 升温与磷添加交互作用对 CH_4 交换的影响

一般认为升温能够显著增强水体中生物的呼吸速率，并对 CH_4 的生成过程起到积极的影响。近几年来，全球不同纬度地区湖泊 CH_4 交换通量的最新监测结果发现，监测到的 CH_4 交换过程在大部分时间内均表现出明显的排放现象（Sepulveda-Jauregui et al.，2018；Zhang et al.，2019；Jansen et al.，2020）。本实验的结果同样表明，实验期间控制系统一直是大气 CH_4 的净源，在气温与水温最高的夏季，CH_4 交换通量也达到实验期间的峰值；秋季的 CH_4 交换通量与年均通量最为接近。冬季、春季和夏季常温处理组（C 组和 P 组）的 CH_4 交换通量均属于中偏低的排放水准，而不同升温模式处理组（T 组、V 组、TP 组和 VP 组）的 CH_4 交换通量均属于中偏高的排放水准，CH_4 年累积交换量的结果则表现为 TP 组＞T 组＞VP 组＞V 组＞C 组＞P 组，表明常温处理组的 CH_4 年累积交换量相对不同升温模式处理组的 CH_4 年累积交换量而言更低。就微生物层面而言，升温能够同时提升产甲烷菌和甲烷氧化菌的活性，同时甲烷氧化过程更容易受到升温的间接抑制，而通常表现为生成速率大于氧化速率，因此产甲烷菌和甲烷氧化菌群间对温度的敏感性差异最终转变为水－气界面间 CH_4 排放量的提升（Schipper et al.，2015），这与控制系统内水温最高的夏季 CH_4 高排放相对应，也与不同升温模式处理表现出略高的 CH_4 交换通量具有一致性。然而，水生生态系统中甲烷氧化过程也可能受到底物有效性的影响，高温条件下强烈的产甲烷过程生成大量活性有机物质，这能够为甲烷氧化菌所吸收利用，进而促使产甲烷过程和甲烷氧化过程的平衡。

Juutinen 等（2009）研究发现富营养钙质湖泊中 CH_4 的浓度一般较高，表明湖泊营养状态与 CH_4 交换过程或许存在着紧密的联系。有学者对巴西不同浅水湖泊 CH_4 通量进行了研究，发现与中营养浅水湖泊相比，富营养浅水湖泊有着更高的 CH_4 排放潜力。Donis 等（2017）和 Pighini 等（2018）对高纬度地区富营养湖泊和中营养湖泊 CH_4 溶存浓度的监测结果均表明所有湖泊表层水体中的 CH_4 均呈现为过饱和状态。另有研究发现沉积物界面 CH_4 生成量的增长与水体的富营养化具有显著的正相关关系，而在营养限制的水体中，可通过 C-P 裂解酶的作用重新激活溶解有机物和增强磷酸盐的可利用性，进而间接促进 CH_4 的生成和排放。本实验的结果与大部分相关研究的结论相一致，CH_4 年累积交换量表现为 TP 组＞T 组＞VP 组＞V 组＞C 组＞P 组，说明升温情景下磷添加处理组在年际间有着更为强烈

的 CH_4 排放效应，TP 也与 CH_4 交换通量呈显著的正相关关系。究其原因，可能是由于富营养化能够主导浅水湖泊生态系统中初级生产过程的变化，促使水生植物和浮游植物间优势地位的转换。与此相对应的是本实验中控制系统内夏季、秋季期间的 CH_4 排放高峰与浮游植物生物量和 DOC 含量的变化趋势相同。然而，Davidson 等（2015）和 Audet 等（2017）在模拟气候变化和水体富营养化的控制实验中对 CH_4 交换通量的监测结果则显示，由大型水生植物主导的富营养化水体的 CH_4 排放过程相对消极，甚至能够掩蔽多种升温模式对水－气界面间 CH_4 交换的正反馈机制。本实验冬季、春季的 CH_4 交换通量很低，沉水植物的生物量也极为丰富，这可能是由于实验区域间的差异而导致的截然相反的影响效果。

Spearman 相关性分析的结果表明，升温与磷添加显著促进了整个实验期间电导率、pH、DOC 和 TN 含量的升高，也显著抑制了浮叶植物的生长。已有大量的研究表明，水－气界面间 CH_4 交换过程的影响因素主要包括：气候条件、水文环境、水体理化指标、生物因子和人类活动等（孙艺，2017）。本实验中控制系统水－气界面 CH_4 交换通量和升温以及磷添加交互作用下的 DO、DOC、TP、NO_3^--N、NH_4^+-N、Chl a、沉水植物 PVI 指数（冬春）和浮叶植物盖度（夏秋）等环境因子均具有显著的相关性。不同的环境因子在控制系统内受到升温与磷添加的交互作用而表现出十分显著的变化特征。同时，环境因子对于温度和磷营养盐的迅速响应将进一步改变湖泊水体中 CH_4 的交换过程。本实验发现不同升温模式与磷营养盐添加的交互作用显著促进了控制系统内水－气界面间 CH_4 的排放，但升温或磷添加的直接影响并不显著。

控制系统内处理组间的 CH_4 交换通量与 DO 表现出显著的负相关性，而与 DOC 表现出显著的正相关性，可能的影响机制是 DOC 为 CH_4 的生成过程提供了充足反应底物，并且通过消耗 DO 进一步减弱甲烷氧化过程，这和经验性的结论以及先前的许多研究结果相一致（Yang et al.，2015）。本实验中 NH_4^+-N 与 CH_4 交换通量表现为正相关性，原因在于 NH_4^+ 能够影响甲烷氧化酶的有效性，因此较高浓度的 NH_4^+-N 通常能够对甲烷氧化菌群的活性表现出明显的抑制作用（Yang et al.，2015）。而处理组间电导率和 NO_3^--N 对控制系统内 CH_4 交换通量的影响效果并不强烈，水体 pH 主要通过作用于有机质分解过程以及 CH_4 生成和氧化过程中的微生物活性而间接影响 CH_4 交换通量的变化，本实验中 CH_4 交换通量与水体 pH 表现为显著的负相关关系，究其原因可能是水体中的 DO 含量能够反映 CH_4 排放潜力，而湖泊水体的 pH 与 DO 通常存在对应关系，其相互作用或许能够表现出一致性（肖启涛，2017）。

浅水湖泊生态系统中的各类初级生产者能够影响沉积物－水体－大气界面间

的 CH_4 交换过程。水生植物种类丰富的湖泊沿岸带被认为是 CH_4 排放的热点区域，根据估算年均排放量达到 10 Tg C。本实验的结果显示，在升温与磷添加交互作用下，控制系统内处理组间水体 Chla 含量和浮叶植物盖度（夏秋）与水体－大气界面间 CH_4 交换通量具有显著的正相关性。West 等（2016）在对北美 Wisconsin 地区 16 个湖泊 CH_4 生成和排放规律的调查中发现浮游植物生物量的增长显著改变了水体 DOC 的浓度状态，也促进了沉积物界面 CH_4 生成速率的显著提升。另外，湖泊中浮游植物占据初级生产者的优势地位后，沉积物界面的氧化还原条件将会适宜于 CH_4 的生成。在监测意大利北部浅水湖泊 CH_4 交换通量的相关研究中发现浮叶植物（欧菱）对 CH_4 交换过程产生了积极作用，Lanca di Po 湖泊中有欧菱覆盖的水面相较于无欧菱覆盖的水面有着更高的 CH_4 排放量（Bolpagni et al.，2007）。究其原因，可能是变暖与富营养化趋势下大型水生植物的生长和演替过程的变化明显（Davidson et al.，2018），而显著影响了湖泊 CH_4 的动力学特征。沉水植物能够通过自身的导管组织将 O_2 由大气－水体界面运送至沉积物界面，富氧的沉积物界面将抑制 CH_4 的生成；并且沉水植物能够为甲烷氧化菌提供良好的附着环境，水体中游离 CH_4 的氧化效率将会显著提高。以上表明沉水植物对 CH_4 交换过程的影响通常是负面的，这与本实验得到的结论相同，控制系统内处理组间冬季、春季 CH_4 交换通量与沉水植物 PVI 指数的关系并不强烈。

3.6 气候变暖与富营养化水－气界面 N_2O 交换机制研究

3.6.1 N_2O 交换通量及年累积交换量的变化特征

控制系统内水－气界面间 N_2O 的交换十分活跃，整个实验期间表现出排放与吸收的转换过程（图 3-6、表 3-6），处理组间 N_2O 交换通量变化范围分别为：C 组［-0.290～0.542 mg/（m^2·d）］、T 组［-0.210～0.382 mg/（m^2·d）］、V 组［-0.185～0.283 mg/（m^2·d）］、P 组［-0.194～0.250 mg/（m^2·d）］、TP 组［-0.794～0.489 mg/（m^2·d）］和 VP 组［-0.254～0.223 mg/（m^2·d）］，全年表现为排放的月份数分别为 C 组（6 月）、T 组（8 月）、V 组（9 月）、P 组（5 月）、TP 组（6 月）和 VP 组（6 月），T 组和 V 组的排放最为明显且主要集中于夏季、秋季。N_2O 交换通量的季节性变化同样十分明显，冬季处理组间均表现为 N_2O 吸收，控制系统内所有的处理组均表现为 N_2O 的汇；春季 N_2O 交换通量与全年的变化趋势一致，C 组、T 组和 V 组呈现为水体向大气排放 N_2O，而 P 组、TP 组和 VP 组则呈现为水体吸收大气中的 N_2O，其中 T 组的 N_2O 交换通量显著高于 P 组

（$p<0.05$）和 TP 组（$p<0.05$）；夏季 N_2O 在水－气界面间的交换过程更为复杂，T 组和 TP 组表现为水体吸收大气中 N_2O 的状态，而 C 组、V 组、P 组和 VP 组则表现为水体向大气排放 N_2O 的状态；秋季控制系统内（特别是升温的 T 组和 V 组）水－气界面间 N_2O 的交换则表现出十分强烈的排放现象。

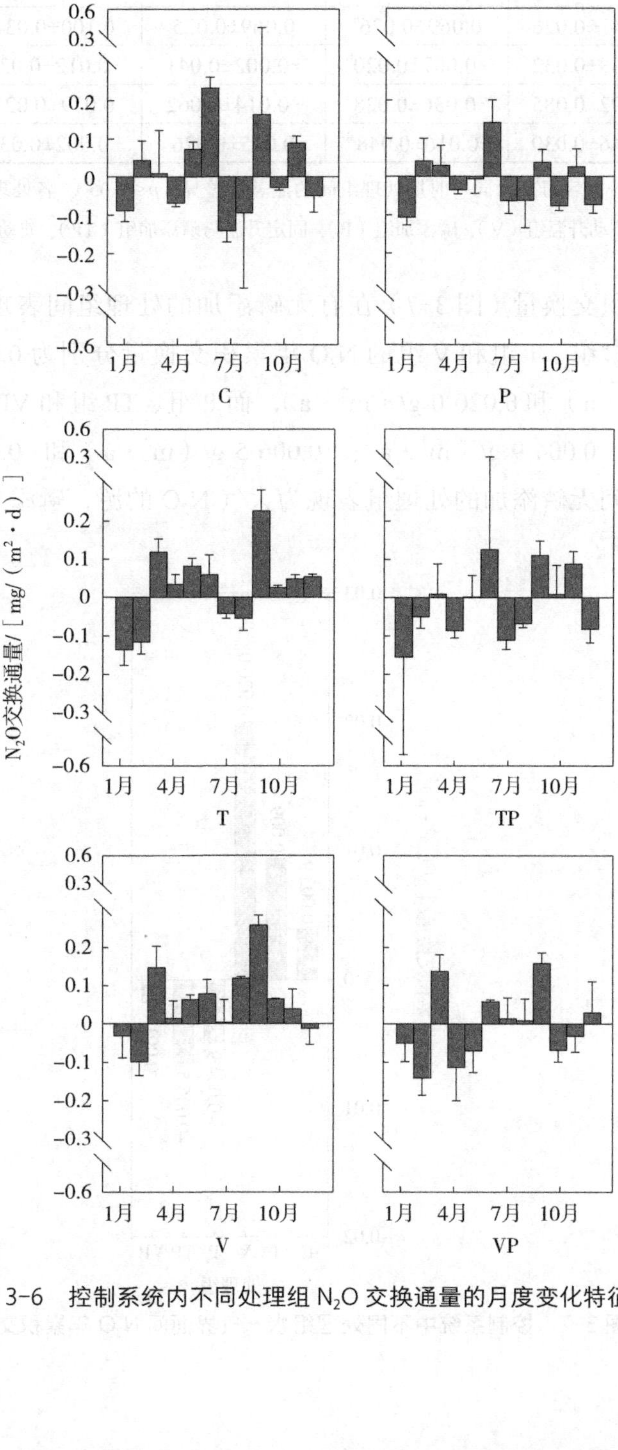

图 3-6　控制系统内不同处理组 N_2O 交换通量的月度变化特征

表 3-6　控制系统内不同季节 N_2O 交换通量的组间变化特征（均值±标准误差）

单位：mg/（m²·d）

处理组	季节				
	冬季	春季	夏季	秋季	全年
C	−0.033±0.028	0.004±0.032[ab]	0.011±0.076	0.064±0.067[ab]	0.012±0.027[ab]
T	−0.086±0.031	0.079±0.018[a]	−0.004±0.026	0.107±0.034[a]	0.030±0.018[ab]
V	−0.041±0.026	0.069±0.026[a]	0.069±0.025	0.100±0.034[a]	0.044±0.016[a]
P	−0.038±0.032	−0.007±0.020[b]	−0.002±0.041	−0.012±0.023[b]	−0.014±0.014[b]
TP	−0.092±0.085	−0.036±0.028[b]	−0.014±0.062	0.079±0.025[a]	−0.018±0.029[b]
VP	−0.046±0.039	−0.016±0.048[ab]	0.025±0.026	−0.002±0.036[b]	−0.014±0.020[b]

注：标注不同小写字母表示同一时期处理组间的显著性差异（$p<0.05$）。各处理组分别为对照组（C）、固定升温组（T）、波动升温组（V）、磷添加组（P）、固定升温与磷添加组（TP）、波动升温与磷添加组（VP）。

N_2O 年累积交换量（图 3-7）在有无磷添加的处理组间表现出吸收与排放形式上的差异，C 组、T 组和 V 组的 N_2O 年累积交换量分别为 0.003 9 g/（m²·a）、0.009 4 g/（m²·a）和 0.020 0 g/（m²·a），而 P 组、TP 组和 VP 组的 N_2O 年累积交换量分别为 −0.004 9 g/（m²·a）、−0.006 5 g/（m²·a）和 −0.001 8 g/（m²·a），在整个实验期间无磷添加的处理组表现为大气 N_2O 的源，磷添加的处理组均表现为大气 N_2O 的汇。

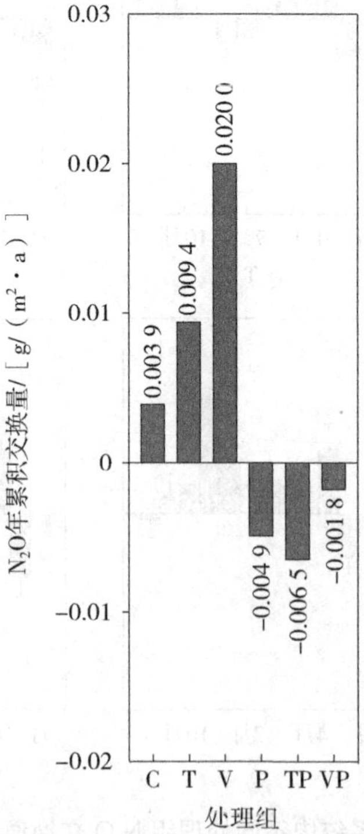

图 3-7　控制系统中不同处理组水－气界面间 N_2O 年累积交换量

统计检验的结果表明（表 3-6），整个实验期间 V 组的全年平均 N_2O 交换通量显著高于添加了磷营养盐的 P 组（$p<0.01$）、TP 组（$p<0.05$）和 VP 组（$p<0.05$），表明添加磷营养盐之后控制系统内水－气界面 N_2O 的排放量显著减少，促进了控制系统内水－气界面间 N_2O 由排放向吸收的转换。

3.6.2 N_2O 交换通量与环境因子的相关性

Spearman 相关性分析的结果表明 DO、DOC、TP、NO_3^--N、NH_4^+-N、Chla 和沉水植物 PVI 指数（冬春）是显著影响控制系统内 N_2O 交换通量的环境因子，而处理组间的 N_2O 交换通量与电导率、pH、TN 和浮叶植物盖度（夏秋）的关系均不显著（表 3-7）。各处理组对于环境因子的响应有着一定的差异。T 组的 N_2O 交换通量与 NO_3^--N（R=−0.327，$p<0.05$）和沉水植物 PVI 指数（冬春）（R=0.529，$p<0.05$）显著相关，V 组的 N_2O 交换通量与 DO（R=−0.353，$p<0.05$）、DOC（R=0.472，$p<0.01$）、NH_4^+-N（R=0.323，$p<0.05$）、Chla（R=0.309，$p<0.05$）和沉水植物 PVI 指数（冬春）（R=0.435，$p<0.05$）显著相关，P 组的 N_2O 交换通量与 TP（R=0.321，$p<0.05$）和 NO_3^--N（R=−0.428，$p<0.01$）显著相关，TP 组的 N_2O 交换通量仅与 Chl a（R=0.312，$p<0.05$）显著相关，C 组和 VP 组的 N_2O 交换通量则不与任何环境因子显著相关。

3.6.3 升温与磷添加交互作用对 N_2O 交换的影响

现有的研究表明，浅水湖泊生态系统中 N_2O 的生成与排放过程均会受到水温的影响。例如，当水温高于 5℃时，沉积物界面的反硝化菌群活性与自然水温之间表现出显著的正相关。水体中 N_2O 的饱和溶解度也会随着温度的升高而降低，这可能有利于水－气界面 N_2O 排放量的增加。本实验的结果显示，处理组间 N_2O 交换通量的季节性变化十分显著，6 个处理组在冬季均表现为 N_2O 由大气向水体的吸收，而其他季节（尤其是 T 组和 V 组）则主要表现为 N_2O 由水体向大气的释放。统计检验表明（表 3-6），整个实验期间 V 组的年均 N_2O 交换通量显著高于添加磷营养盐的各处理组，而恒定升温与波动升温处理中水－气界面 N_2O 年累积交换量也相对较高。这种效应与代谢理论具有一致性，代谢理论认为温度升高与温室气体排放速率的增加有显著相关性。Soued 等（2015）对加拿大魁北克地区不同类型水体的 N_2O 交换通量进行了监测并结合全球区域性湖、库的研究结果发现，总体上热带地区的年 N_2O 排放量较高，分别是温带地区的 10 倍和寒带地区的 23 倍，表明温度是影响 N_2O 排放的一个重要因素。对北欧地区的湖泊、我国太湖以及三峡水库等水体 N_2O 季节性排放规律的相关研究也发现，N_2O 的排放量在平均水温更

表 3–7 整个实验期间不同处理组的 N_2O 交换通量与环境因子的 Spearman 相关性分析

处理组	电导率 /（μS/cm）	DO/（mg/L）	pH	DOC/（mg/L）	TN/（mg/L）	TP/（mg/L）	NO_3^-–N/（mg/L）	NH_4^+–N/（mg/L）	Chl a/（μg/L）	沉水植物 PVI 指数（冬春）/ %	浮叶植物盖度（夏秋）/ %
C	−0.051	−0.060	−0.040	0.208	−0.039	0.030	−0.140	−0.016	0.079	0.304	−0.342
T	0.060	−0.302	−0.079	0.194	−0.026	0.050	−0.327*	0.214	0.239	0.529*	−0.370
V	0.089	−0.353*	−0.153	0.472**	0.102	0.230	−0.128	0.323*	0.309*	0.435*	0.290
P	−0.269	0.059	0.115	0.146	−0.188	0.321*	−0.428**	−0.189	−0.222	0.322	−0.121
TP	0.267	−0.061	−0.188	0.174	0.237	0.101	0.142	0.085	0.312*	0.016	−0.382
VP	0.078	−0.176	−0.135	0.051	0.022	0.040	0.185	0.044	0.080	−0.269	0.151

注：标注星号表示处理组间与环境因子的差异显著（$^*p<0.05$；$^{**}p<0.01$）。各处理组分别表示为：对照组（C）；固定升温（T）；波动升温（V）；磷添加（P）；固定升温与磷添加（TP）；波动升温与磷添加（VP）。

高的夏季、秋季要高于全年平均水温最低的冬季（Freymond et al.，2013）。在一项控制实验中也得到类似结果，Audet 等（2017）在长期运行的控制系统中发现模拟夏季热浪会显著促进温室气体（尤其是 CH_4 和 N_2O）的排放，进一步说明水温的升高一般能够对湖泊水体 N_2O 的排放起到积极作用。

有研究表明，富营养钙质湖泊的 N_2O 含量与 CH_4 含量分布特征类似，均呈较高的浓度水平（Juutinen et al.，2009）。湖泊营养状态与温室气体含量关系密切，进一步说明富营养化可能导致温室气体排放量的增加，而本实验得到的结果为磷营养盐的添加引起了 N_2O 排放量的降低。究其原因，磷添加对于 N_2O 交换过程的影响仍存在许多不确定性。N_2O 的产生首要受到水体中氮元素循环的限制，在氮元素循环过程中影响 N_2O 产生的因素十分复杂，其中本实验主要讨论磷添加对于湖泊水体 N_2O 产生速率和排放量的影响，而现有的陆地生态系统中磷元素添加对 N_2O 排放影响的研究结果表明，磷元素驱动 N_2O 排放减少的主要机制是由于磷的高有效性使植物增强了对土壤中氮元素的吸收，降低了硝化细菌和反硝化细菌反应过程中氮的有效性，从而抑制了 N_2O 的排放。此外，Zheng 等（2016）的研究发现在热带森林中长期增加磷元素可能会使 N_2O 的排放减少。尽管水域环境与陆地之间存在极大的差异，但仍可提供一定的参照，依据现有的研究推测磷营养盐的添加对水生植物与浮游植物生长有促进作用，初级生产者的大量生长会进一步增强对氮元素的利用，导致水体中氮营养元素含量降低，从而降低了控制系统内水－气界面间 N_2O 的交换量。

Spearman 相关性分析的结果表明，升温与磷添加显著促进了整个实验期间电导率、pH、DOC 含量和 TN 含量的升高，而显著抑制了浮叶植物的生长。以前的研究结果表明，N_2O 生成与消耗的过程与溶解氧、有机物含量、pH、温度和无机氮可利用性等多重环境因素密切相关。本实验中在升温与磷添加交互作用下，控制系统水－气界面 N_2O 交换通量与 DO、DOC、TP、NO_3^--N、NH_4^+-N、Chl a 和沉水植物 PVI 指数（冬春）等环境因子具有显著的相关性。不同的环境因子在控制系统内受到升温与磷添加的交互作用而表现出十分显著的变化。同时，环境因子对温度和磷营养盐的迅速响应将进一步改变湖泊水体 N_2O 的交换过程。

Kortelainen 等（2020）在芬兰 87 个湖泊中发现 N_2O 含量在 pH 为 6.5 左右时最高，这反映了水体中 N_2O 累积的适宜 pH。且有研究表明 N_2O 还原酶更适宜于在较高的 pH 环境中生存，因此在偏碱性的水体中 N_2O 可能更易被消耗掉。本实验中，在升温与磷添加交互作用的影响下绝大多数时间水体 pH 表现为中偏碱性状态，水体 pH 并未处于 N_2O 生成过程中最适宜的范围之内，这很可能导致水体中 N_2O 的生成过程受到抑制。

DO是平衡水体中硝化和反硝化反应的重要环境因子，影响水体中N_2O的产生过程，有研究表明湖泊生态系统中的N_2O排放通量与水深和DO浓度显著相关，在水深较浅的区域，DO浓度相对较高，因而湖滨带的N_2O排放量通常最高。此外，对氧气需求相反的硝化细菌与反硝化细菌在整个氮元素循环中均起到重要作用，因而N_2O产生速率与DO的关系相对复杂，在本实验中N_2O交换通量与DO显著负相关，控制系统内冬、春季的DO浓度高于夏季、秋季，可能的原因是较高的DO浓度抑制了水体中的反硝化作用（邓焕广等，2019）。因此，本实验期间，控制系统内冬季、春季水－气界面间N_2O以吸收趋势为主，而在夏季、秋季则表现出渐强的N_2O排放趋势。

控制系统内N_2O交换通量与TN含量的相关性并不显著，而与TP、NH_4^+-N显著正相关，与NO_3^--N显著负相关。这可能是由于TP含量高的富营养化浅水湖泊中有关反硝化细菌代谢需求的N和P比例发生变化，进而影响反硝化过程和N_2O的生成（谢燕红等，2018），由此可能改变水体的营养状态，减弱湖泊应对气候变化的前哨作用。本实验的研究结果显示，升温能够显著提升水体中NO_3^--N的含量并且促进水－气界面间N_2O的交换，而添加磷营养盐则表现出水体中NO_3^--N含量降低和抑制N_2O交换的作用。以上结论表明NO_3^--N是N_2O生成过程中重要的环境因子，但在气候变化的趋势下富营养化湖泊生态系统水－气界面间N_2O交换的响应机制发生了变化。

水体DOC含量能够反映有机质的动态积累过程，实验期间观察到夏季水体中DOC的含量显著高于其他季节，而且夏季Chl a的含量会显著增加，这种现象表明随季节交替控制系统内有机质逐渐积累并且浮游植物的密度逐步升高。初级生产者本身即是有机质的载体，同时也会显著影响控制系统内的生物地球化学循环。Forshay和Dodson（2011）发现在水生植物的生长过程中沉水植被丰富的沉积物比无沉水植被的沉积物具有更高的反硝化速率，其原因是有沉水植物的沉积物在反硝化过程中不会受到碳元素的限制。本实验中，控制系统内沉水植物同样对沉积物－水界面间N_2O的生成具有显著促进作用。水生植物衰亡后产生的大量凋落物也能为硝化细菌提供充足的碳源和丰富的底物，亦有利于N_2O的生成和排放。控制系统内沉水植物与浮叶植物随季节的交替，整个生命周期内有机质不断积累。因此，N_2O交换通量与DOC含量呈显著正相关关系表明有机质积累促进了沉积物界面N_2O的生成。

3.7 结论

（1）气候变暖与富营养化趋势下 CO_2 对环境因子的响应较为明显，其与环境因子均存在或强或弱的关系，并且表现为物理因子强于生物因子，化学因子最弱。由于湖泊水 – 气界面间 CO_2 的交换量通常远高于其余所有温室气体交换通量总和，含碳温室气体（主要是 CO_2）仍是主导升温效应的因素。

（2）预测气候变暖对 CO_2 交换的影响并不一定完全消极，我们发现早期升温促使沉水植物茂盛生长，这可能有助于水体环境整体 CO_2 的减排，这具有一定的参考意义，但目前也仍需对比整合区域性 CO_2 排放数据并进一步验证研究。

（3）气候变暖与富营养化趋势下 CH_4 对环境因子的响应极为明显，与物理因子、化学因子和生物因子均有着强烈的关系。湖泊 CH_4 在水 – 气界面间保持着排放特性，同时具有明显的增温潜势，表明 CH_4 也是含碳温室气体中能够主导升温效应的重要因素。

（4）大多数湖泊一般表现为大气 CH_4 的源，预测未来情景下升温与磷添加的交互作用能够显著增强湖泊 CH_4 的排放潜力，导致未来升温形势更为严峻，因此需要更加重视含碳温室气体（主要表现为 CH_4）的循环过程和减排策略。

（5）气候变暖与富营养化对湖泊水 – 气界面 N_2O 交换的影响相对有限，N_2O 对环境因子的响应也并不明显（与前述结论对比，具体表现为 $CH_4 > CO_2 \gg N_2O$），与物理因子、化学因子和生物因子的关系均比较微弱。表明湖泊水体环境中 N_2O 的交换过程仍明显弱于 CH_4 和 CO_2 的交换过程。

（6）预测未来情景的升温能够促进湖泊 N_2O 转向为大气的源，而磷添加能够促进湖泊 N_2O 转向为大气的汇，表现出截然相反的变化特征。与此同时，湖泊生态系统中 N_2O 交换通量相比于 CO_2 和 CH_4 一直很低，对温室效应的贡献仍将排 CO_2 和 CH_4 之后。

第 4 章　气候变暖与富营养化交互作用对浮游植物群落及营养利用的影响

4.1　浮游植物碳、氮元素营养吸收特征

通过浮游植物响应理化指标的动态特征，确定浮游植物利用营养物质的能力及适应性指标，是本书研究的主要方向之一。浮游植物对硝态氮（NO_3^--N）的吸收在浅水湖泊生态系统中是一种新型初级生产力，浮游植物对氨态氮（NH_4^+-N）和尿素的吸收被视为浅水湖泊生态系统中的一种再生生产力。NH_4^+-N 在浮游植物氮吸收过程中通常被优先选择和吸收利用，浮游植物对 NH_4^+-N 的吸收利用在氮源营养物质吸收中占比约 80%。浮游植物对氮营养元素的吸收动力学也展现出其对氨态氮强烈的选择偏好。许多因素影响营养物质在水体及浮游植物体内的循环，如细菌活动参与无机养分的吸收利用，将影响浮游植物对营养物的总吸收速率。有研究表明，硅藻门中浮游植物具备 C_4 光合途径，因此，硅藻门植物在无机碳化合物利用中偏好将 HCO_3^- 作为碳源，这与 HCO_3^- 可以直接用于合成 C_4 光合途径的中间产物有关。而部分藻类与硅藻门植物具有不同的碳营养吸收利用途径，如蓝藻门浮游植物包含两种独立运输 CO_2 和 HCO_3^- 的途径，同时参与 C_4 光合途径。因此，CO_2 和 HCO_3^- 均为浮游植物重要的碳源营养物质。Miranda 等（2008）指出硝化速率和保守的氨化率之间存在潜在的平衡关系。而浮游植物在生物地球化学循环过程中对碳、氮营养元素吸收特征影响的研究仍较少开展。考虑到藻类生物量主要由氮、磷及碳营养元素调控，磷营养元素的相关调控机制的研究已有进展，碳、氮营养元素的相关研究进展仍相对落后，因此，开展对湖泊浮游植物碳、氮营养元素吸收动力学的研究具重要参考意义。

浅水湖泊的沉积物 - 水界面在自养与异养生物的生命活动中扮演着重要的角色，与水体相比，沉积物表面具有相对较高浓度的营养物质、有机物质以及细菌生物量（Attermeyer et al.，2013）。沉积物表面上方的水层与沉积物自身组成了一个整体区域，该区域在湖泊生态系统中污染物的运输过程以及营养物质的化学转化方面起着重要的作用，各种物质在沉积物 - 水界面的交换过程不仅影响着湖泊中污

染物的控制，而且影响着整个湖泊生态系统营养物质的均衡状态（Ospina-Álvarez et al.，2014）。针对营养盐、溶解氧和其他物质在浅水沿岸带以及河口的沉积物－水界面的交换过程已有很多研究（Brady et al.，2013；Couceiro et al.，2013），这些研究结果表明，一年当中的特定时段，沉积物释放的营养盐是生态系统中浮游植物生长营养的主要来源（Pinardi et al.，2011）。然而，浅水湖泊沉积物－水界面由于水动力扰动而处于更加不稳定的状态，物质交换强烈，因此，对于浅水湖泊富营养化机制的理解仍然不够清晰，还无法满足富营养化湖泊治理的实际需求。

4.1.1　浮游植物碳营养吸收特征

光合藻类是湖泊生态系统主要的初级生产者，并吸收无机碳和养分进行光合作用，将碳营养元素固定为有机物供生命活动和能量转化利用。浮游植物对碳元素的同化作用，主要通过卡尔文循环中 1,5- 二磷酸核酮糖羧化酶完成。物理因素的改变，如水平、垂直和时间梯度的变化都将引起浮游植物碳营养元素代谢模式的改变。CO_2 系统间存在着相互转化的动态平衡关系：$CO_2 \leftrightarrow HCO_3^- \leftrightarrow CO_3^{2-}$。有研究显示，水体 pH 在 8.1～8.2 时 CO_2 平衡系统中，由 HCO_3^- 形态碳占据主导地位，而自由态 CO_2 则为 10～15 μmol/L，但即使 CO_2 浓度极低，自由态 CO_2 也可以在细胞表面扩散，并调节营养物的吸收及利用。化学性质中，CO_2 作为无电荷分子，容易扩散进入藻类细胞并直接用于碳营养元素的同化固定，而浮游植物有等离子体脂质双分子层细胞膜，对 HCO_3^- 扩散有屏障作用，因此，HCO_3^- 的运输依赖于载体系统。有研究指出，光照过于强烈且无风的环境条件会造成浮游植物的高密度和水体的低水循环，导致 CO_2 成为浮游植物光合作用的限制因素。因此，对 HCO_3^- 的吸收利用能力强常作为浮游植物的生存竞争优势。已有实验证明，HCO_3^- 可以作为碳源被浮游植物利用。

温度可影响水体中 CO_2 的溶解度，如低温条件导致水体对 CO_2 的溶解减少，引发水体吸收 CO_2 量下降，限制浮游植物对碳营养元素的吸收利用。浮游植物碳营养元素的吸收代谢过程具有 3 方面特点：①更加多样化的种群结构可为生物群落提供更多样化的活性光合色素；②光合色素丰富且多样可使浮游植物高效地利用吸收光光谱；③特定吸光度效率同特定初级生产效率呈正相关。CO_2 转化为细胞有机碳具有季节模式，且与 CO_2 有关。有实验表明，夏季水体 CO_2 溶解度持续下降，与浮游植物丰度达到峰值相关。同时观察到营养物消耗殆尽，叶绿素 a 浓度及藻类生物量持续下降的现象（Craig et al，2015）。

4.1.2 浮游植物氮营养吸收特征

氮元素和磷元素被认为是控制藻类生物量的主要因素，因此，研究浅水湖泊浮游植物对氮元素的吸收特征十分必要。氮是组成许多有机大分子（蛋白质、核酸等）不可或缺的元素。一般氮元素浓度的增加可促进光合生物和浮游藻类的生长。对氮元素吸收的测定可提供有关初级生产和再生形式氮间的关系，这种关系的研究在硝酸盐浓度大幅波动的上升流系统中具有重要价值（Seeyave et al.，2013）。有研究表明，降低藻类生物量具改善水质的作用。以固氮作用占据优势的蓝藻门生物在夏季浮游植物丰度中具潜在优势，氮元素的输入被认为是导致浮游植物水华现象的重要原因。对于不同形态氮源，浮游植物偏好选择吸收利用 NH_4^+ 而不是选择 NO_3^-、NO_2^- 等氧化形式。有研究表明，在冬季和春季，浮游植物显著倾向吸收氨态氮做氮源，但因夏季浮游植物具有较高硝化效率，硝态氮也是一个重要的氮源。浮游植物对氮元素的吸收主要受光和营养物质浓度的影响。NH_4^+ 可被浮游生物直接吸收利用，而 NO_3^- 需细胞激活运载泵，并消耗能量将 NO_3^- 整合进入细胞。浮游植物对 NO_3^- 的同化作用会因 NO_3^- 的存在而被诱导，并因 NH_4^+ 的存在而被抑制（Ribot et al.，2015）。还有研究表明，浮游植物可以通过内源性或外源性因素（如细胞的营养状况、藻类物种种类、含氮化合物和辐照度）抑制或增强浮游植物对碳元素、氮元素的吸收。如浮游动物排泄大量溶解氮和溶解磷，导致营养元素的再生，刺激浮游植物生长，并通过摄食浮游植物以平衡细胞损失。本书的主要目的是探讨变暖与其他环境因素相互作用下浮游植物对碳元素、氮元素的利用率以及浮游植物群落结构和生物量之间的关系。

4.1.3 气候变暖对浮游植物的影响

浅水湖泊具有高度敏感性，易受到人类活动及气候变暖压力的影响。浮游植物作为湖泊生态系统的重要指标生物及生产者，对周围环境变化同样十分敏感。浮游植物伴随湖泊水温季节变化进行群落演替过程，且常于春季发生爆发式增长。叶绿素 a 作为浮游植物光合作用的重要色素及生态学基本参数，是估算水体浮游植物现存量的良好指标，可以直观地反映出浮游植物群落大小的变化。有研究表明，气候变暖对浮游植物群落的影响与鱼类扰动作用和营养物质添加对浮游植物群落的影响相比偏低，它对浮游植物叶绿素 a 和总生物量的影响极小，且与隐藻门浮游植物生物量呈显著负相关。全球变暖是如何影响水生生物群落的变化，目前仍具争议。许多生理过程，如浮游生物的生长与温度的增加呈正相关，但气候变暖刺激下浮游植物丰度的增长可由于抵消效果（如捕食作用），而被完全消除。通常，气候变暖也通过富营养化过程影响浮游生物群落大小及结构。在低营养水平湖泊，浮游植物作为初级生产力，具有季节性峰值的特征，并为浮游动物和鱼类提供物质和能量。因此，气候变暖也会对食物链能量流动产生重要影响。湖泊和海洋在春季展现出热分层现象，浮游植物通过浅循环作用进行表层混合，从光线不足区域转移至光线充足区域，且浮游植物浅循环与每日平均表层光照剂量息息相关。气候变暖导致湖泊水层热分层现象加剧（Butcher et al.，2015），从而影响浮游植物对光的吸收利用速率。研究表明，影响浮游植物群落结构及分布特征的因素一般分为上行效应和下行效应，上行效应主要影响温度、光照、营养盐及水动力等理化因素，下行效应则通过影响浮游动物和滤食性鱼类摄食等方面影响浮游植物群落分布（牛远等，2016）。因此，研究浮游植物对气候变暖的应答机制前，需开展关于气候变暖是如何驱动上行效应和下行效应因素影响浮游植物群落结构的相关研究。

浮游植物的种类和生物量还是水环境监测的重要指标。一些浮游植物物种是造成水体毒性、皮肤过敏、气味和表面浮渣等问题的重要原因。浮游植物生物量的增长是由于化学因素、生物因素和物理因素以及气象条件综合影响的结果，因此，关于气候变暖对浮游植物影响的研究也需从多方因素考虑及调查。湖泊中浮游植物生物量常随着温度的升高而增长，如蓝藻门浮游植物的生物量可以在较高的温度条件下增长。因此，水域温度升高，浮游植物种类组成往往由硅藻门占优势逐渐转变为蓝藻门占优势。这种转变被称为浮游生物季节性演替。浮游生物的季节性演替是物种之间的相互作用及生物个体的生命周期和环境条件综合作用的结果。气候变暖导致环境温度的改变，可直接提高浮游植物生理效率和增加浮游动物对浮游植物的摄食率。而冰层破裂、水流强度及黏度、热分层及营养物质的垂直分布则间接影响浮游植物群落分布，此外，水体温度波动受到水域地形特点的强烈影响。浮游植物对整个水生生态系统的物质循环和能量流动均具有重要意义，但浮游植物过度增殖易形成水华，并威胁湖泊生态系统的健康和稳定。因此，在湖泊中控制影响浮游植物的生物因素和非生物因素，对调控及管理淡水生态系统必不可少，其相关研究需不断开展。

4.2 浮游植物群落结构对变暖与富营养化交互作用的响应特征

4.2.1 实验系统中水体的理化特征

室外温控模拟系统建立在湖北省武汉市华中农业大学南湖基地（30°29′N；114°22′E），整个模拟系统由 24 个圆柱形聚乙烯敞口水箱（直径 =1.5 m，高 =1.4 m）

组成，每个圆柱形敞口水箱的容积约为 2 500 L。在梁子湖敞水区用彼德森采泥器采集表层沉积物，装入预清洗的容器后立即运送到实验围隔区，经充分混合后，分装在各圆柱形敞口水箱中。利用随机数抽取器将 24 个水箱随机放置。该模拟系统设置 4 个处理组，每组 6 个平行。4 个处理组分别为：①对照组（C）；②升温组（T），通过 600 W 的水族池加热装置使水温较自然水体始终升温 4.5℃；③磷添加组（P），每 2 周添加磷 50 μg/L（根据长江中下游流域富营养化湖泊磷的输入平均水平进行估算确定了磷的添加量和添加频率）；④升温 + 磷添加组（TP），通过 600 W 的水族池加热装置使水温较自然水体始终升温 4.5℃，并每 2 周添加磷 50 μg/L（根据长江中下游流域富营养化湖泊磷的输入平均水平进行估算确定了磷的添加量和添加频率）。所有圆柱形敞口水箱填入均匀混合沉积物的深度为 10 cm，并注入 1 760 L 自来水，水深约 1.2 m（实验期间水深需始终维持在 1.2 m，水量不足时需补水）。实验开始于 2014 年 1 月 20 日，结束于 2014 年 12 月 30 日。

水体的 pH、溶解氧和电导率用哈希水质分析仪（pHC10103/LDO10103/HQ40d）现场测定（固定于采样日清晨 8 点进行）；同时用浊度仪（WGZ-2B）测定各采样点水体的浊度。

模拟系统中的水样用长 1 m、直径 70 mm 的有机玻璃管取柱状水样，采样取混合水样 1 L 进行水质指标测定。水体中总磷（TP）采用过硫酸钾消解 - 钼锑抗分光光度法测定；用碱性过硫酸钾消解 - 紫外分光光度法测定水体中总氮（TN）的含量；正磷酸盐（PO_4^{3-}-P）采用钼锑抗分光光度法测定；硝态氮（NO_3^--N）采用紫外分光光度法测定；氨态氮（NH_4^+-N）采用纳氏比色法测定（金相灿，1990）。

水体中叶绿素 a 含量用 Whatman GF/C 滤膜抽滤 1 L 水样，滤膜剪碎后用 90% 丙酮在 4℃冰箱中提取叶绿素 a 约 24 h，萃取后在低速离心机 4 000 r/min 转速下离心 8 min，用分光光度法测定叶绿素 a 的含量。

浮游植物复苏样品用沉积物捕集器每周收集沉积物中复苏的藻类，现场用鲁格试剂固定后带回实验室，然后在倒置显微镜（Olympus SZ-40）下进行种类鉴定和计数。浮游植物计数时，样品需充分摇匀后，用移液枪定量吸 5 mL 充分摇匀样品注入 5 mL 沉降杯计数框中，盖好盖玻片，静置 4 h 后根据目镜视野法计数。

浮游植物优势种由 Mcnaughton 优势度指数（Y）确定，$Y>0.02$ 则为优势种。其公式为

$$Y=(n_i/N)\times f_i \tag{4-1}$$

式中：n_i 为第 i 种在某次采样中各个采样点的总个体数；N 为该次采样中各个采样点所有浮游植物的总个体数；f_i 为第 i 种在各个采样点的出现的频率。

2014 年模拟温控围隔系统中水温变化范围为 3.71～37.93℃（图 4-1），自然水体温度平均值为 19.43℃，升温处理的水体平均温度为 23.67℃，夏季达到最大值，冬季最低。模拟实验期间，升温处理组水温始终高于自然水体水温 4.5℃左右。

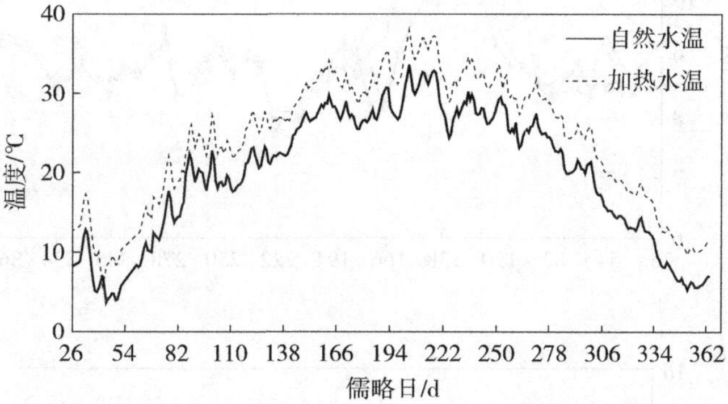

图 4-1　2014 年模拟系统自然水体及升温水体水温的变化趋势

模拟系统 2014 年 4 个处理组中 pH 变化范围为 7.74～10.72（图 4-2），全年平均值为 9.01，T 组全年平均 pH 最低，其值为 8.94，P 组全年平均 pH 最高（9.08），pH 总体趋势表现为 3 月下旬开始上升，春季达最高峰，5 月中旬逐渐下降，到 8 月下降为最低值，对处理组 pH 进行单因素方差分析，无显著性差异（$p>0.05$）；模拟系统中 DO 含量在 3.95～14.60 mg/L（图 4-2），DO 年平均值为 9.02 mg/L，水体年均 DO 含量最低为 T 组，水体年均 DO 含量最高为 P 组，DO 总体趋势表现为夏季、秋季相对较低；电导率变化趋势则表现为冬季、春季波动性增长，到夏季开始逐渐下降，升温处理组全年电导率显著高于自然水体，即升温导致水体电导率有显著升高（$p<0.001$）（图 4-2）。

模拟温控系统 2014 年硝态氮浓度范围为 0.010～1.656 mg/L，对硝态氮 2—5 月浓度值进行单因素方差分析，显示磷营养盐的添加导致水体中硝态氮浓度显著降低（$p<0.05$），4 个处理组间水体中硝态氮含量差异不显著；氨态氮浓度范围为 0.023～1.351 mg/L，年平均值 0.228 mg/L，磷营养盐的添加对氨态氮浓度的显著降低作用（$p<0.05$）的周期略短于硝态氮，仅出现在 2—3 月；TN 浓度范围为 0.123～3.517 mg/L，年平均值 0.765 mg/L，总氮浓度趋势与硝态氮及氨态氮相似，表现为冬季、春季由最高峰逐渐下降，达到稳定（图 4-3）。

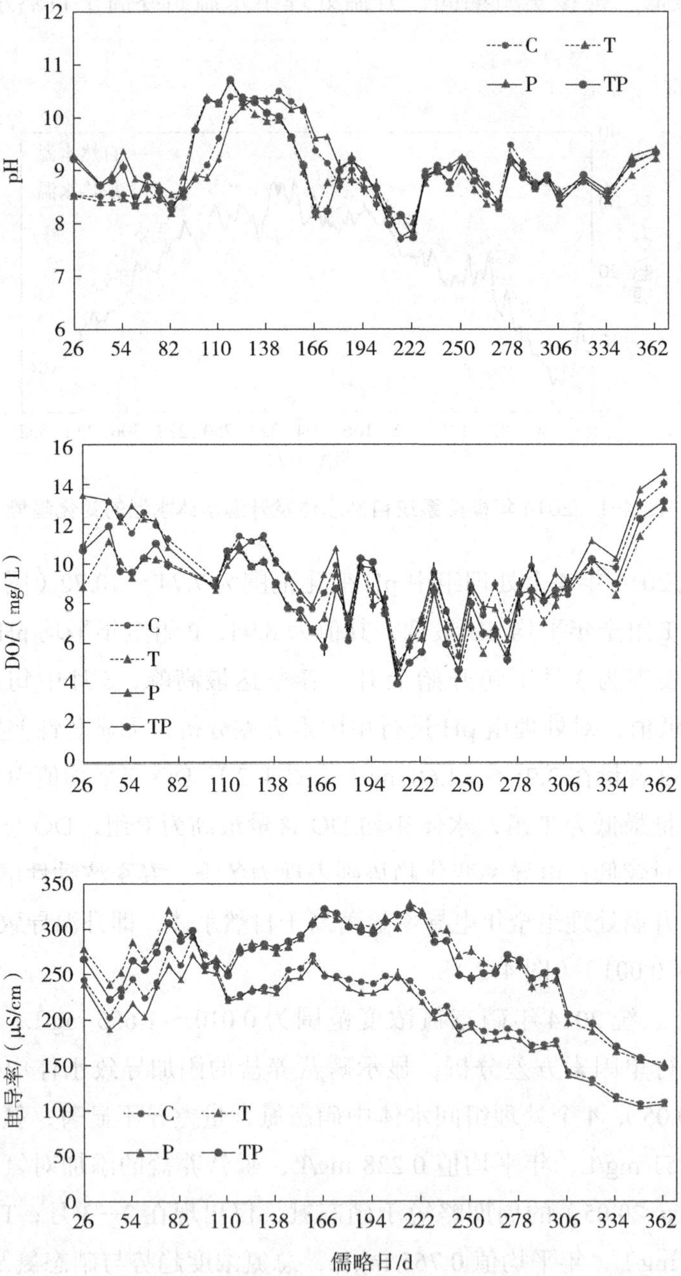

图 4-2 模拟系统水体中 pH、溶解氧及电导率变化趋势

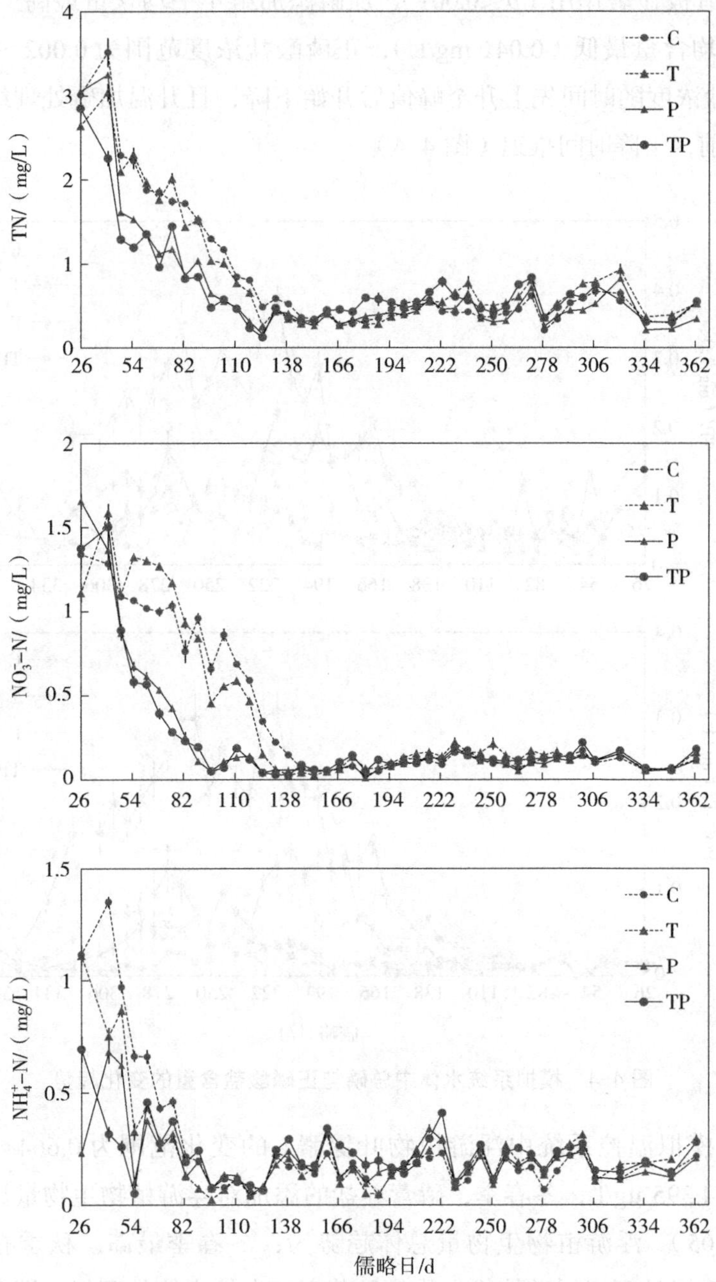

图 4-3　模拟系统水体中不同形态氮含量的变化趋势

2014年模拟温控系统中总磷浓度范围为0.014～0.390 mg/L，年平均值为0.089 mg/L，升温能显著提高系统水体中总磷浓度（$p<0.05$），磷营养盐添加对总磷浓度的升高有极显著作用（$p<0.001$），加磷添加组年平均含量最高（0.162 mg/L），对照组年平均含量最低（0.042 mg/L）；正磷酸盐浓度范围为0.002～0.308 mg/L，5月正磷酸盐浓度随时间先上升至峰值后开始下降，且升温加磷处理组较磷添加组上升时间提前，下降时间推迟（图4-4）。

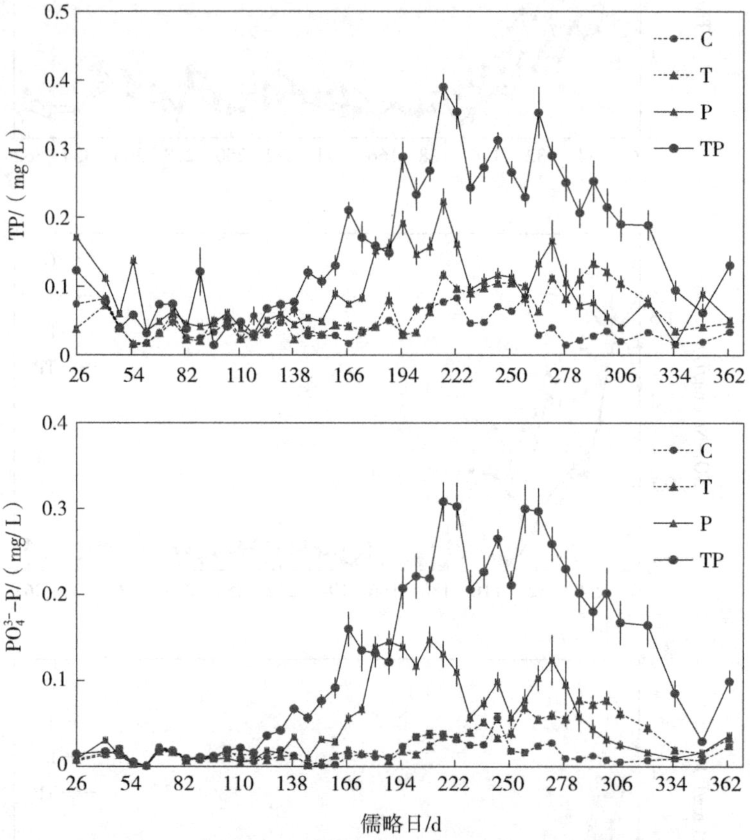

图4-4 模拟系统水体中总磷与正磷酸盐含量的变化趋势

2014年模拟温控系统中浮游植物叶绿素a的变化范围为0.664～20.86 μg/L，年平均值为4.395 μg/L，冬春季，磷营养盐的添加对浮游植物生物量具有显著升高作用（$p<0.05$）。浮游植物生物量总体趋势为：冬春季最高，秋季有2次爆发趋势，到9月升温处理组浮游植物生物量显著高于自然水体处理组，即升温能显著促进秋冬季浮游植物生物量增长（$p<0.001$）（图4-5）。

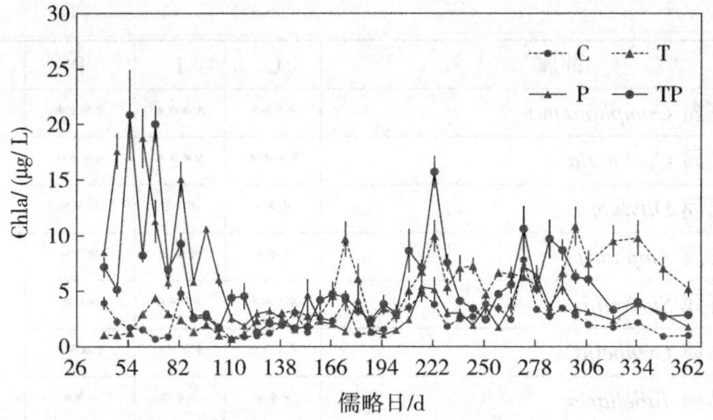

图 4-5　模拟系统水体中浮游植物叶绿素 a 的变化趋势

4.2.2　复苏的浮游植物群落结构及物候特征

2014 年，在复苏浮游植物的调查中，共分析鉴定出浮游植物 100 种（属），包括蓝藻门 19 种（属）、绿藻门 39 种（属）、硅藻门 26 种（属）、甲藻门 4 种（属）、裸藻门 6 种（属）、隐藻门 2 种（属）、金藻门 3 种（属）、黄藻门 1 种（属）。从种群分布频度上来看，硅藻门的舟形藻属分布频度最高，为 96.02%；其次是针杆藻属，为 88.07%。同时通过优势度计算得到的优势种（属）为鱼腥藻属（Y=0.050）、衣藻属（Y=0.125）、针杆藻属（Y=0.046）、颗粒直链藻属（Y=0.054）和舟形藻属（Y=0.157）。

绿藻的种类组成变化相对较大，是引起浮游植物群落结构变化的主要原因之一。绿藻种类数在 P 组（36 种）最多，T 组最少（27 种）。硅藻门及蓝藻门的种类组成变化较小，出现的种类绝大多数实验期间有所涉及。甲藻门植物在我国淡水水体中的常见种类不多，实验中仅出现拟多甲藻、裸甲藻、多甲藻和角甲藻 4 个种类。隐藻门仅见隐藻及蓝隐藻 2 种。而金藻门植物仅出现于冬季。系统水体中裸藻偶有出现。系统浮游植物的属数和种类数的组成及分布变化详见表 4-1。监测期间绿藻门属数和种类数始终占首位，硅藻门居第二位，根据浮游植物组成特点划分，系统水体属于绿藻 - 硅藻水体。

表 4-1　系统浮游植物物种组成及分布

门类	种属	C	T	P	TP	频度 /%
硅藻门	舟形藻属 *Navicula*	*****	*****	*****	*****	96.02
	直链藻属 *Melosira*	*****	*****	*****	*****	20.27
	针杆藻属 *Synedra*	*****	*****	*****	*****	88.07
	羽纹藻属 *Pinnularia*	****	****	****	****	38.64

续表

门类	种属	C	T	P	TP	频度 /%
硅藻门	异极藻属 *Gomphonema*	****	****	****	****	76.70
	小环藻属 *Cyclotella*	****	****	****	****	84.28
	双尾藻属 *Ditylum*	***	***	***	*	2.46
	双眉藻属 *Amphora*	***	***	***	***	41.86
	双菱藻属 *Surirella*	****	****	***	**	7.20
	桥弯藻属 *Cymbella*	****	****	****	****	79.17
	平板藻属 *Tabellaria*	***	***	***	***	12.50
	卵形藻属 *Cocconeis*	***	****	****	****	44.51
	菱形藻属 *Nitzschia*	***	***	****	***	40.53
	颗粒直链藻 *Melosira granulata*	*****	*****	*****	*****	76.33
	短缝藻 *Eunotia*	****	***	****	****	52.27
	短小曲壳藻 *Achnanthes exigua*	**	**	***	**	9.47
	等片藻属 *Diatoma*	*	*	*		0.95
	脆杆藻属 *Fragilaria*	****	****	***	****	25.57
	窗格平板藻属 *Tabellaria fenestrata*	***	**	**	**	3.79
	四棘藻属 *Attheya*		*	**		0.57
	布纹藻属 *Gyrosigma*	***	***	***	***	34.28
	胸隔藻属 *Mastogloia*	*	*	*	*	2.08
	辐节藻 *Stauroneis*	**	**	***	***	4.55
	肋缝藻 *Frustulia*	**	**	**	***	5.68
	四环藻属 *Tetracyclus*				**	0.19
	双肋藻 *Amphipleura*	***				0.57
隐藻门	隐藻属 *Cryptomonas*	****	****	*****	****	59.47
	蓝隐藻属 *Chroomonas*	****	****	****	***	3.79
黄藻门	拟气球藻 *Botrydiopsis*	**				0.19
绿藻门	栅藻属 *Scenedesum*	***	****	****	****	51.14
	月牙藻属 *Selenastrum bibraianum*	***		*	*	0.95
	四星藻 *Tetrastrum*	*	**	***	**	6.06
	衣藻属 *Chlamydomonas*	*****	*****	******	******	54.36
	新月藻属 *Closterium*	***	***	****	***	11.55
	小球藻属 *Chlorella*	****	****	****	****	4.17
	角星鼓藻 *Staurastrum*	**	*	**	*	2.27
	纤维藻属 *Ankistrodesmus*	***	***	****	****	10.42

续表

门类	种属	C	T	P	TP	频度 /%
绿藻门	微小四角藻 *Tetraedron minimum*	**	**	**	**	6.63
	团藻属 *Volvox*	***	****	****	***	5.68
	十字藻属 *Crucigenia*	**	*	*	**	1.89
	蹄形藻属 *Kirchneriella*	***		***		1.14
	四鞭藻属 *Carteria*	**		**	*	2.27
	四棘藻 *Treubaria*	**		***		1.89
	水绵属 *Spirogyra*	**	**	**	*	2.84
	实球藻属 *Pandorina*			**	**	0.57
	十字藻属 *Crucigenia*	**		**	**	2.08
	肾形藻属 *Nephrocytium*	***	**	****	**	13.07
	鞘藻属 *Oedogonium*	****	****	****	***	23.48
	盘星藻属 *Pediastrum*	***	***	***	****	14.02
	美丽胶网藻 *Dictyosphaerium pulchellum*			*		0.19
	绿球藻属 *Chlorococcum*	**	*			0.57
	螺旋弓形藻 *Schroederia spiralis*			*	**	0.57
	卵囊藻属 *Oocystis*	***	****	***	***	24.43
	空球藻属 *Eudorina*	**	**	**	***	3.03
	小椿藻属 *Characium*	**	**	**	***	3.79
	集星藻属 *Actinastrum*				**	0.19
	鼓藻属 *Cosmarium*	****	***	****	***	45.64
	弓形藻属 *Schroederia*	**		*	**	1.33
	辐丝藻属 *Radiofilum*		**	**		0.38
	纺锤藻 *Elakatothrix*			**	***	0.76
	多芒藻 *Golenkinia radiata*	**	*	**	*	1.33
	中带鼓藻属 *Mesotaenium*	****	****	*****	****	3.79
	三角四角藻 *Tetraedron trigonum*	***	**	**	**	4.92
	丝藻属 *Ulothrix*	***	****	****	****	8.33
	拟新月藻 *Closteriopsis*	**	***	****	***	13.07
	翼膜藻 *Pteromonas*	*				0.19
	棒状鼓藻 *Gonatozygon aculeatum*			**	**	0.38
	刚毛藻 *Cladophora*	**				0.19
裸藻门	扁裸藻属 *Phacus*	*	*	**	*	1.14
	陀螺藻属 *Strombomonas*	**				0.19

续表

门类	种属	C	T	P	TP	频度 /%
裸藻门	柄裸藻属 *Colacium*	**	**	**	**	5.87
	裸藻属 *Euglena*	****	****	****	****	29.17
	鳞孔藻属 *Lepocinclis*	***				0.38
	囊裸藻 *Trachelomonas*	**	**	**	*	3.60
甲藻门	拟多甲藻 *Peridiniopsis Lemmermann*	***	**	**	**	7.77
	裸甲藻属 *Gymnodinium*	****	****	****	****	13.26
	角甲藻 *Ceratium*	**	*	**		3.98
	多甲藻属 *Peridinium*	***	***	***	**	6.44
蓝藻门	尖头藻属 *Raphidiopsis*	**			*	0.76
	粘球藻 *Gloeocapsa*		**			0.19
	鱼腥藻属 *Anabeana*	*****	*****	*****	*****	51.33
	隐球藻属 *Aphanocapsa*	****				0.76
	伪鱼腥藻 *Pseudoanabaena*	****	*****	****	*****	12.31
	色球藻属 *Chroococcus*	****	***	*****	***	10.04
	柔毛单歧藻 *Tolypothrix lanata*	**				0.19
	鞘丝藻属 *Lyngbya*	***		**	*	1.14
	平裂藻属 *Merismopedia*	**	****	****	***	2.27
	隐杆藻属 *Aphanothece*	***	**		****	0.76
	螺旋藻属 *Spirulina*		**	**		0.76
	聚球藻 *Synechococcus*	****	***	***		1.52
	节旋藻属 *Arthrospira*		*			0.19
	微囊藻属 *Microcystis*	*****	*****	*****	*****	9.09
	点形粘球藻 *Gloeocapsa punctata*			***		0.19
	颤藻属 *Oscillatoria*	**	**	****	**	0.95
	棒条藻属 *Rhabdoderma*			***	*	0.76
	蓝纤维藻属 *Dactylococcopsis*	***	***	***	*	1.89
	粘杆藻属 *Gloeothece*	**	**	***	***	0.76
金藻门	分歧椎囊藻 *Dinobryon*	****	****	***	**	15.91
	单鞭金藻属 *Chromulina*	***	***	****		2.08
	鱼鳞藻 *Mallomonas*				*	0.19

注：* 为浮游植物种属在各处理中的平均密度，10^4=*、10^5=**、10^6=***、10^7=****、10^8=*****、10^9=***。

升温与磷元素添加的协同作用可以显著地改变浮游植物群落结构、时空动态和总密度。浮游植物的生态地理学是由相应的环境因子所决定的，且环境因子可影响浮游植物物种的最优生长潜力。温度作为影响生态系统最根本的因素，影响着水生生态系统（包括湖泊和海洋）中浮游植物的动力学特征。湖泊表层水体中磷元素的组成及含量，可以作为预测水体浮游植物生物量的重要指标。温度还直接影响海洋和淡水系统中浮游藻类的生长速率。因此，温度是影响浮游植物在自然界分布的有效推动力。温度和浮游植物总生物量之间的关系可以用温度和水体叶绿素 a 浓度之间的关系代为确定。升温将促进浮游植物的生长，而富营养化则降低浮游植物的生物多样性。

本研究期间，升温和磷营养盐的添加显著影响浮游植物总密度的影响及群落组成。对照组及加磷处理组中浮游植物以隐藻门占优势，而升温则显著降低隐藻门数量，同时增加绿藻门数量改变浮游植物群落组成。内陆和海洋水体的监测结果表明，浮游植物对水体升温作用的应答具有多重性表现，且水生生态系统的物种演替在栖息地中常包含不同功能结构的生物群体。生态系统的一般趋势表明，升温有利于小型生物群体的增长。研究表明，蓝藻在夏季藻类暴发中占据优势地位，大部分湖泊呈现单一生物群落生态结构，且蓝藻门藻类丰度随温度上升而增长。Moss 等（2003）却提出与此相反的结论，指出气候变暖不会增加蓝藻门藻类丰度，而是通过改变蓝藻门群落结构组成影响生态系统结构和功能。目前，研究者普遍认为营养物质的输入或营养物质之间的相互作用较温度的变化对浮游植物群落结构的影响更显著。某些浮游植物展示出对高温极强的忍耐力，特别是绿藻门的栅藻属，在 40℃温度下仍能快速增殖。栅藻属通过调节相关细胞生理结构和代谢活动可迅速适应不断增高的温度。美丽胶网藻与栅藻属相似，具有较宽生长温度阈值，与高温相关联的遗传性状能稳定且迅速地遗传至子代。

升温与磷元素增加的协同作用可以导致水体总磷、正磷酸盐浓度、电导率以及水体中叶绿素 a 的增加，从而加剧水体的富营养化进程，并引起矿质元素在沉积物中沉积。同时导致水体藻类生物量也迅速增加。

4.2.3 浮游植物复苏速率

2014 年模拟温控系统中，浮游植物的复苏速率较高，在调查期间复苏速率在（0.019～4.290）$\times 10^{10}$ ind/（$m^2 \cdot d$）。在调查中，各采样点浮游植物复苏速率最高点均出现在首次采样日 1 月 25 日。随后 TP 组浮游植物复苏速率于 2 月 16 日、3 月 9 日和 4 月 27 日出现 3 次较小的峰值，而 C 组与 TP 组浮游植物复苏速率则于 2 月 23 日出现迅速波动增长，此后则趋于稳定的下降趋势（图 4-6）。

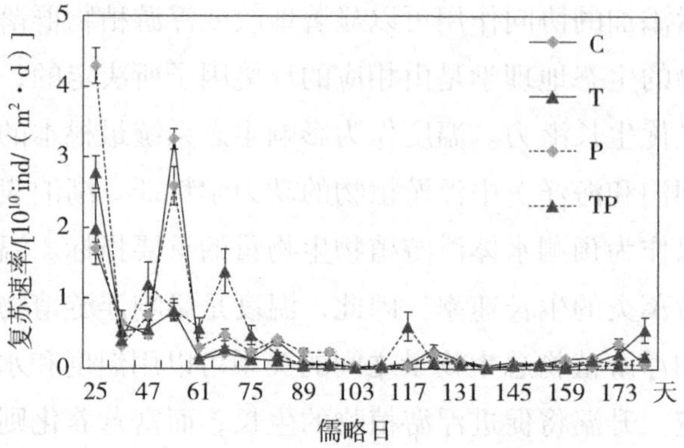

图 4-6　模拟系统浮游植物复苏速率变化趋势

2014 年模拟温控系统中，浮游植物硅藻门、绿藻门和蓝藻门的复苏速率如图 4-7 所示。硅藻门、绿藻门和蓝藻门藻类复苏主要发生在早春。硅藻门在冬春季显示出较高的复苏速率［0.69×10^{10} ind/（m^2·d）］，其中 TP 组中硅藻门复苏速率的峰值出现在 2 月 16 日，C 组和 P 组中硅藻门复苏速率的峰值出现在 2 月 23 日，相对 TP 组时间落后，说明升温可以促进冬春季硅藻门浮游植物复苏的提前。在研究期间，C 组和 T 组绿藻门浮游植物复苏速率平均值均为 0.03×10^{10} ind/（m^2·d），而 P 组及 TP 组绿藻门浮游植物复苏速率平均值分别为 0.18×10^{10} ind/（m^2·d）和 0.22×10^{10} ind/（m^2·d），为 C 组和 T 组绿藻门浮游植物复苏速率平均值的 6 倍和 7.33 倍，说明磷营养盐增加可显著增加春季绿藻门浮游植物的复苏速率。TP 组中蓝藻门浮游植物在 2 月 23 日、3 月 9 日和 4 月 27 日出现 3 次峰值，说明升温与磷营养盐添加的协同作用可以促进蓝藻门浮游植物的疯狂生长。

有研究表明，在营养过剩且存在高有机负荷的富营养化水体中，绿藻门浮游生物常占据优势地位。卵囊藻属等对资源可获得性较为敏感的绿藻门浮游生物，易在高营养水平湖泊内发现。氮、磷等元素的相对缺乏将限制部分绿藻门浮游植物生物量的增长（Rangel et al.，2016）。在绿藻门中小个体浮游植物（如绿球藻等）具有高效的资源获得能力及较高的比生长率，其生物量与水体营养物浓度的增加息息相关，并能在良好营养条件下在浮游植物群落中占优势地位。因此，升温与磷营养盐增加可显著增加春季绿藻门浮游植物的复苏速率。

蓝藻门浮游植物中以鱼腥藻属为绝对优势种，在整个研究期间的 4 个处理组中均占有优势地位。蓝藻门浮游植物能在浑浊的富营养化水体中具生存优势。且浊度、温度、TN 浓度和 TP 浓度均是驱动鱼腥藻属浮游生物生物量变动的重要因素。而气候变暖主要通过提供适宜蓝藻产生竞争优势的栖息地影响浮游植物群落（Anneville et al.，2015）。因此在升温加磷组中，蓝藻门浮游植物具有明显优势，并在 2 月 23 日、3 月 9 日和 4 月 27 日出现 3 次峰值。

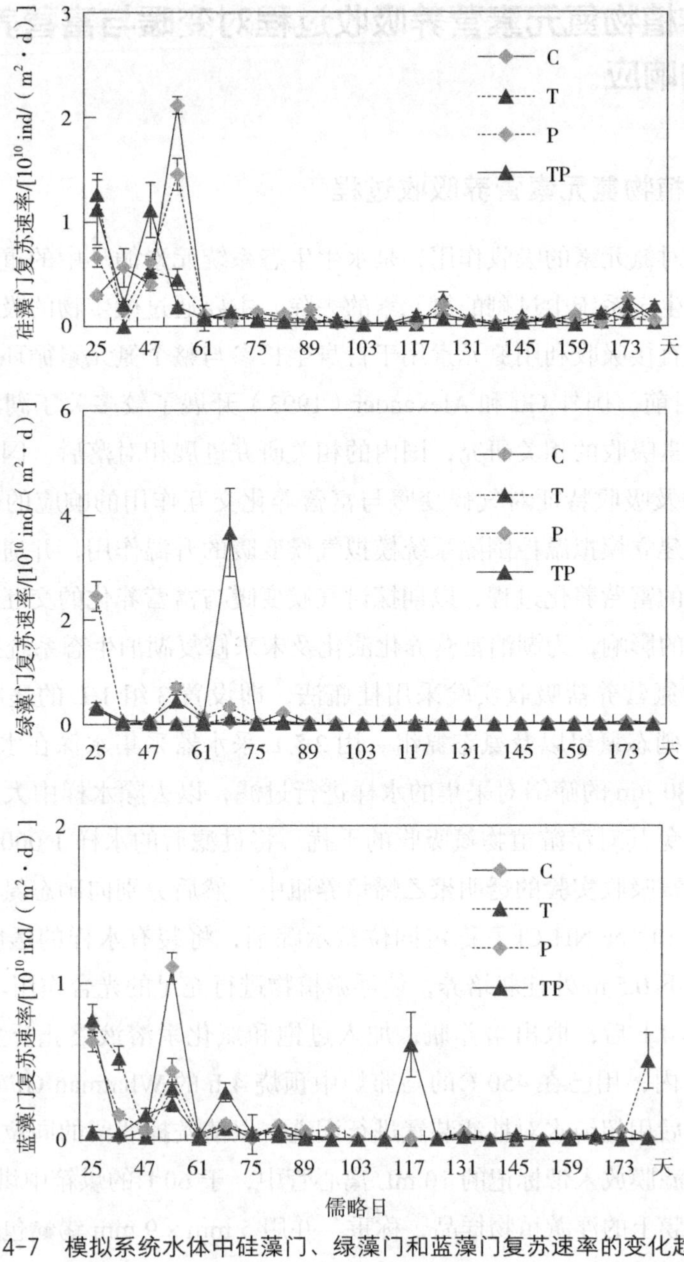

图4-7 模拟系统水体中硅藻门、绿藻门和蓝藻门复苏速率的变化趋势

硅藻门，对硅酸盐具稳定需求，这类浮游植物能适应较宽的营养状态阈值（Reynolds et al.，2002），且在低温条件下更具竞争优势（Mutshinda et al.，2016），因此硅藻门在冬春季显示出较高的复苏速率，且升温与磷营养盐添加的协同作用对冬春季节硅藻门浮游植物复苏时间展示出提前作用。

因此，本书结果表明升温与磷营养盐增加可显著促进春季沉积物中蓝藻与绿藻在水体的复苏，从而导致夏季蓝、绿藻在水体中形成优势。

4.3 浮游植物氮元素营养吸收过程对变暖与富营养化交互作用的响应

4.3.1 浮游植物氮元素营养吸收过程

浮游植物对氮元素的吸收作用，是水生生态系统元素循环中的重要环节。有实验报道，湖泊生态系统中过剩的氮元素的去除，主要通过微生物的吸收作用，其中浮游植物通过直接吸收利用氮元素用于自身生长参与整个氮元素循环过程（张国维等，2015）。目前，国外 Gu 和 Alexander（1993）开展了较多关于湖泊生态系统浮游植物对氮元素吸收的相关研究，国内的相关研究进展相对落后。国内外关于浮游植物群落结构及吸收特征对气候变暖与富营养化交互作用的响应的研究仍鲜有报道。本书通过建立模拟温控围隔系统模拟气候变暖的升温作用，并通过磷营养盐的添加模拟水体的富营养化过程，以期探讨气候变暖与富营养化的交互作用对浮游植物氮元素吸收的影响，为湖泊富营养化演化及未来修复湖泊生态系统提供依据。

浮游植物氮营养盐吸收实验采用挂瓶法，即设置 3 组 1 L 的透明聚乙烯培养瓶：对照组、硝态氮组以及氨态氮组。用 2.5 L 采水器采集水深在水面下 0.5 m 处的水样，用 180 μm 的筛绢对采集的水样进行过滤，以去除水样中大型浮游动物及残渣碎屑，避免其对浮游植物氮吸收的干扰。将过滤后的水样 1 000 mL 分别加入用于测定氮元素吸收实验的透明聚乙烯培养瓶中，然后分别向硝态氮与氨态氮组加入 $^{15}N-NaNO_3$ 和 $^{15}N-NH_4Cl$ 氮稳定同位素示踪剂，将装有水样的透明聚乙烯培养瓶放置在水面下 0.5 m 处挂瓶培养，使浮游植物进行充足的光合作用。

挂瓶培养 4 h 后，取出培养瓶，加入过饱和氯化汞溶液终止反应，带回实验室。在实验室内，用已在 450℃的马弗炉中预烧 4 h 的 Whatman GF/C 滤膜抽滤水样，每次抽滤后用超纯水对抽滤装置进行润洗，以清洗掉残留的同位素示踪剂。将所有抽滤后的滤膜放入带标记的 10 mL 离心管中，于 60℃的烘箱中烘 48 h 至恒重。用刀片刮下滤膜上的浮游植物样品，称重，并用 5 mm × 9 mm 锡囊包埋后，用同位素比例质谱仪进行测定。浮游植物氮元素吸收的相关参数计算如下。

比吸收速率 V（h^{-1}）：

$$V=\frac{^{15}N_s-{}^{15}N_n}{\left({}^{15}N_{enr}-{}^{15}N_n\right)\times T} \tag{4-2}$$

式中：$^{15}N_S$ 为实测样品的 ^{15}N 丰度；$^{15}N_n$ 为浮游植物 ^{15}N 的天然丰度（0.366%）；$^{15}N_{enr}$ 为加入示踪剂后培养介质初始 ^{15}N 丰度；T 为培养时间，h（Dugdale and

Goering，1967；Dugdale and Wilkerson，1986）。

绝对吸收速率 ρ［μmol/（L·h）]：

$$\rho = v \times PN \tag{4-3}$$

式中：PN 为实测样品的颗粒态氮含量。

相对优先指数 RPI 和周转时间 TT（h）：

$$RPI\left(\frac{\mathrm{A}}{\mathrm{N}}\right)=\frac{\rho(\mathrm{A})}{\rho(\mathrm{N})}/\frac{(\mathrm{A})}{(\mathrm{N})} \tag{4-4}$$

$$TT\left(\mathrm{NH_4^+}\right)=\frac{\left[\mathrm{NH_4^+}\right]}{\rho\left(\mathrm{NH_4^+}\right)} \tag{4-5}$$

式中：ρ（A）为浮游植物群落对 A 的绝对吸收速率；ρ（N）为浮游植物群落对铵态氮和硝态氮绝对吸收速率之和；[A] 为培养介质中 A 态氮浓度；[DN] 为培养介质中铵态氮和硝态氮浓度之和（Dugdale and Wilkerson，1986；Gu and Alexander，1993）。

浮游植物氮元素的吸收动力学实验采用浓度梯度法。透明聚乙烯培养瓶内加入两种不同形态的氮稳定同位素示踪剂并加入在 0.5 m 深处采集的 1 000 mL 水样，进行 0.5 m 水深下挂瓶培养实验。示踪剂浓度梯度为 0.05 μmol/L、0.10 μmol/L、0.50 μmol/L、1.00 μmol/L、2.00 μmol/L、5.00 μmol/L、10.00 μmol/L。具体的培养方法同浮游植物的氮元素吸收实验。

浮游植物氮元素的吸收动力学参数即利用米氏方程和双倒数作图法计算最大吸收速率 $V_{\max}$：

$$V=\frac{\left(V_{\max}\times S\right)}{\left(K_s+S\right)} \tag{4-6}$$

式中：V 为底物吸收速率；$V_{\max}$ 为最大吸收速率；K_s 为米氏常数；S 为底物浓度。

4.3.2 浮游植物夏季氮元素吸收特征

实验采集浮游植物及水化样品时间为 2014 年 7 月 1 日—8 月 31 日，自然水体处理系统的环境的温度变化范围升高至 24.5～33.6℃。升温加热系统在这一时期的温度变化范围为 28.9～37.9℃。系统中磷营养盐的增加导致水体中 SRP 含量和 TP 含量显著升高，而升温仅显著提高了水体的电导率。磷营养盐的增加与升温的协同作用下导致水体中电导率、SRP、TP、TN 以及叶绿素 a 显著升高（表 4-2 和表 4-3）。

表 4-2 模拟系统中水体基本理化指标（2014 年 7—8 月）

	C	T	P	TP
DO/（mg/L）	7.61±1.67	7.34±1.85	7.84±1.95	7.11±2.36
pH	8.48±0.55	8.56±0.36	8.54±0.56	8.56±0.54
电导率 /（μS/cm）	233.9±14.7	308.2±11.4	225.3±15.7	303.4±14.0
TP/（mg/L）	0.059±0.018	0.076±0.031	0.155±0.041	0.275±0.074
SRP/（mg/L）	0.029±0.009	0.028±0.015	0.115±0.034	0.227±0.059
TN/（mg/L）	0.464±0.077	0.508±0.156	0.470±0.093	0.586±0.099
NO_3–N/（mg/L）	0.114±0.042	0.142±0.046	0.112±0.037	0.124±0.033
NH_4^+–N/（mg/L）	0.150±0.071	0.164±0.081	0.198±0.083	0.208±0.098
Chla/（mg/L）	2.75±1.21	5.31±2.59	2.84±1.66	6.53±4.37

表 4-3 变暖与磷营养盐增加对水体理化指标影响的统计分析

	N	P	Warming	P + warming
DO/（mg/L）	8	0.823	0.784	0.613
pH	8	0.803	0.759	0.741
电导率（μS/cm）	8	0.229	<0.001	<0.001
TP/（mg/L）	8	<0.001	0.475	<0.001
SRP/（mg/L）	8	<0.001	0.985	<0.001
TN/（mg/L）	8	0.911	0.427	<0.05
NO_3^-–N/（mg/L）	8	0.927	0.167	0.620
NH_4^+–N/（mg/L）	8	0.263	0.745	0.179
Chla/（mg/L）	8	0.951	0.072	<0.01

如图 4–8 所示，整体而言，4 个处理组中以 TP 组中浮游植物总密度最高，其次为 T 组。TP 组中浮游植物从 7 月初至 8 月中旬呈现显著上升趋势，8 月中旬后开始下降。T 组与 P 组亦表现出类似的整体变化趋势，但总密度出现峰值的时间略有差异。C 组中浮游植物总密度在整个实验期持续保持相对较低水平，在 7 月 21 日出现 C 组浮游植物总密度最高点。

如图 4–9 所示，夏季模拟系统各处理浮游植物群落结构变化趋势表现为：在 C 组和 P 组，浮游植物密度主要由隐藻门（C 组：51.3% 和 P 组：60.8%）和绿藻门（C 组：28.5% 和 P 组：17.5%）占据统治地位。在 T 组和 TP 组，浮游植物群落结构则主要由绿藻门（T 组：76.1% 和 TP 组：80.0%）、蓝藻门（T 组：5.4% 和 TP 组：13.0%）和硅藻门（T 组：14.4% 和 TP 组：5.8%）组成。实验表明，升温以及升温与磷营养盐增加的协同作用可导致系统中浮游植物群落组成向蓝绿藻占优势转化。其中蓝藻门主要由鱼腥藻和色球藻组成；衣藻、新月藻及鼓藻是组成绿藻门主要的物种；硅藻门主要由直链藻、舟形藻和小环藻构成；隐藻门主要包含隐藻属和蓝隐藻属。

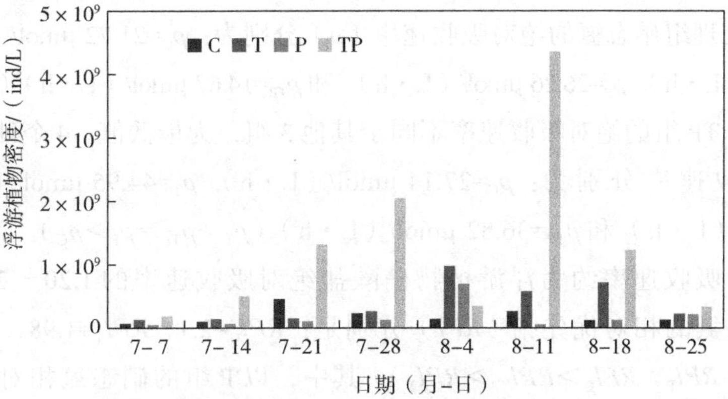

图 4-8　模拟系统中夏季浮游植物总密度的变化趋势

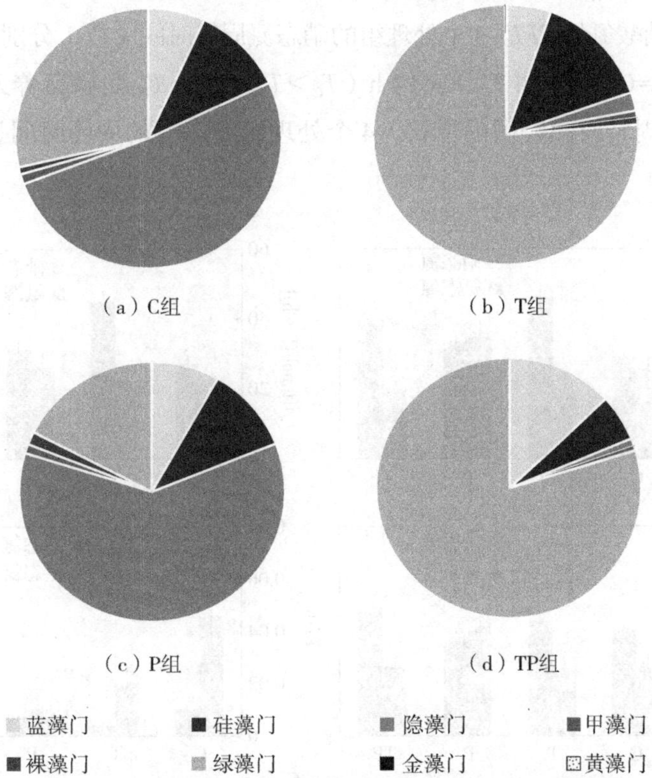

图 4-9　模拟系统中夏季浮游植物群落结构变化趋势

模拟系统中浮游植物氮元素吸收的 4 种基本参数变化特征如图 4-10 所示。硝态氮比吸收速率（V）在 P 组（V_P = 5.79 h^{-1}）较其他 3 个处理组有轻微的增长（$P>0.05$）。磷营养盐的添加可导致硝态氮比吸收速率的增长。氨态氮 T 组的比吸收速率要显著高于 C 组（$P<0.05$）。说明，升温可以显著促进浮游植物对氨态氮的吸收速率。而 T 组和 TP 组的氨态氮比吸收速率约是硝态氮比吸收速率的 2 倍。4 个处理组硝态氮的绝对吸收速率（ρ）分别为：ρ_C=21.72 μmol/（L · h），ρ_T=22.43 μmol/（L · h），ρ_P=26.26 μmol/（L · h） 和 ρ_{TP}=14.67 μmol/（L · h）（$\rho_P>\rho_T>\rho_C>\rho_{TP}$）。其中，TP 组的绝对吸收速率不同于其他 3 组，为最低值。4 个处理组氨态氮的绝对吸收速率分别为：ρ_C=27.14 μmol/（L · h），ρ_T=44.95 μmol/（L · h），ρ_P=31.61 μmol/（L · h） 和 ρ_{TP}=36.82 μmol/（L · h）（$\rho_T>\rho_{TP}>\rho_P>\rho_C$）。浮游植物氨态氮的绝对吸收速率约为浮游植物硝酸盐绝对吸收速率的 1.20～2.51 倍。4 个处理组硝态氮的相对优先指（RPI）分别是：RPI_C=2.1，RPI_T=1.98，RPI_P=3.14 和 RPI_{TP}=1.99（$RPI_P>RPI_C>RPI_{TP}>RPI_T$）。其中，以 P 组的硝态氮相对优先指数最高。4 个处理组氨态氮的相对优先指数分别是：RPI_C=3.069，RPI_T=3.3，RPI_P=2.84 和 RPI_{TP}=3.68（$RPI_{TP}>RPI_T>RPI_C>RPI_P$）。氨态氮的 RPI 在 C 组、T 组和 TP 组 3 个处理组均高于硝酸氮的 RPI。4 个处理组的硝态氮周转时间（TT）分别为：T_C=0.046 h，T_T=0.021 h，T_P=0.011 h 和 T_{TP}=0.014 h（$T_C>T_T>T_{TP}>T_P$）。磷营养元素的增加可能会引起硝态氮周转时间轻微的增长。4 个处理组氨态氮的周转时间显著低于硝态氮周转时间。

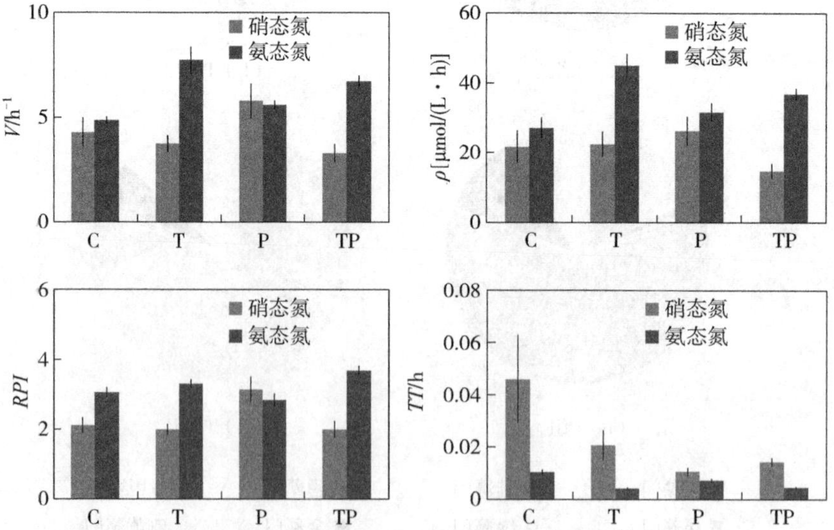

图 4-10　模拟系统中浮游植物氮元素吸收的 4 种基本参数变化特征

因此，磷营养盐的增加可以轻微增加浮游植物硝态氮吸收速率和相对优先指数，而减少硝态氮周转时间。温度可以相对增加氨态氮吸收速率和相对优先指数，但会降低氨态氮周转时间，并以此抑制浮游植物对硝酸盐的吸收。而比吸收速率与绝对吸收速率均表现为氨态氮＞硝态氮，可见浮游植物对于氨态氮具有优先选择性。

4.3.3 浮游植物氮营养盐吸收动力学特征

浮游植物吸收硝态氮或氨态氮的速率与硝态氮或氨态氮的底物浓度之间的关系遵循 Mickaelis-Menten 动力学方程（米氏方程）。浮游植物吸收硝态氮和氨态氮的动力学参数特征如图 4-11 和图 4-12 所示。硝态氮最大吸收速率（V_{max}）在 P 组（V_{max-P}=22.82 h^{-1}）中为最高值。与 C 组相比较，T 组的硝态氮最大吸收速率随升温作用而下降。T 组和 TP 组的硝态氮米氏方程曲线中最大吸收速率显示出明显的下降趋势，对照组的最大吸收速率约为 T 组和 TP 处理组最大吸收速率的 1.16～2.53 倍。氨态氮在不同处理组间的最大吸收速率与硝态氮的最大吸收速率有着相似的规律：最大吸收速率的最高值出现在 P 组（V_{max-P} =32.62 h^{-1}），而最低值出现于 TP 组（V_{max-TP} =9.35 h^{-1}）。且硝态氮和氨态氮的半饱和常数（K_s）的最低值均出现在 TP 组（K_{s-TP}=1.50 μmol/L）和 C 组（K_{s-TP}=0.78 μmol/L）中。半饱和常数常作为对某种元素亲和力的指标参数，通常 K_s 越低，亲和性越强。因此，升温可能导致浮游植物对无机氮营养盐尤其是氨态氮的亲和能力增高。

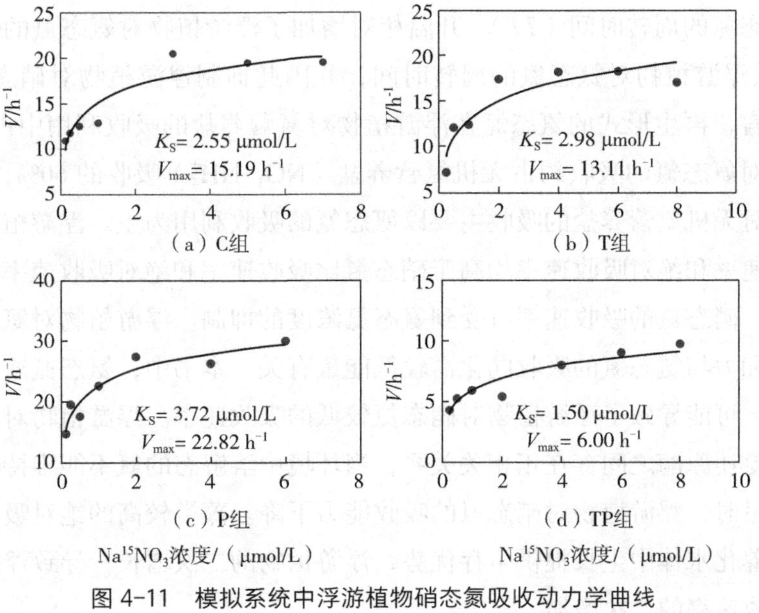

图 4-11 模拟系统中浮游植物硝态氮吸收动力学曲线

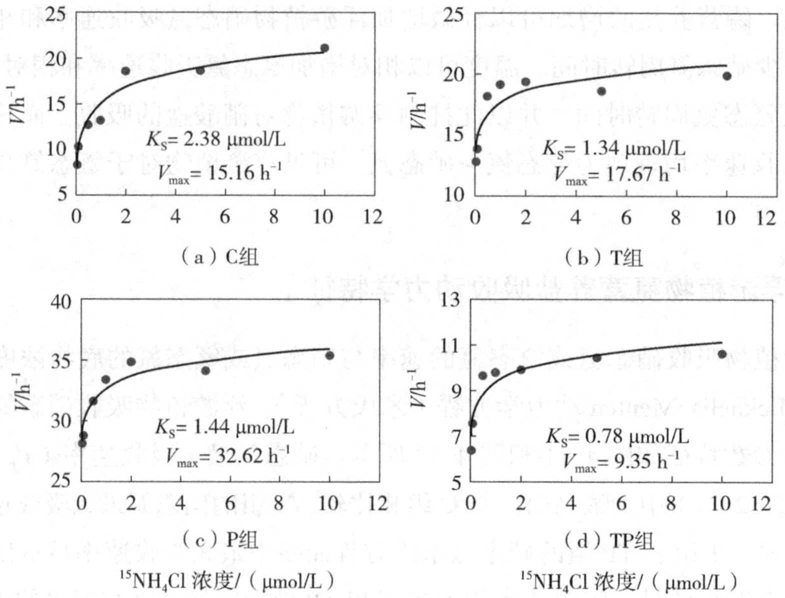

图 4-12　模拟系统中浮游植物氨态氮吸收动力学曲线

因此，水体中磷营养盐的增加能显著增加浮游植物对氨态氮和硝态氮的最大吸收速率，而升温与磷营养盐增加的协同作用可促进浮游植物对氨态氮和硝态氮具有更强的亲和力。

本研究期间，利用氮稳定性同位素示踪技术分析了夏季升温与富营养化的交互作用对浮游植物氮营养元素吸收及动力学特征的影响。磷营养盐的添加可略微增加浮游植物对硝态氮的吸收速率（V 和 ρ）和相对优先指数（*RPI*），但却降低浮游植物对硝态氮的周转时间（*TT*）。升温相对增加了浮游植物对氨态氮的吸收速率和 *RPI*，降低浮游植物对氨态氮的周转时间，并因此抑制浮游植物对硝态氮的吸收。就理论而言，再生形式的氨态氮在浮游植物对氮营养盐的吸收利用中占主导地位。浮游植物对氨态氮的吸收约占无机氮营养盐（NO_3^-+NH_4^+）吸收的60%，由此可见，浮游植物对无机氮营养盐的吸收主要以氨态氮的吸收利用为主。浮游植物对氨态氮的比吸收速率和绝对吸收速率均高于硝态氮比吸收速率和绝对吸收速率约 1 倍。有实验表明，硝态氮的吸收速率可受到氨态氮浓度的抑制。浮游植物对氨态氮展示出极高的亲和力与氨态氮的吸收同化需较低能量有关。本书中，氨态氮浓度略高于硝态氮浓度，可能导致了浮游植物对硝态氮较低的吸收速率。浮游植物对硝态氮的吸收与硝态氮还原酶之间存在正相关关系，当环境中溶解态的氧不能维持硝化作用所需氧气含量时，浮游植物对硝态氮的吸收能力下降。藻类较高的绝对吸收速率为藻类在富营养化水体中生长提供生存优势，浮游植物的二次增长，导致浮游植物对氨态氮的吸收速率的二次增加。

在动力学研究中的两个典型参数为最大吸收速率（V_{max}）和半饱和参数（K_s）。V_{max} 是指有较高最大吸收速率的机体，可以高效率地吸收营养物质。而 K_s 则为较低的底物亲和浓度，可以在底物浓度较低时表现出较高的亲和力，并对该营养元素具有较高的运输速率。因此，具有高 V_{max} 或低 K_s 的机体在营养物竞争中更具有竞争优势。有研究表明，贫营养湖泊氮的半饱和常数较富营养型湖泊氮的半饱和常数更低，而 V_{max} 一般表现为硝态氮最大吸收速率较氨态氮最大吸收速率低，而浮游植物对 NH_4^+ 的半饱和常数较 NO_3^- 的更低，这可能与浮游植物对底物吸收代谢适应机制相关。浮游植物在大部分水体中对营养物质的吸收速率通常较低。在实验系统中浮游植物对底物氮（NH_4^+ 和 NO_3^-）的吸收速率动力学特征符合米氏方程。浮游植物对氨态氮和硝态氮的最大吸收速率均呈现出在 P 组中。而在 4 个处理组中氨态氮的半饱和常数均低于硝态氮的半饱和常数。升温与富营养化的协同作用可能会引起不同浮游植物物种亲和系数的改变，导致出现较低 K_s 和在升温条件下偏好选择低浓度营养物质，尤其是低浓度的氨态氮。

浮游植物对于氮吸收选择性的改变与水体环境中氮营养物质浓度息息相关。例如，由于水体中硅藻的大量存在，表现出对低浓度硝态氮极高的亲和力。占优势地位的硅藻对硝态氮的不饱和吸收也已在许多实验中得到证实。氮营养物质在分类学中的研究结果表明，硅藻是唯一显著影响浮游植物对硝态氮吸收的种群，而隐藻、丝状蓝藻和鞭毛藻类可显著降低浮游植物对氨态氮、尿素、溶解态游离氨基酸和腺嘌呤的吸收利用。与硅藻不同，鞭毛藻类等浮游植物的细胞表面含有对氮营养物质底物有水解作用的专一酶。NH_4^+ 和尿素有利于无异形胞的蓝藻门和绿藻门的增长，NO_3^- 则利于促进绿藻门和部分蓝藻增长，并使硅藻门生物短暂暴发。生物细胞膜上多样而高效的 NO_3^- 和 NH_4^+ 转运蛋白，使绿藻门在多种氮营养盐存在的条件下生长良好。此外，添加所缺少的氮营养物质，特别是在浅水湖泊或有一定水生植物的清澈水生生态系统，可以刺激绿藻门浮游植物的生长。快速增殖的绿藻门通过不同形式的氮吸收机制，高效获取氮营养物质，导致二次暴发。因此，浮游植物对氧化态及还原态氮的吸收利用，因不同浮游植物种群在时间及空间上的联系而有所分隔。

环境因子的改变，如温度、光照、大量元素及微量元素的可获得性也可导致浮游植物对氮营养元素吸收动力学特征的改变。在连续培养和分批培养实验中，温度变化恒化器中氨态氮的恒定浓度始终高于硝态氮的恒定浓度，表明浮游植物对氨态氮的吸收与温度的相关性比吸收硝态氮与温度变化的相关性低。有实验显示，NH_4^+ 和氨基酸与温度间具有正相关亲和力关系，而 NO_3^- 则表现为负的亲和关系。Yin 等（1998）指出 NH_4^+ 浓度对 NO_3^- 吸收的抑制作用具有光依赖特性。在光照受限制的培养条件下，硅藻并没有因短期的高 NH_4^+ 浓度而抑制对 NO_3^- 的吸收，而在适度的光饱和条件下，浮游植物因 NH_4^+ 浓度对 NO_3^- 的吸收分别减少了 70% 和 62%。且浮游植物对 NH_4^+ 的吸收和总氮、总磷比例具负相关关系，这表明浮游植物对氮元素的同化率很大程度取决于氮元素和磷元素的相对平衡，而不是仅依赖单一氮元素或磷元素（Bhavya et al.，2016a）。

综上所述，NH_4^+ 在 T 组、P 组和 TP 组 3 组处理组中展示出，比对照组 NH_4^+ 更高的 V_{max} 和更低的 K_s。因此，升温作用与富营养化促使浮游植物对 NH_4^+ 表现出更高的吸收速率，并使浮游植物在低 NH_4^+ 底物浓度时，具高亲和能力。浮游植物对 NH_4^+ 的高亲和能力，主要是由于 NH_4^+ 分子较小，有利于细胞高效吸收利用，且 NH_4^+ 是 N 的主要形式，所需用于同化代谢的能量较少。本次实验中，发现了浮游植物群落结构对升温与富营养化交互作用的应答机制，以及浮游植物氮营养吸收动力学对升温与富营养化交互作用的响应。本实验表明，升温与富营养化的协同作用将引起浮游植物群落结构发生改变，导致水体中优势种向蓝绿藻占优势转化。同时揭示了在人类活动影响下，营养物富集与气候变暖的协同作用下亚热带水生态系统氮循环特征的改变。

4.4 结论

（1）气候变暖与富营养化趋势下 CO_2 对环境因子的响应程度较为明显，其与环境因子均存在或强或弱的相互关系，并且表现为物理因子强于生物因子而化学因子最弱。由于湖泊水－气界面间 CO_2 的交换量通常远高于其余所有温室气体总和，含碳温室气体（主要是 CO_2）仍是主导升温效应的主要因素。

（2）预测变暖对 CO_2 交换的影响并不一定完全消极，我们发现早期升温促使沉水植物茂盛生长的水体环境中可能有助于整体减缓 CO_2 的排放效果，这具有一定的参考意义，但目前也仍需对比整合区域性 CO_2 排放数据并进一步验证研究。

（3）气候变暖与富营养化趋势下 CH_4 对环境因子的响应程度极为明显，与物理、化学和生物因子均有着强烈的相互关系。湖泊 CH_4 在水－气界面间持续保持着排放特性，同时具备较高的增温潜势，表明 CH_4 也是含碳温室气体中能够主导升温效应的重要因素。

（4）大多数湖泊一般表现为大气 CH_4 的源，预测未来情景下升温与磷营养盐添加的交互作用能够显著增强湖泊 CH_4 的排放潜力，导致未来升温形势更为严峻，因此需要更为重视含碳温室气体（主要表现为 CH_4）的循环过程和减排策略。

（5）气候变暖与富营养化趋势下湖泊水－气界面 N_2O 交换的影响效果相对有限，N_2O 对环境因子的响应程度也并不明显（与前述结论对比，具体表现为 CH_4 >

$CO_2 \gg N_2O$），与物理、化学和生物因子的相互关系均比较微弱。表明湖泊水体环境中 N_2O 的交换过程仍明显弱于 CH_4 和 CO_2 的交换过程。

（6）预测未来情景的升温能够促进湖泊 N_2O 转向为大气的源，而磷营养盐添加能够促进湖泊 N_2O 转向为大气的汇，表现出截然相反的变化特征。与此同时，湖泊生态系统中 N_2O 交换量相比较于 CO_2 和 CH_4 一直很低，对温室效应的贡献仍将排在前 2 位之后。

第5章　沉水植物生活史对不同升温模式及富营养化的响应特征研究

5.1　水生沉水植物在湖泊生态系统中的作用

水生植物尤其是沉水植物作为浅水湖泊生态系统的重要组成成分，对于维持浅水湖泊生态系统的功能至关重要。浅水湖泊的两种强烈对比状态——一种以沉水植物为主的清水稳态；另一种为以浮游植物为主的浊水稳态已被研究者广泛认知。沉水植物对于建立和维持清澈的水环境状态具有重要意义。首先，沉水植物能够有效降低沉积物的再悬浮，减少内源性的磷释放在希登韦西湖（Lake Hiidenvesi）的研究发现，沉水植物覆盖区的水体浊度和悬浮固体浓度显著低于周围水域，且沉水植物覆盖区的底泥磷释放量减少，有效抑制了水体中藻类生物量的升高。其次，沉水植物能够影响浮游植物→浮游动物→鱼类的相关关系，通过为浮游动物提供庇护所减少鱼类对浮游动物的捕食，进而增加浮游动物对浮游植物的摄食来有效控制浮游植物的生物量。Schriver 等（1995）通过大型围隔控制实验探究沉水植物对鱼—浮游动物—浮游植物相互关系的影响时发现，当缺少沉水植物覆盖时，浮游动物生物量减少且浮游植物生物量明显升高。此外，沉水植物化感作用对浮游植物的抑制作用也是其维持湖泊清水状态的重要机制。早在 1969 年，Fitzgerald 便已发现沉水植物的代谢产物对浮游植物的生长具有抑制作用，到如今国内外已有众多研究资料在沉水植物对藻类的化感作用方面展开了讨论（姚远等，2016）。有研究者总结了已有的研究资料，发现不同沉水植物的化感作用强度不同，沉水植物所释放的化感物质对于不同种藻类的抑制效果也不同。然而，由于沉水植物化感作用的原位研究存在较大困难，目前对沉水植物化感作用的争论仍在继续。

沉水植物对于维持浅水湖泊的生物多样性也具有重要意义。Russell 等（2009）在对南非河口湖生态系统的研究中发现，水鸟生物量与水生植物生物量呈显著的正相关关系；对瑞典南部某浅水湖泊的探究同样发现沉水植物丰度能够影响鸟类的数量，且草食性、无脊椎动物食性以及捕食鱼类等不同食性的鸟类数量均与沉水植物的丰度呈正相关关系。而也有研究探究了沉水植物丰度对于无脊椎动物及鱼类的影响，发现高覆盖度的沉水植物显著提高了二者的生物量。宋碧玉和曹明（2000）在武汉东湖的围隔实验发现，沉水植物的恢复与重建明显提高了原生动物种类、密度及多样性，且种群主要优势种类发生更替。沉水植物对于维持湖泊稳态及生物多样性具有重要作用，因此，探究沉水植物对环境因素变化的响应策略对于维护湖泊生态系统显得尤为重要。

5.2 气候变暖和富营养化对水生沉水植物的影响

5.2.1 气候变暖对水生沉水植物的影响

首先，气候变暖以及热浪引起的高温波动将会影响水生植物的生长策略及分布状况，进而导致浅水湖泊的生态平衡发生改变（Cao et al，2015；Li et al，2017）。已有研究发现，变暖会导致某些沉水植物生长季节提前、生物量增加以及扩大在水质良好湖泊中的空间分布范围。但也有研究发现，气候变暖将会导致湖泊营养水平提高，相对于沉水植物，浮游植物及附着藻类可能获益更多，且浮游植物与附着藻类生物量增多能减少水生植物可获得的光照强度，从而使湖泊的水生植物多样性下降，藻类逐渐成为影响湖泊水体状态的主体。

气候变暖对沉水植物的影响具有种属特异性（species-specific）。Zhang 等（2015）探究了伊乐藻（*Elodea canadensis*）与菹草（*Potamogeton crispus*）的生长策略对升温的响应，在变暖条件下，伊乐藻的相对生长率及生物量增长幅度远大于菹草，其能够获取到更大的竞争优势。Li 等（2017）的研究发现气候变暖对沉水植物产生的影响与其生长型有关：底栖型的轮藻在变暖处理中死亡率较高，而冠层型的穗花狐尾藻的生长得益于温度的升高，具体表现为生长速度加快及生物量积累更多。不同种类的沉水植物对于变暖的应答不同，将会引起浅水湖泊沉水植物优势种类的变更，进而影响整个湖泊生态系统的结构和功能。

气候变暖也将影响浮叶植物与沉水植物之间的竞争。由于二者之间生长模式的差别，浮叶植物的叶片浮于水面，其对水底光照强度的削减作用更强。Netten 等（2010）探究了气候变暖对沉水植物伊乐藻与浮叶植物槐叶萍（*Salvinia natans*）之间竞争的影响，浮叶植物槐叶萍在变暖条件下生长加快并逐渐抑制了伊乐藻的正常生长，且其密度与水体溶氧呈负相关关系。随着全球温度的继续升高，我们需要关注的问题不仅是浮游植物与沉水植物间的竞争，而且也需关注浮叶植物对沉水植物的间接影响，尤其是在外来浮叶植物的入侵方面（Netten et al.，2010）。

在气候变暖趋势下，沉水植物—附着藻类—螺类的相互作用关系的改变会对沉水植物产生影响（Cao et al.，2014）。有研究认为，沉水植物与螺类间存在互惠关系。螺类通过摄食附着藻类，减少了沉水植物叶片上附着藻类的生物量，利于沉水植物更好地利用光照（Cao et al.，2014）。一些气候变暖对淡水螺类影响的研究表明，在水温升高条件下，淡水螺类的丰富度也显著升高，而且其形态特征以及种群结构均受到水温升高的影响（苏溪阳，2016）。螺类数量的增多会提高对附着藻类的摄食作用，从而提高沉水植物的存活率。而也有研究表明，某些螺类对于水生植物有直接的摄食行为。

因此，气候变暖对沉水植物的影响较为复杂，不仅需要考虑对沉水植物生理生化反应的直接影响所导致的生长速率及表型性状等方面的改变，而且需考虑气候变暖对沉水植物的间接影响，即在气候变暖趋势下，水环境中其他生物组分的变化所引起的沉水植物生长与分布的改变。

其次，随着全球气温升高，植物繁殖物候与繁殖能力也将受到影响。植物物候是气候变化的敏感生物指示，且气候变化所引起的植物物候的改变已引起了生态学家们的广泛讨论（Gillespie et al.，2016）。Oscar 和 Juanjosé（2010）在对地中海地区 29 种多年生植物物候的长期（1943—2003 年）观测研究中发现，气候变化已导致了植物的展叶、开花、结果、落叶等多种物候现象发生了改变。植物的花期时间是研究气候变暖背景下植物繁殖物候变化的重要观测指标。Gillespie 等（2016）在对北极地区极地植物的研究中发现，在模拟变暖条件下某些极地植物的始花日期和峰花日期呈现提前趋势。Price 和 Waser（1998）在实验研究中也发现某些生长在亚高山草甸的被子植物的繁殖物候因模拟变暖而提前。对于植物而言，其繁殖物候的变化可能改变子代的种群或群落动态，进而对植物的进化进程产生影响。在气候变化的影响下，植物繁殖物候与适宜季节的错位可能会导致霜冻、干旱、暴雨等事件对植物叶片、花朵的损害，造成繁殖体难以成熟或产量下降，进而影响植物的分布状况及优势植物群落的变更。植物繁殖物候对气候变化的不同应答也可能引起植物共存模式与竞争模式的改变，最终改变生态系统的植物群落结构。此外，本地物种与外来物种的繁殖物候对气候变化的响应不同也会引起外来植物入侵机制的改变及影响入侵成功与否（Hulme，2015）。Hulme（2015）在对不列颠群岛 347 种植物的始花日期与分布状况的观测研究中发现，植物始花日期对气候变暖的响应与其相对分布的状况有关，本土植物中未因气候变化而改变物候的种类分布状况有所下降，更早开花的本土植物分布范围有所升高，外来新生植物的物候对气候变化响应强烈且分布范围明显上升。

在水生植物方面，对其繁殖物候的研究资料较少。Mckee 等（2002）在其模拟变暖实验中发现，浮叶眼子菜（*Potamogeton natans*）在连续升温 3℃的条件下开花期提前；在探究变暖与热浪对沉水植物影响的实验中发现，热浪所引起的极端温度波动在较大程度上抑制了穗花狐尾藻（*Myriophyllum spicatum*）的开花，降低了其有性繁殖能力。对植物的花期物候进行观测是探究其有性繁殖能力的重要部分。对于以菹草为代表的某些水生沉水植物而言，其有性繁殖产生的种子在自然条件下萌发率较低，其群落的维持和扩增主要依靠无性繁殖体，然而，我们不能忽略种子在远距离传播、维持物种长期延续以及提高种群的遗传多样性等方面发挥的作用（Boedeltje et al.，2010）。

此外，气候变暖也会影响到植物的生态化学计量学特征。植物在不同的环境条件下可以进行不同的生理生化反应，其可以通过调整内在碳氮元素的代谢和循环来对环境因子的改变做出响应，因此植物的化学计量学特征能够反映植物对环境因子改变的适应性（Agren and Weih，2012）。温度等环境因子的改变能够引起植物组织特定元素含量发生变化（Zhang et al.，2016），在气候变暖趋势下，植物体内碳元素、氮元素的含量以及在不同器官组织中的分布特征也必将产生适应性的转变。王晶苑等（2011）研究发现，随着月平均气温的上升，植物叶片的碳元素、磷元素含量增加而氮元素含量减少；Zhang 等（2016）和 Li 等（2018）的研究均发现，升温导致了菹草茎、叶器官的氮元素含量下降。此外，植物在应对环境因素变化时，其不同器官内在碳元素、氮元素含量的变化也可能是不一致的。

植物组织的碳元素、氮元素含量改变也将会影响到生态环境中的其他组分。已有研究资料发现，食草或杂食性捕食者对水生植物的消费量与植物组织的碳氮比呈负相关关系，其或许对于低碳氮比的植物更加偏爱。在气候变暖条件下，水生植物组织碳元素、氮元素含量的变化也将改变其对于上一级消费者的适口性，进而影响更高水平的营养级以及整个水生态系统的食物网结构。

目前，已有研究资料探究了环境因子变化对水生植物叶片、茎等生长器官生态化学计量学特征方面的影响（Zhang et al.，2016；Li et al.，2018），但对环境改变所引起的水生植物繁殖体碳元素、氮元素含量变化的研究较少。繁殖体的营养元素含量能够影响其被捕食者捕食的概率、传播与扩散的效率以及幼苗的性能等众多方面，其对于植物繁殖成功与否具有重要意义。Caliskan 和 Makineci（2014）在其研究中发现，地中海柏木（*Cupressus sempervirens* L.）的种子碳元素、氮元素含量与其萌发率存在正相关关系，而与平均萌发时间存在负相关关系，即种子碳元素、氮元素含量高的种群有更高的萌发率和更短的萌发时间。因此，探究植物繁殖体在气候变暖背景下的生态化学计量学特征的变化规律具有重要意义。

此外，植物在有性繁殖和无性繁殖之间资源分配的权衡策略也是生态学家们所关注的一个热点问题。某些研究发现，植物繁殖体的数量与质量之间、无性繁殖体与有性繁殖体数量之间或许存在某些关联。水生植物的繁殖方式多样，然而，人们对于气候变暖趋势下水生植物有性繁殖体与无性繁殖体内在碳元素、氮元素的变化及营养元素的资源分配策略仍知之甚少，有待进一步研究。

5.2.2 富营养化对水生沉水植物的影响

随着湖泊富营养化水平的提高，沉水植物往往呈现出衰退趋势。无论是模拟控制实验还是实地调查研究，均发现湖泊营养盐浓度的升高易对沉水植物产生负面影响。Barker 等（2008）的模拟实验表明，硝酸盐负荷的增加引起了沉水植物群落多样性的减少；Søndergaard 等（2010）对丹麦 300 个湖泊的沉水植物与湖泊营养盐水平进行了分析，当水体总磷浓度在 0.03～007 mg/L 时，浅水湖泊的沉水植物覆盖度在 0～100%，当总磷浓度在 0.1～02 mg/L 时，仅有 29% 的湖泊沉水植物覆盖度大于 10%，表明随着水体总磷浓度的升高，沉水植物的覆盖度下降，此外，该研究还发现沉水植物的最大分布深度和浸水体积（*PVI*，指沉水植物体积占湖泊水体体积的百分比）也与水体总磷及叶绿素浓度呈负相关关系。此外，外源营养的输入还可改变沉水植物的优势种类，何亮（2015）在对我国洱海北部两个湖湾的研究中发现，外源营养输入较高的湖湾沉水植物优势种由微齿眼子菜转变为微齿眼子菜与金鱼藻共同优势。

另外，沉水植物由于栖息于水层下方，而湖泊富营养化往往会导致水体浮游植物生物量升高，使水体透明度下降，降低湖泊底部的光照条件，从而使沉水植物处于竞争的不利地位。Sayer 等（2010）对英国及丹麦 29 个湖泊的研究也证实了这一点，水体叶绿素 a 浓度与营养盐水平呈显著的正相关关系，而与沉水植物的丰富呈显著的负相关关系。有研究表明，在低光条件下，浮游植物利用光照生长的能力远远高于沉水植物。此外，在河流、湖泊等水体中，沉水植物茎、叶片等器官表面往往有附着藻类生存。水体的富营养化也会影响到附着藻类，从而作用于沉水植物。有研究表明，附着藻类的生物量指标与水体中总氮、总磷含量显著相关，在富营养化水体中，附着藻类的生物量越大则沉水植物衰亡程度越高。附着藻类的遮阴作用降低了沉水植物光合作用，并限制了沉水植物的分布深度。有研究指出，浮游植物对于沉水植物的光照衰减作用主要集中在春季，而在夏季，附着藻类对于光照的吸收作用要强于浮游植物。

5.3 气候变暖和富营养化对菹草生长的影响

菹草（*Potamogeton crispus*）是一种广泛分布于淡水湖泊生态系统的沉水植物。由于其特殊的生活史：秋季萌发、越冬生长，使菹草在冬季水草大量凋亡到春初水生植物群落还未建立的这一段时期内在维持水生态系统稳态方面有着重要的作用。

在之前的实验中，我们主要探究了菹草亲本的早期生长和生态化学计量学指标（如碳、氮、磷）对水体环境温度变化的响应特征（Zhang et al.，2016a）。本次实验通过室外围隔模拟温控系统模拟气候变暖导致的水体温度升高，同时人为定期添加磷营养盐以模拟自然水体的富营养化进程（磷元素富集），旨在进一步探究升温和富营养化的母代环境对菹草子代萌发及早期生长的影响，为水生生态系统中沉水植被的修复提供一定的理论支撑。

5.3.1 升温和富营养化对菹草母代早期萌发的影响

该部分实验时间为2014年2月4日—3月11日，旨在探究升温和富营养化对菹草母代早期萌发和组织化学计量的影响。室外温控模拟系统建立在湖北省武汉市华中农业大学南湖基地（30°29′N，114°22′E），整个模拟系统由24个圆柱形聚乙烯敞口水缸（直径=1.5 m，高=1.4 m）组成。在水体氮、磷元素含量较低（总氮浓度为0.432 mg/L；总磷浓度为0.023 mg/L），同时在有丰富水生植物资源的梁子湖敞水区（30°11′3″N，114°37′59″E）用彼德森采泥器采集表层沉积物并装入预清洗的容器后立即运送到实验围隔区，经充分混合后，分装在各敞口圆柱形水缸中。所有圆柱形敞口水缸填入10 cm均匀混合的沉积物，注水体积为1 760 L，使水深达到1 m。实验用水由南湖水（总氮浓度为3.250 mg/L；总磷浓度为0.198 mg/L）和自来水按照1∶7的比例混合以模拟中度营养化的水体，其中南湖水通过20μm的浮游生物网筛以去除大颗粒悬浮物、浮游动物等的干扰。

该模拟系统设置4个处理组，每组6个平行。4个处理组分别为：①对照组（controls，C）：自然水温；②升温组（heated，T）：在自然水温的基础上升温4.5℃，旨在模拟百年后全球变暖的趋势，其他条件与对照组一致；③磷添加组（phosphorus，P）：每2周以磷酸二氢钾（KH_2PO_4）的形式添加磷50 μg/L；④升温+磷添加组（heated+phosphorus，T+P）：升温4.5℃+每2周添加磷50 μg/L。24个水缸随机分布在10 m×20 m的区域内。每个水缸中的温控系统均由2个探头、2个600 W的加热棒和2个水泵组成。温控系统的探头放置于水面下0.5 m处，每秒采集一次温度数据，并计算出C组的均温。升温模块在参考对照组的均温的基础上控制加热棒的运作，使T组与C组的温差保持在（4.5±0.3）℃。

通过防水相机（Nikon COOLPIX AW100s，Nikon Corp.，Tokyo，Japan）记录系统中菹草每周的萌发情况，每一个缸中的记录过程严格按照Zhang等（2016a）进行。所有视频在计算机中进行后续分析，记录每个缸中菹草的萌发数量。

每周一上午用有机玻璃管（直径=70 mm，长度=1 m）采集柱状混合水样用于总磷（TP）、溶解性活性磷酸盐（SRP）、总氮（TN）和叶绿素a指标的测定。水体中的pH、溶解氧和电导率用HACH-HQD便携式水质分析仪（HQ60d，HACH，Loveland，CO，USA）进行现场测定。采集2014年5月11日的菹草样品进行组织总氮（TN）和总碳（TC）含量的测定。取部分组织样在60℃烘箱中48 h待完全烘干后，用振动研磨机（MiniBeadbeater-16，Biospec Products，Bartlesville，OK，USA）分别将茎和叶组织研磨成粉末。取2～4 mg干粉用元素分析仪（Flash 2000，Thermo Scientific Co.，MA，USA）进行碳元素、氮元素含量的检测。

实验期间，升温处理组水体的平均温度始终维持在高于C组（4.50±0.03）℃。C组水体温度变化范围为3.71～12.45℃；同时期升温处理组水体温度变化范围为8.17～16.9℃（图5-1）。

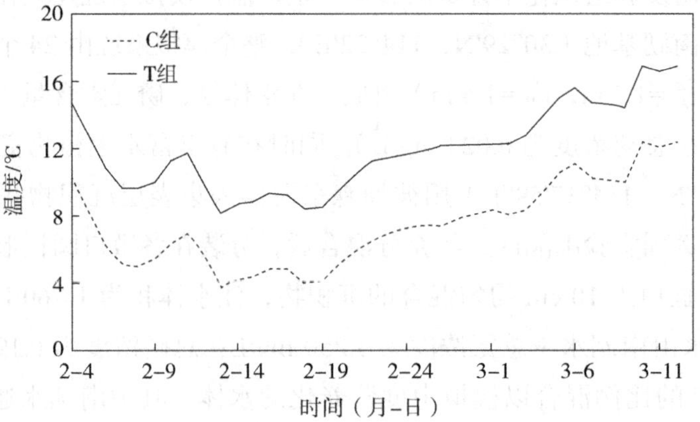

图5-1　2014年实验期间对照组和升温组中水体日均温度变化趋势

表5-1显示了实验期间系统不同处理组水体中平均总磷、可溶解活性磷、总氮、溶解氧、pH、电导率和叶绿素a的浓度。实验期间，磷添加处理组的水体中叶绿素a浓度显著高于无磷添加组（$p<0.01$；表5-1）。升温处理组水体的平均电导率高于常温处理组（$p<0.05$），而平均溶氧量则略低于常温处理组（$p<0.01$；表5-1）。

表5-1　2014年实验期间系统不同处理组的基本水体理化指标

	C	T	P	T+P
TP/（mg/L）	0.037±0.012	0.036±0.010	0.079±0.020	0.056±0.009
SRP/（mg/L）	0.012±0.005	0.011±0.004	0.014±0.006	0.011±0.004
TN/（mg/L）	2.352±0.305	2.234±0.220	1.771±0.380	1.410±0.221
DO/（mg/L）	12.32±0.27	10.22±0.29	12.53±0.22	10.48±0.45
pH	8.56±0.03	8.42±0.02	8.92±0.12	8.77±0.12
Conductivity/（μS/cm）	227.70±7.43	265.67±9.25	209.06±8.27	250.27±9.76
Chlorophyll a/（μg/L）	2.00±0.54	2.13±0.66	14.03±2.47	12.28±3.37

注：C代表对照组；T代表升温组；P代表磷添加组；T+P代表升温＋磷添加组。

升温、磷添加处理和时间 3 个因素对菹草母代早期萌发的影响存在明显的交互作用（$F_{4,20} = 10.16, p < 0.001$）。此外，升温和磷添加的交互作用对菹草母代的最终萌发株数有显著影响（$F_{1,5} = 15.15$，$p = 0.012$）。T 组中菹草的最终萌发株数最高，达到了约 30 株 /m^2，是 C 组中菹草萌发数量的 7 倍，说明升温显著促进了菹草的早期萌发（图 5-2；$p < 0.001$）。TP 组中菹草的最终萌发株数达到了约 15 株 /m^2，较 C 组菹草最终萌发株数增加了 357.78%（图 5-3；$p = 0.002$）。而 P 组中菹草的最终萌发株数与对照组间无显著差异。升温处理组中菹草的最终萌发数量与水体叶绿素 a 浓度存在显著的负相关关系［图 5-4（b）；$R = -0.648$，$p = 0.023$］。然而，C 组中菹草的最终萌发数量与水体叶绿素 a 浓度之间无相关关系。

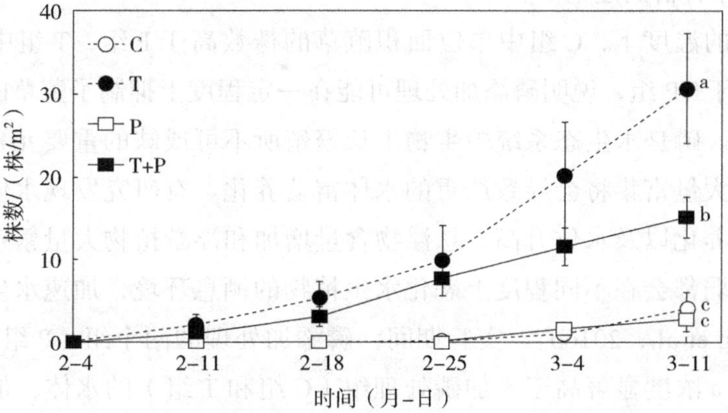

图 5-2　2014 年实验期间模拟系统中每单位面积菹草数量

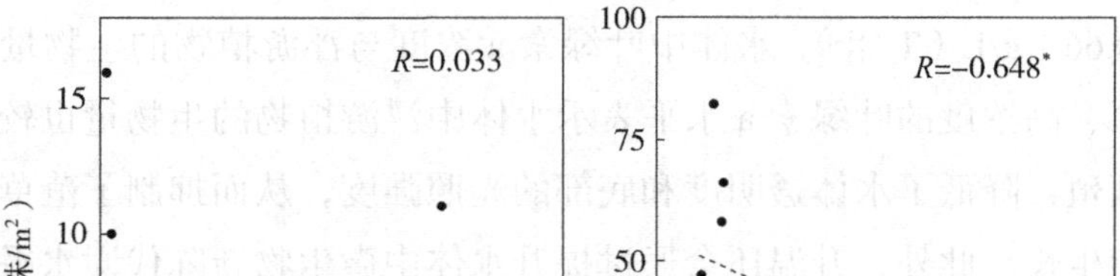

图 5-3　2014 年 3 月实验模拟系统中叶绿素 a 浓度与菹草萌发数量相关分析

实验系统升温组中单位面积的菹草萌发株数显著高于 C 组，这表明温度升高在一定程度上可以促进菹草的早期生长，使菹草的生命周期提前。在影响沉水植物生命周期的诸多环境因子中，温度在沉水植物幼苗的早期生长过程中具有至关重要的作用。早期研究发现，变暖显著促进了水生植物的生长。然而，也有研究发现，升温并没有导致水生植物物候期的明显提前（Hart et al，2014；Davis et al，2015），这意味着升温可能只对特定种类的水生植物存在影响。本文的实验结果表明升温可以促使菹草生命周期的提前。一般情况下，植物的种子或无性繁殖体会在适宜的温度范围内萌发出幼苗并迅速生长。本书中，菹草母代早期萌发的幼苗约在水体温度为6℃时被观测到。此外，有研究发现当水体温度较低时，升温（从8℃到12℃）有利于菹草的生长（Zhang et al.，2015），进一步说明适宜温度范围内的升温可能会促进菹草种子的萌发以及幼苗的早期生长。温度可能是触发菹草早期萌发及其幼苗迅速生长的关键因素，而全球变暖导致的水体平均温度升高将在一定程度上促进冬末春初菹草种群的建立。

在相同的温度下，C组中单位面积菹草的株数高于P组，T组中单位面积菹草的株数高于TP组，说明磷添加处理可能在一定程度上抑制了菹草的萌发和幼苗的早期生长。磷是水生态系统中生物生长繁殖所不可或缺的重要元素之一，然而水体中磷的大量富集将会导致严重的水体富营养化。有研究发现水体磷浓度增加导致的富营养化以及水位升高、悬浮物含量增加和浮游植物大量繁殖导致的水体光照条件减弱都会在不同程度上恶化水生植物的栖息环境，加速水生植物群落的衰亡（Zhang et al.，2016b）。实验期间，磷添加处理的两个组（P组和TP组）中水体叶绿素a浓度显著高于不加磷处理组（C组和T组）的水体，加磷处理的两个组中水体叶绿素a浓度分别为（14.03±2.47）g/L（P组）和（12.28±3.37）g/L（T+P组），而不加磷处理组中水体叶绿素a浓度分别为（2.00±0.54）g/L（C组）和（2.13±0.66）g/L（T组）。水体中叶绿素a浓度与浮游植物的生物量存在极强的正相关关系，高浓度的叶绿素a水平表示水体中浮游植物的生物量也较大。浮游植物的大量繁殖，降低了水体透明度和底部的光照强度，从而抑制了菹草石芽萌发和幼苗的早期生长。此外，升温还会通过提升水体中微生物新陈代谢水平，加速有机质的矿化分解，从而进一步增加了水体中可被利用的磷元素的浓度。在富营养化的水体中，高浓度的磷加剧了水生植物与浮游植物之间对光照等环境因素的竞争。然而由于浮游植物体积小、生长迅速以及繁殖周期短等特征，可以在短时间内大量繁殖，从而限制水生植物特别是沉水植物的光合作用，进而导致水生植物群落的衰退。因此，P组中浮游植物大量繁殖导致的水体光照条件减弱是造成菹草石芽萌发以及幼苗生长受抑制的重要原因。

5.3.2 升温和富营养化的母代环境对菹草子代萌发的影响

该部分实验时间为2015年2月10日—3月20日，旨在探求菹草母代环境

（如变暖和富营养化）是否会对其子代萌发产生影响。2014 年 12 月下旬，在第一部分实验结束后分别从 24 个水缸中收集第 2 部分实验所需的繁殖体样品。用 PVC 管（内径为 10 cm）从每个水缸中重复挖取 3 次底泥沉积物，放置于底栖生物网（孔径为 0.25 mm）内并用水冲洗，以除去沉积物样品中的泥。菹草繁殖体样品贮存于 4℃的冰箱中直至 2015 年春季进行实验。实验开始前，将繁殖体样品（约 250 g）放置在圆柱形聚乙烯盆（高为 9.5 cm，内径为 10 cm）中。根据第一次实验中的 4 个处理进行分组，每个处理有 18 个平行，共计 72 个圆柱形聚乙烯盆。将不同处理的聚乙烯盆标记后，加入等量的自来水并分开放置于相同的环境温度下。从实验开始的第一天起每天早晨定时记录幼苗的数量。每周换水以防止附着藻类大量繁殖而对实验产生影响。

2015 年，菹草子代萌发的观察实验中各处理组菹草子代的萌发株数和萌发速率如图 5-4 所示。在整个实验过程中，升温、磷添加处理和时间 3 个因素的交互作用对来自不同母代环境下的菹草子代间的萌发株数和萌发速率无显著影响（图 5-4，$F_{1.37,\ 23.28} = 0.224$，$p = 0.716$）。由图 5-4 可知，实验初期（1—9 d）T 组和 T+P 组中菹草子代迅速萌发，之后萌发速率逐渐下降。重复测量方差分析结果表明，实验中期（9—20 d）升温处理组中菹草子代萌发的株数略高于 C 组中的菹草萌发株数（图 5-4，$F_{3,68} = 2.519$，$p = 0.083$），并显著高于 P 组（$p = 0.02$）。实验后期（20 d 后），多重比较结果表明各处理组间菹草萌发株数均无显著差异，只有 T 组中菹草子代的萌发株数稍高于 P 组中的萌发株数（$P = 0.055$）。第 31 天后，未发现有新的菹草子代萌发。从图 5-4 中我们发现，实验开始后的 5—20 d，T 组和 T+P 组中的菹草子代萌发速率显著高于 C 组和磷添加组中的萌发速率。第 21 天后，两两比较结果表明各处理组间菹草子代萌发速率无显著差异。

植物为适应周围环境的变化会进行一系列表型特征的塑性改变，使其能够最大限度地降低不利环境变化带来的负面影响。除此之外，植物还可以通过调整有性繁殖与无性繁殖之间资源的配置、改变繁殖体中营养元素含量以及 DNA 甲基化等方式，将某一适应性表型特征传递给子代，以适应母代环境因子的改变。对于水生植物而言，由于其部分或全部生活史都在水中，因此水温对水生植物的生长和繁殖具有重要的影响。本研究结果表明，母代环境升温和磷添加对菹草子代石芽的早期萌发有一定程度的影响，主要表现为母代环境升温在一定程度上促进了菹草子代石芽的萌发，而母代环境中的磷添加则在一定程度上抑制了菹草子代的表现。水生植物普遍存在有性繁殖和无性繁殖两种方式。其中，有性繁殖的成功率有限，而无性繁殖则是维持水生植物种群规模的主要方式（Li，2014）。沉水植物的无性繁殖体（如石芽、断枝等）在种群繁殖和扩散中发挥着比种子更重要的作用。一株成

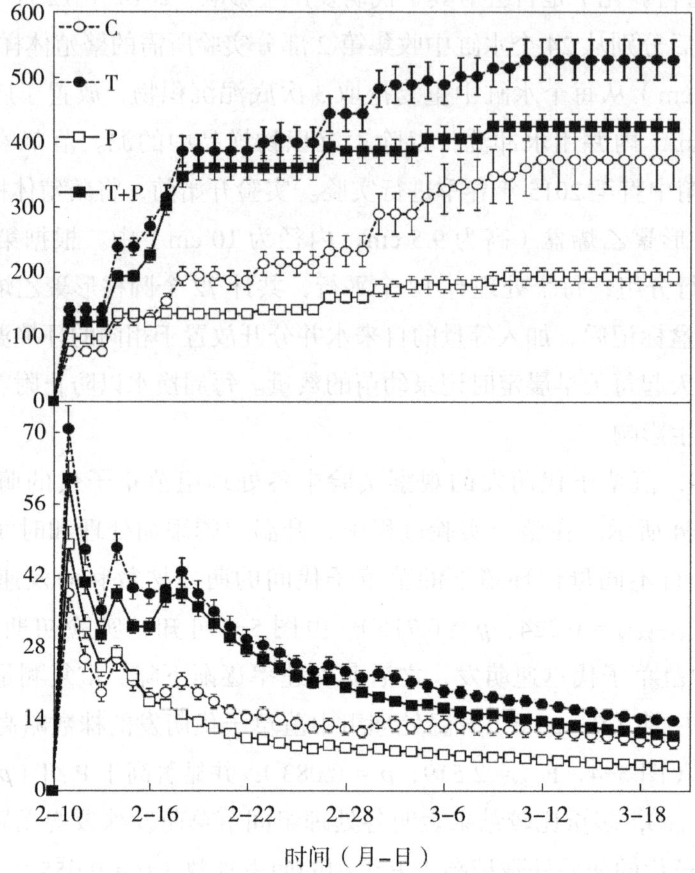

图 5-4　2015 年实验期间每单位面积菹草子代的株数和萌发速率

熟的菹草可以产生数枚石芽，而一枚石芽则至少由 2 个覆盖有坚硬外壳的芽体组成。有研究发现，受长期高温胁迫的菹草植株所产生的石芽数量将会增多，而生物量则呈现下降趋势（Cao et al，2015）。在本书中，2 个升温处理组的水体温度在 5 月时便达到并稳定维持在 30℃以上，菹草受到一定程度的高温胁迫。在这种情况下，升温组中的菹草有可能会产生比常温组中更多的石芽，从而导致升温组中单位面积菹草子代数量略高于常温组。

此外，母代环境升温也会对其子代种子或无性繁殖体的萌发产生显著的影响（Zhang et al，2012a）。母代环境升温对陆生植物的影响已有较为广泛的研究，相比而言，水生植物对母代环境升温的响应特征研究相对较少。已有陆生植物的研究结果表明，母代环境升温显著促进了种子的早期萌发。植物种子或无性繁殖体中营养元素的含量，特别是碳、氮元素的含量对其萌发有显著的影响（Toorop et al.，2012）。在大多数情况下，高含量的氮元素可以促进种子或无性繁殖体的萌发（Caliskan and Makineci，2014）。结合本实验室中部分未发表数据，我们认为升温组中的菹草为抵抗高温带来的不利影响，会向其无性繁殖体——石芽中分配更多的营养物质，导致升温组中石芽的氮元素含量要高于常温组，从而有利于菹草子代石芽的萌发。

综上所述，菹草为适应水体温度的升高将会产生更多的石芽，同时会将更多的营养物质（如氮、磷）分配到石芽中，有利于石芽的早期萌发，以保证其种群数量的稳定。结合菹草秋季萌发，越冬生长的生活史特征，全球变暖导致的冬春季水体平均温度升高将有利于菹草种群的早期建立。在其他水生植物种群尚未建立之时，菹草可以与浮游植物竞争有限的光照、氮元素、磷元素等资源，抑制浮游植物的生长繁殖，从而维持水体的清水稳态。

5.4 升温和底栖鱼类扰动对水生植物群落的影响

本次模拟系统实验共设置4个处理组，每组6个平行。4个处理组分别为：①对照组（controls，C）：自然水温；②升温组（heated，T）：在自然水温的基础上升温4.5℃，旨在模拟百年后全球变暖的趋势，其余条件与对照组一致；③加鱼组（fish，F）：实验初期加入一尾重60 g左右的幼龄鲤鱼（*Cyprinus carpio* L.）；④升温加鱼组（heated + fish，TF）：在升温4.5℃的基础上加入一尾重60 g左右的幼龄鲤鱼。所有圆柱形敞口水缸填入10 cm均匀混合的沉积物，注水体积为1 760 L，使水深达到1 m，待系统稳定后开始实验。实验开展前分析测定梁子湖水体与自来水中总氮和总磷含量，两者的总氮和总磷含量基本一致。因此，本次实验用水全部为自来水。24个水缸随机分布在10 m×20 m的区域内，所有水缸中的温控系统均由2个探头、2个600 W的加热棒和两个水泵组成。温控系统的探头将每15 s采集一次温度数据，并计算出对照组的均温。升温模块在参考对照组均温的基础上控制加热棒的运作，使T组与C组的温差保持在（4.5±0.3）℃。实验时间为2015年2月2日—2015年11月18日。

5.4.1 升温和底栖鱼类扰动对菹草生长环境的影响

实验期间，C组中水体最低温度为3.86℃，最高温度为31.23℃；T组中水体最低温度为4.52℃，最高温度为35.52℃。实验温控系统利用探头实时测定水体温度，并通过串行通信使T组中水温始终维持在高于C组约4.5℃的水平（图5-5）。

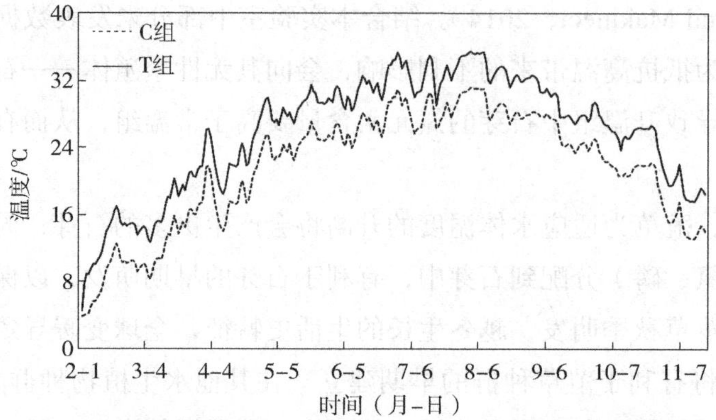

图 5-5　2015 年实验期间水体 C 组和 T 组中日均水温变化趋势

实验期间各处理组中水体总氮、总磷、DO、pH 和电导率范围见表 5-2。加鱼处理显著降低了水体中 DO 和总氮浓度（单因素方差分析，$p<0.05$；表 5-2）。多重比较的结果表明，T 组中水体的总磷浓度显著高于 C 组（$p = 0.004$）和 F 组（$p = 0.002$）。T 和 F 组中水体电导率显著高于 C 组（$p<0.05$；表 5-2），升温和加鱼处理的共同作用进一步提升了水体的电导率（$p<0.001$；表 5-2）。

表 5-2　2015 年实验期间系统不同处理组的基本水体理化指标

	总氮 /（mg/L）	总磷 /（mg/L）	DO/（mg/L）	pH	电导率 /（μS/cm）
C	1.061±0.105	0.066±0.009	6.506±0.468	8.182±0.123	215.937±8.005
T	1.030±0.102	0.112±0.020	6.423±0.433	8.293±0.125	242.372±6.813
F	0.769±0.101	0.061±0.016	4.765±0.585	7.953±0.099	241.627±6.214
TF	0.893±0.098	0.086±0.018	5.859±0.461	8.022±0.097	299.746±4.124

实验期间，C 组和 T 组中的浊度始终保持在一个较低的水平，其中 C 组的浊度范围为 0.9～10.0 NTU，T 组中的浊度在 0.8～9.1 NTU 波动（图 5-6）。鱼添加处理显著增加了水体的浊度（GLMMs，$p<0.0001$；表 5-3）。多重比较的分析结果表明，F 组中水体浊度显著高于 C 组（Tukey's post-hoc test，$p<0.000\,1$），同时，TF 组中水体浊度显著高于 T 组（Tukey's post-hoc test，$p<0.000\,1$）。此外，升温和鱼添加对水体浊度的影响具有显著的交互作用（GLMMs，$p<0.000\,1$；表 5-3），升温在一定程度上促进了鱼类的活动，导致 TF 组中水体浊度显著高于 F 组（Tukey's post-hoc test，$p<0.000\,1$）。从图 5-6 中可以发现，当实验模拟系统中水生植物优势种为菹草时，鱼添加处理对水体浊度的影响较大，而当水生植物优势种为菱时，底栖鱼类扰动对水体浊度的影响减弱。

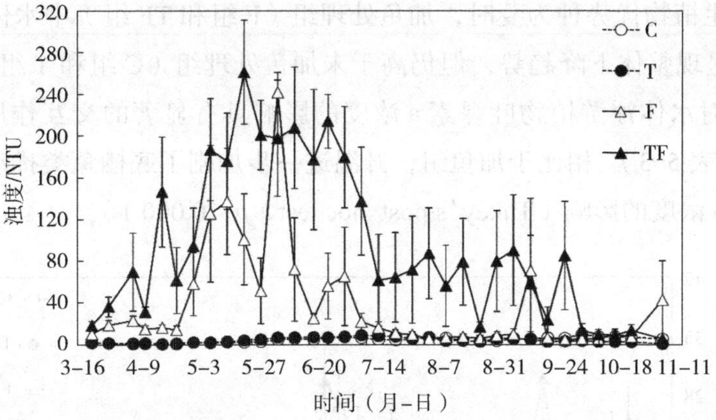

图 5-6 实验模拟系统中水体浊度变化趋势（n=6）误差线表示 ± 标准误

表 5-3 升温与鱼添加对水体总磷、总氮浓度和浊度影响的统计分析（粗体字表示差异显著）

	Estimate	SE	df	t	*P*
总磷（TP）					
截距（Intercept）	0.09	0.02	56.62	5.45	**<0.000 1**
升温（T）	0.04	0.01	894.10	3.77	**0.000 2**
鱼添加（F）	−0.04	0.01	894.00	−0.04	0.971 2
升温 × 鱼添加（T×F）	−0.03	0.02	894.10	−1.61	0.107 3
总氮（TN）					
截距（Intercept）	1.12	0.09	41.80	12.48	**<0.000 1**
升温（T）	−0.03	0.03	902.02	−1.24	0.216 5
鱼添加（F）	−0.22	0.03	902.00	−7.98	**<0.000 1**
升温 × 鱼添加（T×F）	0.11	0.04	902.01	2.91	**0.003 7**
浊度（Turbidity）					
截距（Intercept）	4.74	6.22	88.26	0.76	0.449
升温（T）	−0.40	6.38	779.00	−0.06	0.950
鱼添加（F）	33.30	6.38	779.00	5.22	**<0.000 1**
升温 × 鱼添加（T×F）	57.32	9.02	779.00	6.35	**<0.000 1**

实验期间，C 组水体平均浮游植物叶绿素 a 浓度为 6.10 μg/L，T 组水体平均浮游植物叶绿素 a 浓度为 5.28 μg/L，F 组水体平均浮游植物叶绿素 a 浓度为 11.97 μg/L，TF 组水体平均浮游植物叶绿素 a 浓度为 15.87 μg/L。底栖鱼类扰动显著提高了水体浮游植物叶绿素 a 浓度（GLMMs，$p<0.000\ 1$；表 5-3）。当实验模拟系统中水生植物优势种为菹草时，加鱼处理组（F 组和 TF 组）中水体浮游植物叶绿素 a 浓度显著高于未加鱼处理组（C 组和 T 组），并始终维持稳定在一个相对较高的水

平。而当水生植物优势种为菱时，加鱼处理组（F 组和 TF 组）中水体浮游植物叶绿素 a 浓度呈现整体下降趋势，但仍高于未加鱼处理组（C 组和 T 组）。此外，升温和鱼添加对水体浮游植物叶绿素 a 浓度的影响具有显著的交互作用（GLMMs，$p<0.0001$；表 5-3）。相比于加鱼组，升温进一步加剧了底栖鱼类扰动对水体浮游植物叶绿素 a 浓度的影响（Tukey's post-hoc test，$p<0.0001$）。

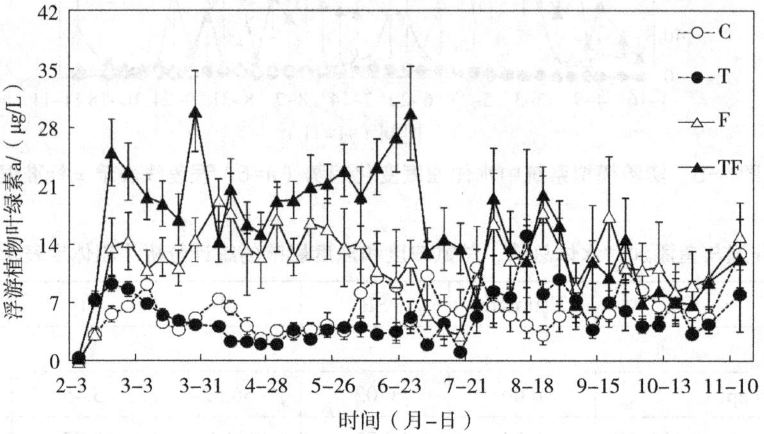

图 5-7　实验模拟系统中水体浮游植物叶绿素 ***a*** 浓度变化趋势（$n=6$）误差线表示 ± 标准误

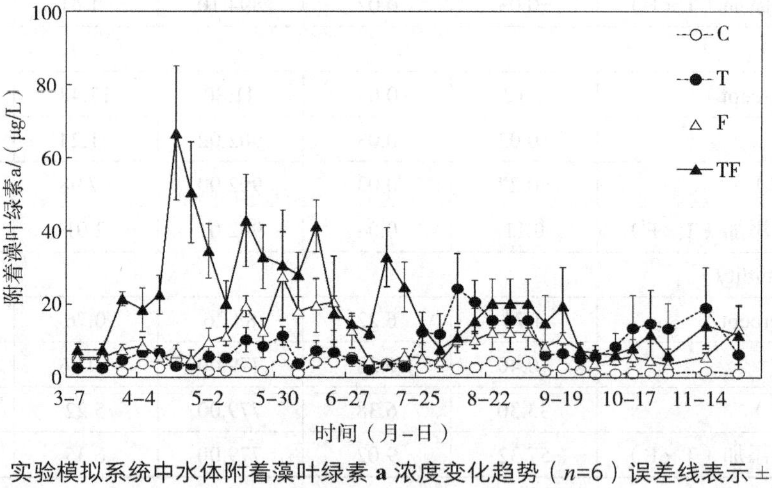

图 5-8　实验模拟系统中水体附着藻叶绿素 a 浓度变化趋势（$n=6$）误差线表示 ± 标准误

升温对水体平均附着藻叶绿素 a 浓度升高具有显著的促进作用（GLMMs，$p<0.0001$；图 5-8）。实验期间，C 组中水体平均附着藻叶绿素 a 浓度范围为 0.97～5.54 μg/L，T 组中水体平均附着藻叶绿素 a 浓度在 2.30～24.44 μg/L，T 组中水体平均附着藻叶绿素 a 浓度显著高于 C 组（Tukey's post-hoc test，$p<0.0001$）。此外，F 组中水体平均附着藻叶绿素 a 浓度最高值为 27.75 μg/L，鱼添加处理也显著提升了水体平均附着藻叶绿素 a 浓度（Tukey's post-hoc test，$p<0.0001$）。升

温和鱼添加对水体附着藻叶绿素a浓度的影响具有显著的交互作用（GLMMs，$p<0.000\ 1$）。TF组中水体平均附着藻叶绿素a浓度峰值为66.88 μg/L，表明升温和鱼添加处理的协同作用对水体平均附着藻叶绿素a浓度的影响要强于单一因子的作用。

升温显著提高了水体的总磷浓度和附着藻叶绿素*a*浓度，而对总氮、浊度以及浮游植物叶绿素a浓度无显著影响。就总磷而言，C组水体平均总磷浓度为0.066 mg/L，T组平均总磷浓度为0.112 mg/L，升温显著提高了水体的总磷浓度，这一研究结果与Zhang等（2012b）的研究结果相符。本实验中，除了降水以及定期补充自来水以维持固定水深，并无磷元素的额外添加，因此T组中总磷含量的升高主要来自底泥沉积物的内部释放。早期的研究发现，底泥沉积物间隙水中磷酸盐的浓度与温度呈显著的正相关关系，这主要是由于升温提高了底泥沉积物中磷酸水解酶的活性，加快了沉积物中有机磷的矿化速率，使磷元素迅速释放进入间隙水中，并逐渐向上覆水转移。此外，水温升高还在一定程度上提高了底泥沉积物微生物群落中真菌的相对丰度，从而进一步提高了底泥中磷元素释放的效率。与Feuchtmayr等（2009）在研究中发现升温导致水体总氮浓度变化不同，本次实验中升温对水体总氮浓度无显著影响。水体中水生植物、浮游植物以及附着藻的生长、繁殖对氮元素的需求较大，在一定程度上抵消了升温对总氮的促进作用。此外，升温还在一定程度上提升了实验系统中反硝化细菌的活性，通过一系列的生化反应，使硝酸盐还原为氮气，进一步降低了水体中总氮的浓度，最终导致实验期间升温处理组中总氮浓度整体无显著变化。一般情况下，升温将促进水体中浮游植物和附着藻的大量繁殖（Yvon-Durocher et al.，2015），然而本实验中升温组和对照组间水体浮游植物叶绿素a浓度无显著差异，但附着藻叶绿素a浓度显著高于对照组，该现象可能是浮游植物和附着藻之间对营养盐的竞争能力不同所致。乔磊（2015）在研究中发现，营养盐的持续输入促进了附着藻的生长，有利于提高附着藻对营养盐的吸附能力，导致升温组中附着藻的生物量显著提高，进一步解释了升温对水体总氮浓度的影响。

以往文献资料结果表明，底栖鱼类活动会导致水体总磷、总氮、浊度、浮游植物叶绿素a浓度的显著升高（Bajer and Sorensen，2015）。然而，本书中仅水体浊度、浮游植物叶绿素a浓度和附着藻叶绿素a浓度响应底栖鱼类活动的影响出现显著的上升，水体总磷浓度未受到底栖鱼类活动的影响，同时水体总氮则出现了显著的下降。底栖鱼类主要通过生物扰动和排泄作用对水体氮、磷等元素浓度产生影响（Bajer and Sorensen，2015）。有研究发现，成年底栖鱼类主要通过生物扰动，在游动或摄食时造成底泥沉积物的再悬浮，从而释放底泥沉积物中的氮、磷等元素；而幼龄鱼类（体长小于 150 mm）由于多以浮游动物为食，其主要通过排泄作用将部分未被消化吸收的营养物质重新释放进入水体中。本实验中投放的均为重约 60 g，体长小于 150 mm 的幼龄鲤鱼，然而加鱼组中水体浊度显著升高，说明在模拟系统中幼龄鱼类对底泥沉积物也存在一定的扰动作用。毛成责等（2010）在对杭州西湖水体长期监测中发现水体中总氮浓度与叶绿素 a 浓度呈极显著的负相关关系，说明水体中的浮游植物和附着藻类生长、繁殖需要大量的氮元素。本实验 F 组水体中浮游植物和附着藻的生物量显著高于 C 组，水生植物和附着藻类的生长、繁殖吸收了大量的氮元素，在一定程度上抵消了底栖鱼类活动对底泥沉积物中氮元素的释放作用。此外，系统中反硝化细菌的呼吸作用将大量硝酸盐及亚硝酸盐还原为气态氮化物和氮气，释放了水体中部分氮元素，进一步降低了 F 组中的总氮浓度。F 组中浮游植物叶绿素 a 浓度和附着藻叶绿素 a 浓度显著升高，可能是由于 F 组中幼龄鲤鱼对底泥沉积物的扰动作用和对无脊椎动物的捕食作用导致的。幼龄鲤鱼通过扰动作用，使底泥沉积物再悬浮，显著提高了水体的浊度，抑制了系统中沉水植物的生长，使藻类生长、繁殖的过程中不受光照、营养等限制（Bajer and Sorensen, 2015）；同时释放出大量氮、磷等元素，促进水体中浮游植物和附着藻类的生长、繁殖。此外，幼龄鲤鱼还通过捕食大型枝角类，降低了 F 组中浮游动物对浮游植物的摄食压力，导致浮游植物生物量的增加。

TF 组中水体浊度、浮游植物叶绿素 a 浓度和附着藻叶绿素 a 浓度均显著高于 F 组，水体总磷和总氮浓度不受升温和底栖鱼类活动的交互作用的影响。Bartolini 等（2015）在研究中发现，升温显著提升了鱼类的活动强度。在本实验中，水体升温加强了幼龄鲤鱼的活动强度，从而增大了底栖鱼类对底泥沉积物的扰动作用和对大型浮游动物的摄食压力，最终导致升温加鱼组中水体浊度、浮游植物叶绿素 a 浓度和附着藻叶绿素 a 浓度的进一步升高。

5.4.2 升温和底栖鱼类扰动对菹草生长的影响

如图 5-9 所示，T 组中菹草从 3 月中旬开始迅速生长，其覆盖度在 5 月初到达峰值，之后逐渐衰退；而 C 组中的菹草从 4 月初才开始缓慢生长，其覆盖度在 5 月底到达峰值，之后逐渐衰退。升温除了促进菹草幼苗的早期生长，导致其生长季节的显著提前，还导致了菹草种群的提前衰退。F 组中菹草的最大覆盖度为 15.96 %，显著低于 C 组（52.97%）和 T 组（54.62%）中菹草的最大覆盖度（Tukey's post-hoc test，$p<0.000\ 1$；表 5-4）。整个实验期间，TF 组中菹草的覆盖度始终维持在一个极低的水平上，除在实验初期观测到少量菹草生长外，其余时间 TF 组中并无菹草出现。

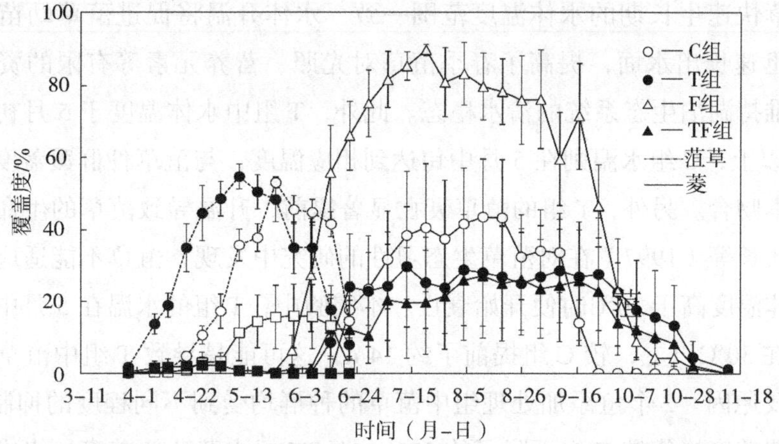

图5-9　实验模拟系统中水生植物覆盖度变化趋势（n=6）误差线表示±标准误差

F组中菱覆盖度的最高值为89.22%，而其余3个处理组中菱覆盖度最高不超过43.08%，鱼添加显著提高了水体中菱的覆盖度（GLMMs，$p<0.000\,1$；表5-4）。升温处理对水体中菱的覆盖度并无显著影响，但升温显著延长了菱的生命周期。升温和鱼添加对菱覆盖度的影响具有显著的交互作用（GLMMs，$P<0.000\,1$；表5-5），升温在一定程度上抑制了鱼添加对菱覆盖度的促进作用。

表5-4　升温与鱼添加对菹草盖度影响的统计分析（粗体字表示差异显著）

	post.mean	l-95% CI	u-95% CI	*pMCMC*
截距（Intercept）	0.24	0.17	0.29	**<0.001**
升温（T）	0.08	0.04	0.12	**<0.001**
鱼添加（F）	−0.16	−0.21	−0.12	**<0.001**
升温 × 鱼添加（T×F）	−0.15	−0.21	−0.09	**<0.001**

表5-5　升温与鱼添加对菱盖度影响的统计分析（粗体字表示差异显著）

	Estimate	SE	*z*-value	*P*
截距（Intercept）	−2.03	0.39	−5.13	**<0.000 1**
升温（T）	−0.31	0.35	−0.87	0.383
鱼添加（F）	2.04	0.33	6.17	**<0.000 1**
升温 × 鱼添加（T×F）	−1.98	0.49	−4.04	**<0.000 1**

T组菹草覆盖度较C组提前约14 d到达峰值，说明升温促进菹草的生长，导致其生长季节的显著提前。此外，升温还导致了菹草种群的提前衰退。相关研究表明，菹草的生长、繁殖和衰退主要受水体温度的调控，当水体温度处于10～15℃时，菹草快速生长，在水温超过24℃后停止生长。这一现象与本实验中T组和

C组中菹草快速生长期的水体温度范围一致。水体升温将促进菹草幼苗的早期生长，使其迅速长出水面，提高了春季菹草对光照、营养元素等有限的资源竞争能力，从而维持湖泊生态系统的清水稳态。此外，T组中水体温度于5月初达到并稳定在24℃以上，C组水温则在5月中旬达到相应温度，与菹草种群覆盖度到达峰值的时间基本吻合。另外，T组的菹草衰亡显著提前，升温导致菹草的生命周期整体前移。任久长等（1997）在对菹草生态习性的研究中发现，菹草不能适应高温的环境，当水体温度高于30℃时便开始衰亡。本实验中，T组的水温在5月中旬达到并稳定维持在30℃以上，较C组提前了约14 d，这可能是导致T组中菹草种群提前衰亡的主要原因。2个鱼添加处理组中菹草的种群均受到不同程度的抑制，其中F组中菹草覆盖度峰值较C组下降了约37%，而TF组中菹草覆盖度始终维持在一个极低的水平上，除在实验初期观测到少量菹草生长外，其余时间升温加鱼处理中并无菹草出现，底栖鱼类活动导致了菹草种群的大规模衰退。有研究认为，底栖鱼类主要通过觅食活动时直接将菹草等大型水生植物连根拔出，直接导致水生植物群落规模的衰退。Badiou 和 Goldsborough（2015）通过对大型水生植物生物量和底泥沉积物 - 水界面平均光照辐度的相关性分析后认为底栖鱼类扰动导致的水体浑浊，水体光照减弱才是导致水生植物（特别是沉水植物）种群规模衰退的主要原因。同时，Lougheed 等（1998）发现水体中沉水植物的物种丰富度与水体浊度显著相关，当水体浊度达到并超过20 NTU的临界阈值时，沉水植物的物种丰富度显著下降。在本实验中，F组和TF组中水体浊度均显著升高。实验初期，F组中水体浊度不超过20 NTU，因此仍有少量菹草萌发，并建立一定规模的种群。而TF组中长期维持在临界阈值之上，限制了菹草生长对光照的需求，直接导致菹草种群的彻底衰退。

本实验还关注了升温和底栖鱼类活动对水生浮叶植物——菱的影响，不同处理中浮叶植物菱的特征与沉水植物菹草差异显著。本书发现底栖鱼类扰动显著提高了菱的覆盖度，而升温对菱的覆盖度无显著影响。浮叶植物由于其特殊的生活史特征，萌发后迅速挺出水面，其光合作用主要发生在水 - 气界面，受水体浊度的影响相对沉水植物较小。F组中菱覆盖度的显著升高可能是由于底栖鱼类扰动释放大量氮、磷等元素，促进了菱的生长所导致的。有研究发现，水体中氮、磷等元素浓度的升高将导致细果野菱（*Trapa maximowiczii*）菱盘面积的显著增大。TF组中菱的覆盖度较F组显著下降，这可能是由于TF组中水体浊度显著高于F组，使菱繁殖体或其幼苗不能得到足够的光照，抑制了菱的生长导致的，说明当水体浊度升高到一定程度时，浮叶植物的生长也会受到抑制，从而导致水生态系统中浮叶植物群落的衰退。

5.5 结论

（1）升温与富营养化对菹草生长特征影响的研究结果表明，变暖和富营养化显著影响了菹草（*Potamogeton crispus*）的早期生活阶段。T组以及TP组中菹草的萌发株数较对照均有显著升高，其中T组的最终萌发株数最高，说明升温显著促进了菹草的早期萌发，而P组中菹草的萌发株数与C组间无显著差异。此外，升温导致菹草母体植物组织中总氮含量降低和碳、氮比显著增加，可能是由于T组中菹草的生化反应效率较高，对参与生理生化过程相关的碳、氮元素的需求相对较少导致的。

（2）相同环境温度下菹草子代繁殖体的萌发实验表明，母代环境升温显著促进了菹草子代繁殖体的萌发。在升温条件下产生的子代繁殖体具有比在自然环境条件下更高的萌发株数和萌发速率。同时，母代环境升温对子代菹草的早期生长有显著的促进作用，进而有利于其种群的早期建立。然而，由于母代环境富营养化的影响，即使在相同的环境温度下，磷添加处理中的菹草子代繁殖体的萌发株数和萌发速率仍相对较低。在升温和富营养化水体中生长的菹草亲本可能会通过改变植物组织及其繁殖体中的碳、氮等元素含量来适应环境的变化，进而影响其繁殖体萌发和子代幼苗的早期生长。

（3）水生植物对升温与底栖鱼类活动的响应特征的研究结果表明，升温对浮游植物生物量无显著影响，但显著增加了附着藻类的生物量。当考虑升温和底栖鱼类活动的共同作用时，我们发现升温显著增强了底栖鱼类活动的强度，导致水体浊度、浮游植物和附着藻类生物量的显著升高。升温促进了菹草生长物候的提前并对其生长有显著促进作用，底栖鱼类扰动以及升温与底栖鱼类扰动的共同作用使水体浊度升高、浮游植物和附着藻类生物量增加，进而导致沉水植物菹草种群衰退。此外，升温对浮叶植物菱的覆盖度无显著影响，而底栖鱼类扰动导致沉积物中氮、磷等元素的释放，促进了夏季菱的生长。不同生活型的水生植物对升温和底栖鱼类扰动的响应存在显著差异。

第 6 章　沉水植物化学计量特征对不同升温模式及富营养化的响应特征研究

植物亲本所经历的环境条件的影响可以传递给子代。这种母体环境的影响可以帮助植物子代在面临相同的环境变化时能够更好地适应，从而为进化争取到足够的缓冲时间。温度、水分、光照及营养等母体环境因子的变化都有可能影响到植物的子代（Zhang et al.，2012；Walter et al.，2016）。已有研究发现，植物亲本所处的环境条件的变化可能会对其繁殖体的数量、质量、特定元素含量及萌发情况产生影响（Walter et al，2016；Li et al.，2017）。黑肉叶刺茎藜（*Sarcobatus vermiculatus*）亲本在营养充足（施肥处理）的条件下，其产生的种子数量、质量、氮元素含量及萌发率均有显著增加；飞廉（*Carduus nutans*）亲本在升温环境下产生的种子萌发所用的时间缩短，但种子质量及最终萌发率不变（Zhang，2012）。母体环境不仅影响植物繁殖体的形成及萌发，还会对子代幼苗的生长发育状况产生影响。Lundgren 和 Sultan（2005）在对水蓼（*Polygonum hydropiper*）的模拟遮光实验中，发现遮光亲本产生的子代在早期有着更能适应低光环境的性状，其产生叶片的时间要显著早于 C 组，且生长的速度更快。目前，关于母体环境对植物后代影响的相关研究主要集中在陆生植物方面，关于水生植物的研究较少。在水生植物方面，有研究发现种子质量及母体环境因子能够影响篦齿眼子菜（*Potamogeton pectinatus*）种子的萌发时间及总萌发率（Li et al.，2015）。

菹草作为一种世界广布种，对维持冬春季湖泊生态平衡具有重要意义。温度在菹草石芽的形成及萌发过程中起着十分重要的作用。因此，探讨不同母体环境条件下菹草产生石芽的早期萌发特征，有助于揭示在全球变暖及极端温度波动增多的趋势下菹草群落结构变化的响应机制。本实验通过模拟不同的升温模式，探讨升温对菹草石芽形态和化学计量学特征的影响，并进一步探讨了母体环境温度对菹草石芽早期萌发策略的影响，为研究气候变暖趋势下菹草石芽的变化特征及预测菹草群落的动态变化提供参考依据。

6.1 母体环境升温对菹草子代石芽形态、碳氮元素含量的影响

6.1.1 升温控制条件与实验方法

实验选取菹草（*Potamogeton crispus*）作为研究对象，探究母体环境升温对其石芽繁殖方式的影响。菹草是一种地理分布范围极广的水生沉水植物，在我国各地的淡水湖泊、池塘及河流中均有分布，是淡水生态系统的重要初级生产者。与大多数沉水植物不同，菹草于秋季萌发、冬春季生长、夏季逐渐凋亡衰退，其独特的生活史策略可使其避免生境中其他物种的竞争。菹草对富营养化水体的适应能力强，能有效吸收水体中的无机盐，控制藻类、提高水质，在湖泊生态系统维护方面具有重要价值（王锦旗等，2011）。

本章实验分为两个阶段，第一阶段实验菹草石芽购买自兴化市龙马水生植物培育有限公司，萌发后取单株幼苗作为菹草亲本在不同温度模式下培养，并收集其产生的子代石芽，用于第二阶段实验，探究母体温度环境升温对菹草石芽的影响。

第一阶段实验：

（1）温度控制模式：自然水温（C），全期升温3℃（T），升温3℃基础上3℃的变温（H），自然水温基础上3℃的变温（R）。其中，在2017年2月15日—3月20日，处理H固定升温3℃，处理R维持自然水温；从2017年3月21日开始，处理H较自然水温升温6℃与升温3℃按周交替，处理R较自然水温升温3℃与自然水温按周交替（图6-1）。

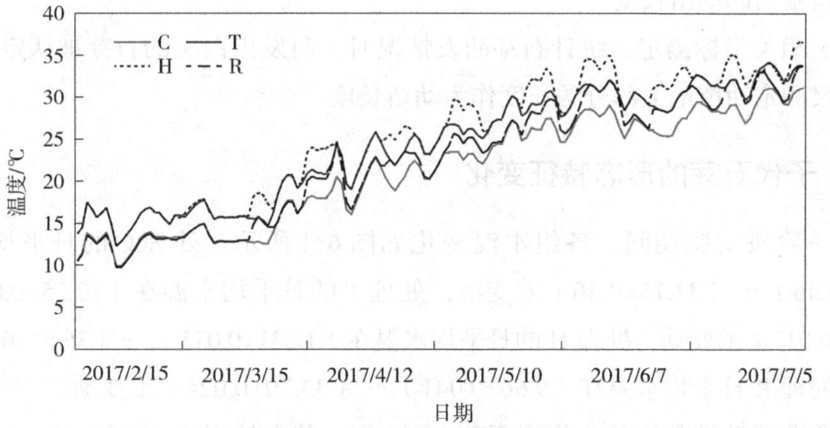

图6-1 菹草亲本生长期间日均水温变化趋势

（2）实验设计及取样：选取湿重在0.35g±0.05g的菹草石芽在常温下萌发，萌发3周后取长度10 cm左右的菹草幼苗种植到种植杯（直径为12 cm，其内含有

10 cm 厚的陆地土壤）中。每种温度模式设置 6 个平行，塑料缸加水至 1 m，每个塑料缸放入 40 盆菹草。在菹草繁殖期间，每隔 2 周收集 1 次石芽（使用 Pre+ 温度方案字母的方式作为第一阶段不同处理实验获得的石芽编号，即 PreC、PreT、PreH 和 PreR 4 个处理）。

（3）相关指标测定：将收集到的石芽清洗干净并吸干表面水分，使用万分之一电子天平称量湿重，参考王锦旗等（2015）对石芽长宽的测量方法测量长宽，之后置于 4℃避光保存。待全部石芽收集完成后，每个处理随机挑选 30 颗石芽于 60℃烘干至恒重，研磨后取 2～3 mg（使用 MiniBeadbeater-16 研磨至粉末状），使用碳氮元素分析仪（Flash EA 1112，CE Instruments，Italy）测定石芽中碳、氮元素含量（Zhang et al.，2016）。

第二阶段实验：

（1）温度控制模式：第二阶段实验于 2017 年 11 月 10 日开始，仍然设置上述 4 个温度模式。其中，处理 H、处理 R 升温模式仍按周交替，处理 H 第 1 周水温升高 3℃，第 2 周升高 6℃，之后降回升温 3℃；处理 R 第 1 周保持自然水温，第 2 周升高 3℃，之后降回自然水温。

（2）实验设计及取样：将第一阶段实验收集到的石芽取出，分别选择每种母体温度环境下产生的规格相似的石芽 160 颗均分到 4 个覆网塑料盒中（每个塑料盒 40 颗），再交叉到实验所设的 4 种温度模式下进行萌发（PreC 组、PreT 组、PreH 组及 PreR 组的子代石芽分别在 4 种温度下进行萌发）。萌发时将塑料盒下沉到 1 m 的水深，塑料盒内无基质，实验为期 18 d，每天统计石芽萌发情况，并于萌发结束后测量萌发出的幼苗长度。

（3）相关指标测定：统计石芽萌发情况时，萌发出白尖的石芽被认定为萌发。使用直尺测定幼苗地上部分的长度作为幼苗长度。

6.1.2 子代石芽的形态特征变化

第一阶段实验期间，各组水温变化如图 6-1 所示。处理 C 的日平均水温在（9.80±0.46）～（31.15±0.46）℃变动，处理 T 的日平均水温在（12.25±0.047）～（34.23±0.017）℃变动，处理 H 的日平均水温在（12.31±0.073）～（36.57±0.028）℃变动，处理 R 日平均水温在（9.66±0.041）～（33.79±0.024）℃变动。

在菹草繁殖期间，共收集到石芽 1 496 颗，其中处理 C 405 颗（PreC 组）、处理 T 267 颗（PreT 组）、处理 H 494 颗（PreH 组）、处理 R 330 颗（PreR 组）。实验过程中，由于未收集到全部石芽，所以此数目并不代表不同处理菹草产生石芽的总数。如图 6-2 所示，不同温度模式条件下，菹草亲本产生的石芽湿重无显著性差异，仅 PreH 组的石芽湿重略高于其他组（$p = 0.051$）。

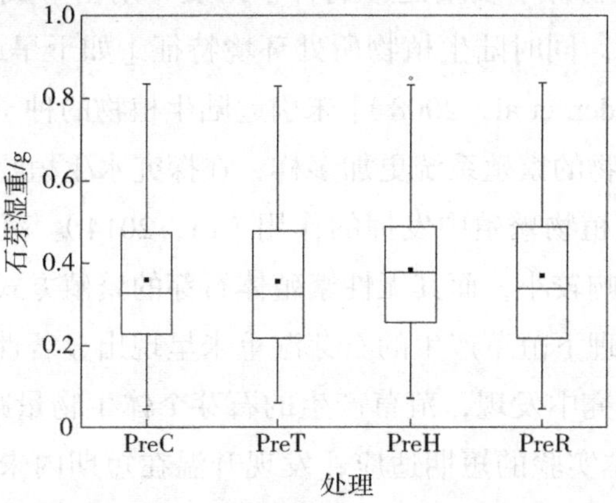

图 6-2　不同温度模式处理下获得的菹草石芽湿重

对石芽长度的分析结果表明：处理组间存在显著性差异（$p<0.001$），PreH 组的石芽长度显著高于 PreC 组（$p<0.01$）和 PreT 组（$p<0.01$），PreR 组的石芽长度显著高于 PreC 组［$p<0.05$；图 6-3（a）］；同时，不同处理亦显著影响石芽宽度（$p<0.001$），PreH 组的石芽宽度显著高于 PreC 组（$p<0.01$）、PreT 组（$p<0.01$）及 PreR 组［$p<0.05$；图 6-3（b）］。同样，石芽长宽比在各处理组间也存在明显差异（$p = 0.002$），PreC 组石芽的长宽比值要显著低于 PreH 组（$p<0.05$）和 PreR 组［$p<0.01$；图 6-3（c）］。

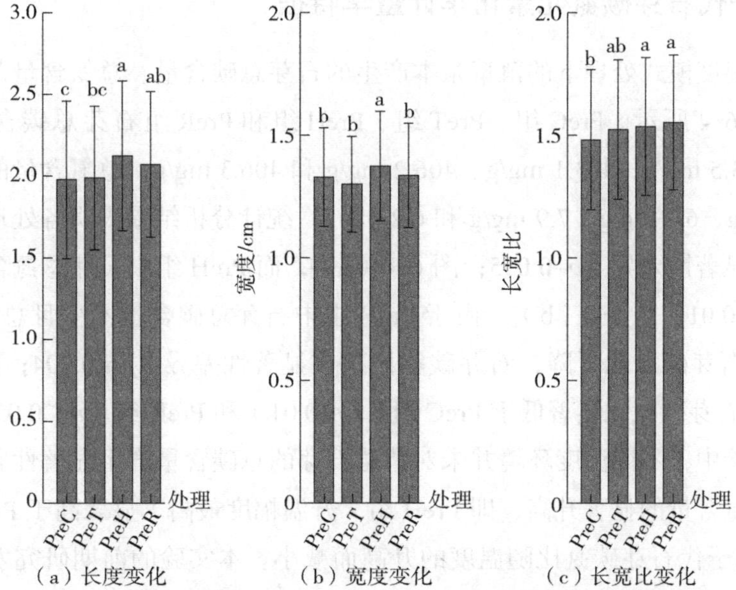

图 6-3　不同温度模式处理下菹草石芽长度、宽度及长宽比的变化

（数值以均值 ± 标准差表示）标注不同小写字母表示处理间差异显著（$P<0.05$）

目前，关于母体环境对子代繁殖体重量影响的研究大多集中在陆生植物。相关研究表明，陆生植物种子质量是影响种子萌发、幼苗形成、早期生长甚至成株有性繁殖的重要因素。同时陆生植物所处环境特征［如干旱或暴雨（Walter et al.，2016）、升温（Hovenden et al，2008）］未引起陆生植物的种子质量发生改变。与陆生植物不同，水生植物的繁殖系统更加多样，在探究水生植物繁殖策略时，应充分考虑无性繁殖在水生植物繁殖中发挥的作用（Li，2014）。菹草的种子通常对其种群动态和群落组成影响较小，而其无性繁殖体石芽的繁殖方式更为普遍。在本实验中，不同升温模式处理下菹草产生的石芽湿重未呈现出显著性差异。此外，在菹草对长期升温适应的研究中发现，菹草产生的石芽个体生物量减小、数量增多（Cao et al.，2015）。对比本实验的短期适应，发现升温在短期内未引起菹草石芽重量的改变。

不同升温模式虽未引起子代石芽重量的显著变化，但却导致了石芽形态的变异，尤其是 PreH 组，长宽均有显著的增加。因此，不同的环境温度条件可能会导致菹草产生石芽的长宽形态特征发生变异，尤其是当存在温度波动时，且较大幅度的波动升温（PreH 组）对石芽形态变异的影响更为显著。在对某些水生植物的研究中发现，水温升高会影响水生植物的叶面积（Silveira and Thiébaut，2017），进而造成叶片形态的变化，而菹草石芽是由茎叶变态形成，这或许是引起石芽长宽形态变异的原因之一（王锦旗等，2015）。

6.1.3 子代石芽碳氮元素化学计量学特征

不同温度模式处理下的菹草亲本产生的石芽总碳含量、总氮含量及碳、氮元素比值如图 6-4 所示。PreC 组、PreT 组、PreH 组和 PreR 组石芽总碳含量的平均值分别为 403.5 mg/g、403.1 mg/g、406.2 mg/g 和 406.3 mg/g，总氮含量的平均值分别为 5.9 mg/g、6.7 mg/g、7.9 mg/g 和 6.2 mg/g。统计分析结果表明各处理组石芽的总碳含量无显著性差异［p=0.055；图 6-4（a）］，而 PreH 组中石芽总氮含量显著高于对照［$p<0.01$；图 6-4（b）］。由于 PreH 组中石芽总碳含量不变且总氮含量升高，相应导致石芽碳氮比下降，石芽碳氮比存在显著性差异［p =0.004；图 6-4（c）］。PreH 组的石芽碳氮比显著低于 PreC 组（$p<0.01$）和 PreR 组（$p<0.05$）。

本实验中，不同温度环境并未对菹草石芽的总碳含量产生显著性影响，却导致了石芽总氮含量的显著升高，即 PreH 组（升温幅度最高）显著高于 PreC 组（常温组），同时子代石芽碳氮比随温度的升高而减小。本实验的前期研究发现，升温会导致菹草叶片的总碳含量及总氮含量下降、碳氮比升高（Zhang et al.，2016）。本实验中，菹草的无性繁殖体石芽化学计量学特征与叶片的分析结果正好相反，这一

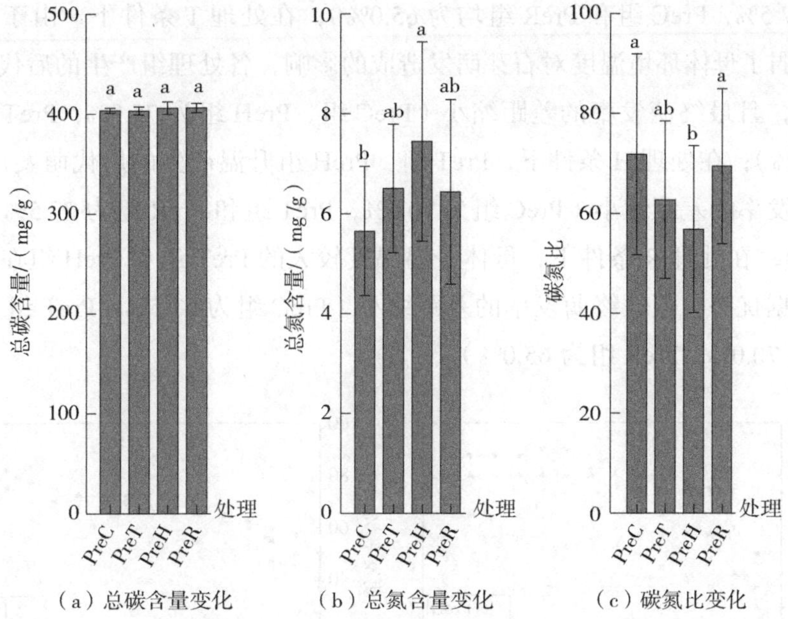

图 6-4 不同温度模式处理下菹草石芽总碳含量、总氮含量及碳氮比变化
(数值以均值 ± 标准差表示)。标注不同小写字母表示处理间差异显著 ($P<0.05$)

研究结果表明菹草在环境温度升高的条件下不同器官的营养分配模式可能存在差异。与叶片相比，氮元素可能更倾向于分配至繁殖器官中。在陆生植物中，也有研究发现升温会导致植物不同器官氮元素含量的变化不同，灌木地团花（*Globularia alypum* L）在经过 6 年的 1℃升温生长后，其叶片的氮元素含量下降，根茎的氮元素含量升高。此外，对陆生植物澳扁芒草（*Austrodanthonia caespitosa*）的研究中发现，其种子的碳、氮元素含量均不因升温（约 1℃）而发生改变。在本实验中的 PreT 组与 PreR 组石芽碳、氮元素含量均未与对照组产生差异，菹草在对无性繁殖体石芽的碳、氮元素分配上或许会采取与陆生植物种子相似的策略以应对中小幅度的变暖，但在相对更高的升温情景下（PreH 组），菹草会将更多的营养物质分配至石芽中，以保证其获取种群的繁殖优势。

6.2 母体环境升温对菹草子代石芽早期萌发的影响

第二阶段实验期间，处理 C 的水温变化为 12～16℃，处理 T 的水温变化为 15～19℃，处理 H 的水温变化为 15～21℃，处理 R 的水温变化为 14～17℃。所有处理产生的石芽在 4 种温度模式下均从第 5 天开始萌发，升温处理产生的石芽往往表现出更快的萌发速率（图 6-5）。在处理 C 条件下，PreT 组、PreH 组升温处理产生的子代石芽具有更快萌发速率和更高的最终萌发率（PreT 组、PreH 组分别为

80.0%、87.5%，PreC 组和 PreR 组均为 65.0%）；在处理 T 条件下，由于环境温度的升高减弱了母体环境温度对石芽萌发造成的影响，各处理组产生的后代萌发速率较为一致，且最终萌发率的差距缩小（PreC 组、PreH 组为 75.0%，PreT 组、PreR 组为 82.5%）；在处理 H 条件下，PreT 组、PreH 组升温产生的后代萌发速率更快，但最终萌发率的差距缩小（PreC 组为 70.0%，PreT 组和 PreR 组为 77.5%，PreH 组为 85.0%）；在处理 R 条件下，母体升温幅度较大的 PreT 组和 PreH 组在萌发速率上仍然占据优势，但最终萌发率的差距缩小（PreC 组为 67.5%，PreT 组为 77.5%，PreH 组为 70.0%，PreR 组为 65.0%）。

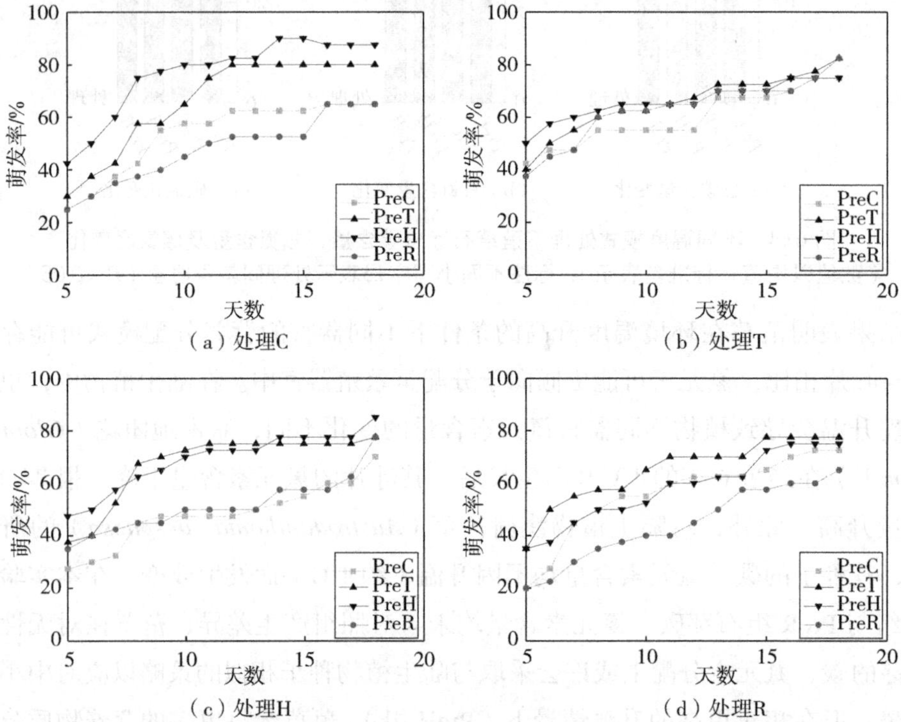

图 6-5　不同母体温度环境产生的菹草石芽在 4 种温度模式下的萌发情况

在萌发结束后，测量了各处理组产生的石芽在不同的温度模式下萌发出的幼苗长度（图 6-6）。统计分析结果表明：在处理 C 与处理 T 的萌发条件下，PreH 组和 PreT 组的平均长度虽略高于 PreC 组和 PreR 组，但未产生显著性差异（处理 C，p=0.62；处理 T，p=0.161）；在处理 H 的萌发条件下，各组间产生显著性差异（p=0.011），PreC 组的幼苗平均长度显著低于 PreT 组（p<0.05）和 PreH 组（p<0.05）；在处理 R 的萌发条件下，各组间产生显著性差异（p=0.001），PreR 组的幼苗平均长度显著低于 PreT 组（p<0.01）和 PreH 组（p<0.01）。

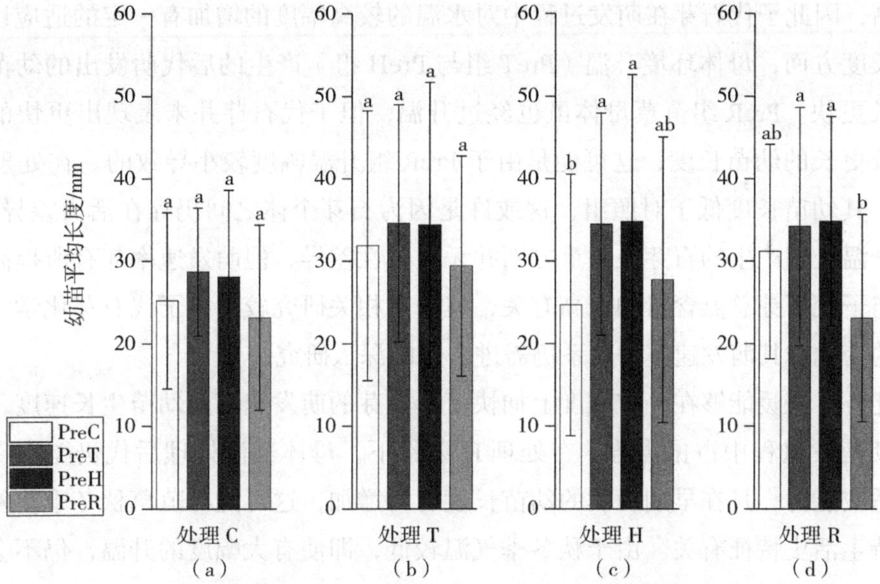

图 6-6 不同母体环境产生的石芽在 4 种温度模式下萌发的幼苗长度
（数值以均值 ± 标准差表示）标注不同小写字母表示处理间差异显著（$p<0.05$）

在陆生植物中，已有相当数量的研究表明，环境因子的改变不仅会造成母体表观性状的变化，也会对后代的性状产生影响（Herman and Sultan，2011）。这种现象也被称为植物的跨世代可塑性。温度、营养、光照及水分等各种环境因子的变化均会使植物子代的某些性状发生特定变化，或影响其种子的萌发时长，或影响其幼苗的生长速度，或影响其后代的开花时间，而通过这些特定变化可以帮助后代在面临相同的环境变化时更好地生长，尤其是当环境因子向不利方向转变时（Zhang et al.，2012）。与陆生植物相比，水生植物在此方面的研究相对匮乏。母体环境温度升高，菹草的无性繁殖体石芽也能产生适应性的转变，这表明菹草的无性繁殖也能受到跨世代可塑性的影响。此外，菹草石芽由于是由母体茎、叶形成，相对于陆生植物的种子，其可能更易受到母体环境因子的影响。

本书中，菹草母体环境的升温对于子代石芽的萌发速率具有促进作用。其中，子代石芽在常温萌发条件下，母体环境升温对子代石芽萌发的促进作用表现得尤为显著，其原因可能是在低温萌发条件下母体环境变暖对子代石芽萌发产生的影响更大。当子代石芽萌发期间也处于升温环境中后，母体环境特征对石芽萌发率影响的差异就会减弱，其中子代石芽均处于固定升温 3℃的萌发条件下，各组的萌发情况趋于一致，说明子代环境的升温能够在一定程度上减弱母体环境差异的影响。在处理 H 条件下，不同处理的子代石芽萌发速率差异可能是由于较大的升温幅度影响，减缓了 PreC 组、PreR 组石芽的萌发速率，PreT 组、PreH 组由于母体环境升温幅度较高，因此子代石芽在萌发过程中对水温的较高幅度的增加有一定的适应性。在幼苗长度方面，母体环境升温（PreT 组与 PreH 组）产生的后代萌发出的幼苗在早期生长更快。PreR 组菹草母体虽也经过升温，但子代石芽并未表现出更快的萌发速率及更长的幼苗长度，这可能是由于 PreR 组升温幅度较小导致的。在处理 R 条件下，其幼苗长度低于对照组，这或许是因为石芽个体之间仍存在活力差异所致。不同升温处理产生的石芽在湿重方面并无显著性差异，但萌发速率却有所提高，这或许与子代石芽总氮含量的升高有关，但由于相关研究较少，子代石芽化学计量学特征的变化与其萌发速率的关系仍需进一步的深入研究。

此外，变暖能够在一定程度上加快菹草石芽的萌发速率及幼苗生长速度，使其在早期萌发过程中占据优势。在处理 H 条件下，母体升温处理后代仍能表现出较好的适应能力，且在早期萌发的幼苗长度有所增加，这可能与菹草秋冬季萌发生长的独特生活史特征有关。由于秋冬季气温较低，即使有大幅度的升温，仍不会超过其适宜的生长温度，有利于母体升温后代的生长，但对于母体常温后代，大幅度的升温造成了更大的环境温度变化，可能需要更久的时间适应。但升温对石芽早期萌发与生长的促进作用并不意味着变暖有利于菹草群落的扩张。有研究表明变暖对水生植物的影响可能与季节因素有关（Silveira and Thiébaut，2017），菹草在高温时会停止生长甚至衰退（任久长等，1997）。变暖可能加快菹草冬春季的生长，更快生长到水面以获得光照优势，进而可能对早春季节的藻类生长有一定的抑制作用；但在夏季，变暖造成的高温可能导致菹草群落的提前衰退，从而导致湖泊稳态的提前转变。

6.3 母体环境升温对菹草子代石芽形态、碳和氮元素含量的影响

6.3.1 升温控制条件与实验方法

2017 年 10 月，在有大量菹草群落分布的梁子湖敞水区（30°11′3″N，114°37′59″E）使用彼得森采泥器采集表层沉积物，装入预先清洗好的容器后立即运送到实验基地。表层沉积物经充分混合后均匀分装到 36 个圆柱形塑料缸中，之后在每个塑料缸中加入经过 20 μm 筛网过滤梁子湖湖水至 1 m 深。在实验正式开始之前，所有的塑料缸在自然状态下静置 2 个月（2018 年 11—12 月），待表层沉积物中的菹草繁殖体自然萌发。

本章实验共设计了 6 个处理，每个处理 6 个平行。6 个处理分别为：①对照组（C）：自然水温且不添加磷，用以模拟亚热带湖泊的当前状态；②固定升温组

（T）：在自然水温的基础上连续升温4℃，旨在模拟21世纪末的温度状况，其他条件与对照组一致；③波动升温组（V）：在固定升温组T的基础上施加了幅度在0～8℃的温度波动，用以模拟21世纪末热浪等极端天气事件增强的趋势［通过参考已有的气候预测资料（Russo et al.，2014；陈晓晨等，2015；Guo et al.，2017）]，在实验期间共设置了10次较对照组C升高幅度在4～8℃的升温，每次的持续时间长度在3～12 d，同时为了保持固定升温组T与波动升温组V的热量输入一致，我们设置了7次较对照组升高幅度在0～4℃的升温，每次的持续时间长度在4～9 d；④常温加磷组（P）：每2周以磷酸二氢钾的形式向水体中加入磷25 μg/L，其他条件与对照组相同，以此来模拟湖泊富营养化的过程［通过参考已有的对长江中下游湖泊磷输入量的研究资料（黄文钰和许朋柱，2001；高伟等，2016）]，在对磷输入的平均水平估算的基础上进行适当调整，确定了本次实验中磷的添加频率和添加量；⑤固定升温加磷组（T+P）：在自然水温的基础上连续升温4℃并每2周添加磷25 μg/L，以此探究气候变暖与湖泊富营养化的交互作用对沉水植物菹草的影响；⑥波动升温加磷组（V+P）：与波动升温组V施行相同的温度设定并每两周添加磷25 μg/L，以此探究热浪等极端天气事件造成的温度波动与湖泊富营养化的交互作用对沉水植物菹草的影响。

实验时间为2018年1月3日—8月19日，总共运行239 d。升温组（T，V，T+P，V+P）于1月3日开始升温，并按照预先设定好的温差，由系统的温度控制模块自动进行控温，水温数据每6 s采集1次。加磷组（P，T+P，V+P）于1月17日开始添加磷，并每隔2周添加1次。实验期间，水深维持在1.1 m，以自来水补充实验期间的水分蒸发损失。

实验系统中的水样使用有机玻璃管（长为1 m，直径为70mm）取柱状水样，混合后进行水体理化指标的测定。总氮（TN）、总磷（TP）、可溶解性磷（SRP）、叶绿素a的测定参照《水和废水监测分析方法（第四版）》（国家环境保护总局《水和废水监测分析方法》编委会，2002）。水体中的pH、溶解氧和电导率（pHC10103/LDO10103/HQ40d）采用哈希水质分析仪现场测定（于每个采样日上午8点进行测定）。菹草的浸水体积（plant volume inhabited，PVI）通过公式“沉水植物PVI指数＝植物盖度 × 植物高度／水深”进行估算（Olsen et al.，2015）。以上指标于实验开始时（冬季）每2周测定1次，冬季之后每周测定1次。

2018年3—4月，待菹草水面枝条顶端开始产生花芽时，开始观测菹草的开花物候（包括始花日期、花序数目、峰花日期以及花期长度）。在菹草开花期间，统计每个水缸产生的花序数目以及菹草的水面枝条数。本次实验中对菹草花序的定义为从伸出水面开始开花直到完全散粉。水缸中的花序第1次产生的日期记为该水缸中菹草的始花日期。通过统计水缸中的花序数目，将花序数目最多的日期定义为峰花日期。通过各个水缸中菹草的始花日期以及花序结束的日期来计算该水缸中菹草的花期长度。

在菹草种序的成熟阶段，统计每个缸的菹草产生的种序数目，通过种序数目除以菹草水面枝条数，计算单个缸的种序比例。同时，在每个缸中随机选取5个种序做好标记，待种序上的种子完全成熟后，统计种序上的种子数和花朵数，通过种子数除以雌蕊数（每个花朵4个雌蕊，每个雌蕊均有潜力形成种子）来计算单个果序的结实率。统计完成后，将单个种序形成的种子划分成一组，烘干后称量单个种序的种子总重量，之后用单个种序的总重量除以单个种序的种子数目得到单个种子的重量。在同一时间段内，在每个水缸中随机标记8个石芽，待其成熟后采集。种子与石芽均置于60℃的烘箱中烘干到恒重，单个种序形成的种子作为一个大样本，装入2 mL的塑料管中，石芽经剪碎后同样装入2 mL塑料管中，并在其中装入2粒钢珠。使用珠磨器（MiniBeadbeater-16，Biospec Products，157 USA）将石芽与种子研磨成粉末状，分别取2～4 mg使用碳、氮元素分析仪（Flash EA 1112，CE Instruments，Italy）检测种子与石芽中的总氮与总碳含量。

6.3.2 研究系统的水体理化特征

在实验期间，常温方案的日均水温变化范围为（3.2±0.3）～（32.7±0.9）℃，固定升温方案与波动升温方案的日均水温变化范围分别为（7.2±0.2）～（36.8±0.4）℃和（7.2±0.3）～（37.2±0.2）℃。模拟的热浪的平均升温幅度为较对照组高（5.6±0.8）℃。

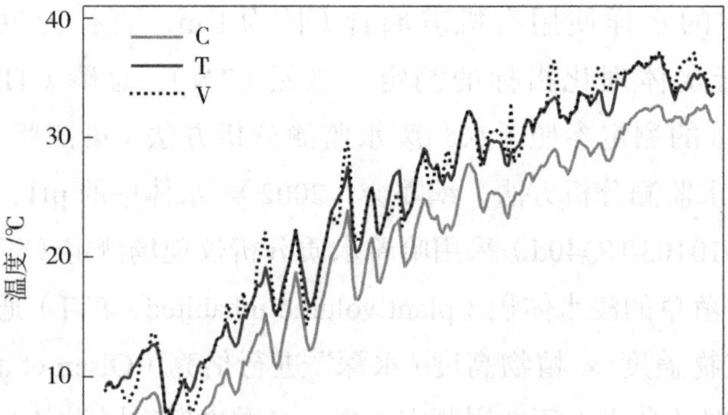

图 6-7　3 种温度处理（常温：C，P；固定升温：T，T+P；波动升温：V，V+P）在实验期间（2018 年 1—8 月）的日均水温变化（每个温度处理 12 个重复）

实验系统中磷添加导致水体中总磷浓度的显著升高，且在升温与磷添加的交互作用下，T+P 组和 V+P 组的可溶性磷酸盐含量高于其他组（表 6-1）。此外，在升温条件下，水体电导率较常温条件件有所升高（表 6-1）。

表 6-1 实验期间（2018 年 1—8 月）模拟系统中的水体基本理化指标均值（n = 192，数据以均值 ± 标准误的方式表示）

	总氮 /（mg/L）	总磷 /（mg/L）	可溶性磷 /（mg/L）	溶解氧 /（mg/L）	pH	电导率 /（μS/cm）
C	0.694±0.054	0.062±0.007	0.012±0.002	8.25±0.83	8.92±0.22	206.6±4.2
T	0.847±0.063	0.069±0.007	0.014±0.002	8.19±0.71	9.01±0.17	233.7±4.8
V	0.790±0058	0.070±0.009	0.015±0.003	8.05±0.75	8.92±0.18	236.8±6.2
P	0.724±0.060	0.078±0.007	0.012±0.002	8.18±0.89	9.05±0.22	207.6±4.7
T+P	0.852±0.060	0.095±0.010	0.029±0.004	7.03±0.67	9.08±0.17	233.5±5.0
V+P	0.799±0.066	0.084±0.008	0.024±0.004	8.81±0.64	9.20±0.16	234.1±4.5

在冬春季，所有处理的水体叶绿素 a 浓度均处于较低水平（图 6-8）。在冬季，虽然各处理组的水体叶绿素 a 浓度均较低，但在磷营养盐添加的处理中水体叶绿素 a 的均值为（4.57±0.37）μg/L，而未加磷的各处理组水体叶绿素 a 的均值仅为（2.69±0.24）μg/L，磷营养盐的添加显著升高了水体叶绿素 a 浓度（图 6-8，表 6-2）。在春季，升温与磷添加及其交互作用均未对水体叶绿素 a 浓度产生显著影响（表 6-2）。在夏季，除对照组外，各实验组的水体叶绿素 a 水平均有较大幅度升高，升温与磷添加及二者间的交互作用均对水体叶绿素 a 浓度有显著影响，且在升温处理中，水体叶绿素 a 浓度较常温处理提前约 1 个月产生升高趋势（图 6-8，表 6-2）。

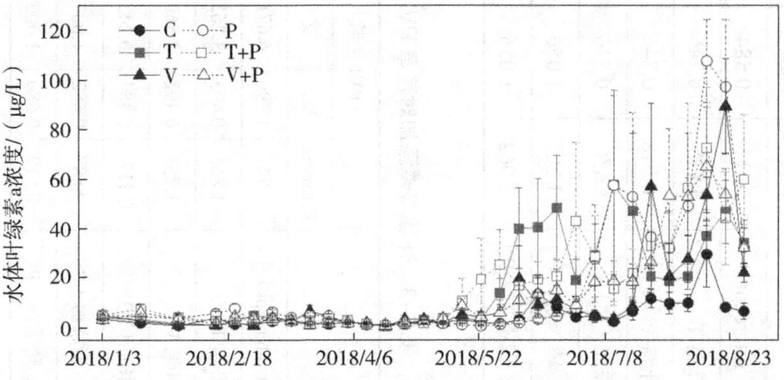

图 6-8 实验系统中水体浮游植物叶绿素 a 的变化趋势（n = 6）误差线表示 ± 标准误

表 6-2 升温与磷添加对水体叶绿素 a 浓度影响的统计分析（粗体字表示差异显著）

	冬季（Winter）				春季（Spring）				夏季（Summer）			
	Estimate	SE	*Z*	*P*	Estimate	SE	*Z*	*P*	Estimate	SE	*Z*	*P*
截距（Intercept）	2.411	0.584	**4.126**	**<0.001**	2.184	0.979	**2.231**	**0.029**	9.340	6.273	1.489	0.144
升温 T	0.835	0.746	1.118	0.265	1.120	1.195	1.004	0.316	26.273	6.654	**3.948**	**<0.001**
升温 V	−0.018	0.746	−0.025	0.980	1.565	1.191	1.315	0.189	16.555	6.654	**2.488**	**0.013**
磷添加（P）	2.676	0.746	**3.585**	**<0.001**	0.543	1.187	0.457	0.648	30.087	6.654	**4.522**	**<0.001**
升温 T× 磷添加（P）	−1.301	1.056	−1.232	0.219	2.318	1.687	1.374	0.170	−25.946	9.410	**−2.757**	**0.006**
升温 V× 磷添加（P）	−1.062	1.056	−1.006	0.316	−0.906	1.681	−0.539	0.590	−25.045	9.410	**−2.661**	**0.008**

表 6-3 升温与磷添加对菹草 PVI 指数，花期物候（始花日期，盛花日期，花期长度）影响的统计分析（粗体字表示差异显著）

	PVI 指数				始花日期（First flowering date）				峰花日期（Peak flowering date）				花期长度（Flowering duration）			
	Estimate	SE	*Z*	*P*	Estimate	SE	*Z*	*P*	Estimate	SE	*Z*	*P*	Estimate	SE	*Z*	*P*
截距（Intercept）	11.941	1.790	**6.671**	**<0.001**	4.483	0.043	**103.304**	**<0.001**	4.576	0.041	**110.500**	**<0.001**	3.128	0.085	**36.615**	**<0.001**
升温 T	−1.861	0.495	**3.762**	**<0.001**	−0.183	0.064	**−2.849**	**0.004**	−0.132	0.061	**−2.175**	**0.030**	0.070	0.112	0.593	0.553
升温 V	−1.751	0.492	**3.560**	**<0.001**	−0.223	0.065	**−3.421**	**<0.001**	−0.194	0.062	**−3.154**	**0.002**	0.123	0.117	1.053	0.292
磷添加（P）	0.117	0.484	0.242	0.809	0.011	0.061	0.184	0.854	0.040	0.058	0.696	0.487	0.014	0.120	0.120	0.904
升温 T× 磷添加（P）	−0.687	0.682	1.007	0.314	0.007	0.091	0.074	0.941	−0.010	0.085	−0.112	0.911	−0.070	0.169	−0.417	0.676
升温 V× 磷添加（P）	−0.679	0.680	1.000	0.317	0.017	0.092	0.181	0.856	0.020	0.086	0.236	0.814	−0.123	0.168	−0.736	0.462

6.3.3 繁殖体的碳、氮元素化学计量学特征

在本章的实验中，石芽的总碳含量受到升温的显著影响，升温组的石芽总碳含量较常温组均有所下降［图 6-9（a）］；磷添加以及升温与磷添加的交互作用均未对石芽总碳含量产生影响。多重比较未发现各处理组与对照组之间的显著性差异［Tukey HSD，$p>0.05$；图 6-9（a）］。在石芽的总氮方面，石芽总氮含量受到升温、磷添加以及二者间交互作用的显著影响。与对照组相比，常温加磷组与波动升温加磷组的总氮含量显著下降，波动升温组与固定升温加磷组的总氮虽有下降但未产生显著性差异［Tukey HSD，图 6-9（c）］。在石芽的碳氮比方面，石芽的碳氮比受到磷添加以及磷添加和升温交互作用的影响。磷添加提高了石芽的碳氮比，常温加磷组的石芽碳氮比要显著高于对照组［Tukey HSD，$p<0.01$；图 6-9（e）］；固定升温加磷组与波动升温加磷组的石芽碳氮比要显著高于对照组，但显著低于常温加磷组［Tukey HSD，图 6-9（e）］。

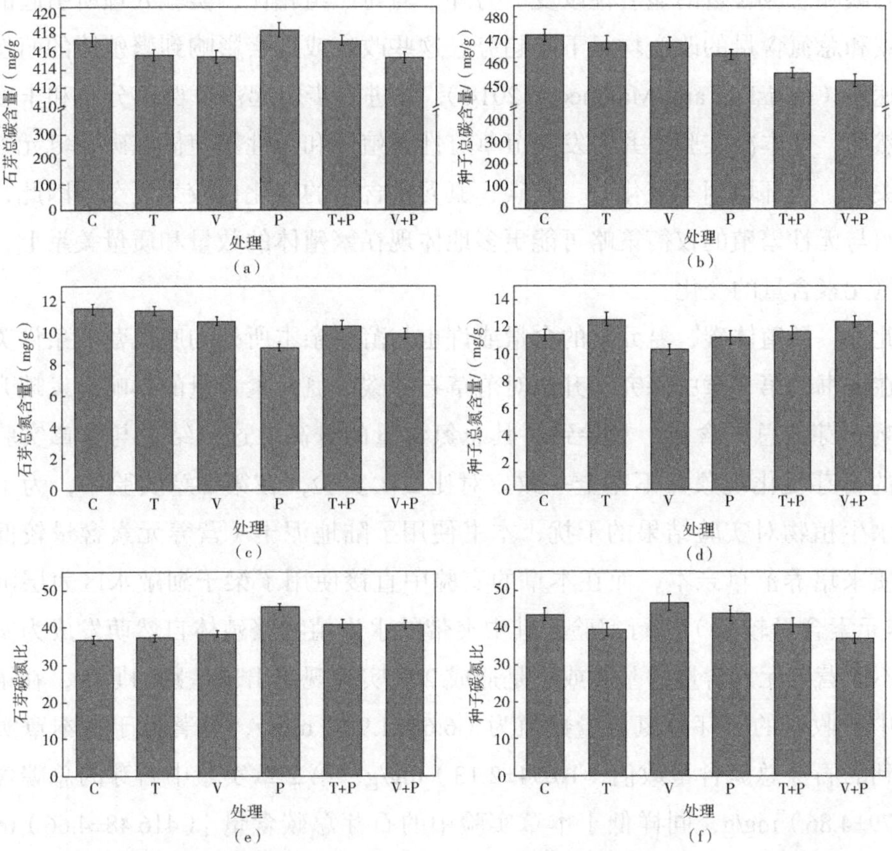

图 6-9 菹草在不同处理中产生的石芽（a、c、e）与种子（b、d、f）的总碳、总氮含量及碳氮比（误差线表示 ± 标准误）

种子碳、氮元素含量的变化规律与石芽并不一致。种子的总碳含量受到升温与磷添加的显著影响，升温与磷添加均造成了种子总碳含量的下降，但这两个因素未产生显著的交互作用。与对照组相比，固定升温加磷组与波动升温加磷组的种子总碳含量均显著下降［Tukey HSD，$P<0.05$；图 6-9（b）］；其余 3 个实验组的总氮含量较对照组也有所下降，但未产生显著性差异［Tukey HSD，$p>0.05$；图 6-9（b）］。种子的总氮含量以及碳氮比均仅受到升温与加磷交互作用的影响，但随后的多重比较均未发现各实验组与对照组间的显著性差异［Tukey HSD，$p>0.05$；图 6-9（d）和图 6-9（e）］。

对于菹草繁殖体的碳、氮元素含量，本章实验的研究结果表明，有性和无性繁殖体或许容易受到升温以及富营养化等环境因素变化的影响。但有性繁殖体（种子）与无性繁殖体（石芽）在面对相同的环境因素变化时，其碳、氮元素含量的变化并不一致。例如，本章实验中的磷添加更容易引起种子总碳含量的变化；而对于石芽，磷添加更易引起其总氮含量的改变。在本章实验中，单独的升温并未引起繁殖体总碳和总氮含量的显著性改变。另外，与对照组相比，实验处理所引起的繁殖体总碳和总氮含量的改变均呈下降趋势。这些改变或许会影响到繁殖体的萌发率和萌发速率（Caliskan and Makineci，2014），并进一步引起菹草群落分布和丰度的改变。然而，在本次实验中并未发现菹草有性繁殖体和无性繁殖体在碳、氮元素分配上的关联，当环境因素变化时，其碳、氮元素含量的变化也较为复杂。因此，其有性繁殖与无性繁殖的权衡策略可能更多地体现在繁殖体的数量和质量关系上，而非碳、氮元素含量的变化。

此外，繁殖体碳、氮元素的含量或许也与菹草亲本所处的底泥营养条件关系密切。在本书的第 2 章中探究了升温对菹草石芽碳、氮元素含量的影响，发现升温并未影响石芽的总碳含量，却导致了其总氮含量的升高。这一结果与本章实验中观测到的石芽变化现象并不完全一致。对比 2 次实验，在第 2 章实验中，为了排除其他水生植物对实验结果的干扰，本书使用了陆地泥土（营养元素含量较低）作为基质来培养菹草亲本，而在本章的实验中直接使用了梁子湖敞水区表层沉积物（营养元素含量较高）进行实验，其中夹带的水生植物繁殖体自然萌发成为实验材料。不同营养元素含量的基质或许是造成 2 次实验现象出现差别的原因，在第 2 章实验中所收获的石芽总氮含量数值为（6.63±1.99）mg/g，显著低于在本章实验中收获到的石芽总氮含量数值（10.54±2.13）mg/g；第 2 章实验中石芽的总碳含量为（404.79±4.86）mg/g，同样低于本章实验中的石芽总碳含量［（416.48±4.66）mg/g］。且已有研究资料报道，升温对水生植物器官化学计量学方面的影响与底泥的营养状况有关，在不同营养状况的底泥中，升温导致的水生植物碳、氮元素含量的改变并不一致（Velthuis et al.，2017）。因此，在特定的状态下，升温引起的菹草繁殖体碳、氮元素含量的变化可能是独特的。

6.4 菹草生长与花期物候及有性繁殖

6.4.1 菹草生长的 PVI 指数变化特征

升温处理的菹草于实验早期（冬季）便开始了快速生长，其 PVI 指数在 3 月末便达到峰值，并于 5 月初开始下降，表明菹草开始衰退；而常温处理的菹草生长较为缓慢，其 PVI 指数在 4 月中下旬达到峰值，并于 5 月下旬开始产生下降趋势，由此可见，升温显著导致菹草的生长和衰退时间的提前（图 6-10）。在本次实验中，菹草生长周期的变化仅与温度因素相关，未发现磷添加及升温与磷添加的交互作用对菹草的 PVI 指数产生显著影响。此外，菹草的 PVI 指数在固定升温处理与波动升温处理之间也未产生显著性差异（$p > 0.05$），其变化趋势基本一致（图 6-10）。

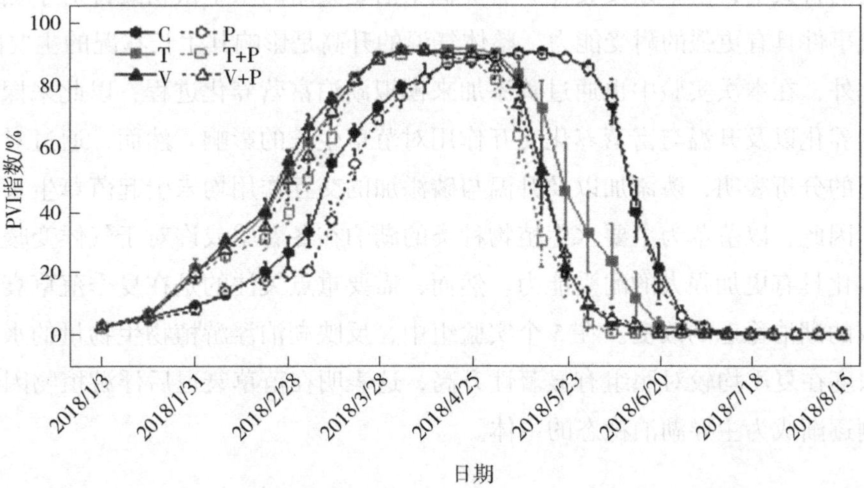

图 6-10 实验期间不同处理中菹草 PVI 指数的变化趋势（n=6）误差线表示 ± 标准误

在本章的实验中，所有处理的菹草均在相同环境中同一时间萌发，在随后的温度控制试验中，升温处理显著促进了菹草的生长。这一结果与前人的研究较为一致，然而，与 Rooney 和 Kalff（2000）的研究不同的是，本书结果仅表现出生长速度的加快，并未因为升温导致更长的生长季节，这或许与研究对象的生活史特征不同有关。前人的研究表明，菹草会在湖泊水温达到 10～15℃时快速生长，在本研究当中，升温处理在 2 月即可到达该水温范围，其与菹草快速生长的阶段较为一致。生长速度的加快以及生长季节的提前可以促使菹草更加快速的生长到水面，从而在较早阶段获取到对光照的竞争优势，这或许能够令菹草在冬春季发挥更大的维持湖泊清水状态的作用。而在另一方面，所有升温处理的菹草均出现了提前衰退的趋势，变暖也导致了菹草整个生命周期的缩短。某些研究发现，菹草更加适宜在环境水温不超过25℃的水体中生长，当环境水温超过30℃时，菹草便开始产生衰退趋势（任久长等，1997）。在某项升温对菹草影响的研究中，4.5℃的升温幅度造成了菹草的高死亡率，并同样出现了菹草提前衰亡的现象（Hao et al.，2018）。在本书的升温处理中，环境水温在4月下旬便已超过了30℃，这或许是造成菹草提前衰退的主要原因。

在本次实验中，共设计了2种升温模式，固定升温4℃以模拟20世纪末的温度状况，在固定升温的基础上添加0～8℃的波动升温以模拟20世纪末的热浪事件。这2种升温模式下菹草的生长状况较为一致，并未产生明显差异，这或许与菹草独特的生活史策略相关。菹草于秋季萌发并于冬春季生长，其早期生长季节的环境温度较低。因此，在实验当中即使进行了恒定升温基础上8℃的极端升温，也并未在菹草生长的早期阶段超出其最适宜生长的温度范围。这一研究结果也表明在气候变暖的背景下，菹草以及其他具有类似生活史策略的水生植物或许对于热浪等极端天气事件具有更强的耐受能力，整体气温的升高是影响其生长状况的主要因素。

此外，在本次实验中也通过磷添加来模拟湖泊富营养化进程，以此来探究湖泊磷富营养化以及升温与富营养化交互作用对菹草生长的影响。然而，通过对菹草生长状况的分析表明，磷添加以及升温与磷添加的交互作用均未引起菹草生长状况的改变。因此，以菹草为主要水生植物种类的湖泊在冬春季或许对于气候变暖与湖泊富营养化具有更加强大的耐受能力。然而，需要重点关注的是在夏季菹草衰退之后所导致的湖泊稳态的改变。在5个实验组中，反映湖泊浮游植物生物量的水体叶绿素a浓度在夏季均较对照组有显著性升高，这表明在菹草衰退后浮游植物因缺乏竞争抑制逐渐成为主导湖泊稳态的主体。

6.4.2 升温与磷添加对菹草的花期物候及有性繁殖的影响

在菹草开花期间，其水面枝条数未受到实验处理因素的影响（Scheirer-Ray-Hare test；升温因素：$H = 2.806$，$p = 0.246$；磷添加：$H =2.649$，$p=0.104$；升温与磷添加的交互作用：$H = 0.821$，$p = 0.663$）。在本次实验中，升温显著促进了菹草开花物候的提前，固定升温组的花期开始与结束的时间分别为3月11日和4月9日，波动升温组花期开始与结束的时间分别为3月10日与4月9日，而对照组则于3月27日开始开花，4月25日结束（图6-11）。与常温处理相比，固定升温处理（T组和T+P组）始花日期平均提前14.7 d，波动升温处理（V组和V+P组）

始花日期平均提前 17.2 d，且峰花日期也因升温而提前（图 6-11）。此外，升温导致菹草花序峰值降低，相对于对照组，固定升温组与波动升温组平均花序峰值数目分别减少了 17 个与 27 个（图 6-11）。在菹草整个花期内，常温处理的日均水温均值为 20.18℃（日均水温变化范围为 16.47～23.89℃），固定升温处理的日均水温均值为 21.18℃（日均水温变化范围为 15.87～27.53℃），波动升温处理的日均升温均值为 21.02℃（日均水温变化范围为 14.35～29.60℃）。尽管升温导致了菹草整个花期物候的提前，但升温处理的花期持续时间却未与常温处理产生显著性差异。另外，相对于未添加磷的处理，加磷处理的峰花日期平均延迟 3.9 d［图 6-11，图 6-12（b）］，且花期持续时间平均缩短 1.3 d［图 6-12（c）］，但统计分析并未发现磷添加对菹草花期物候的显著影响（表 6-3）。

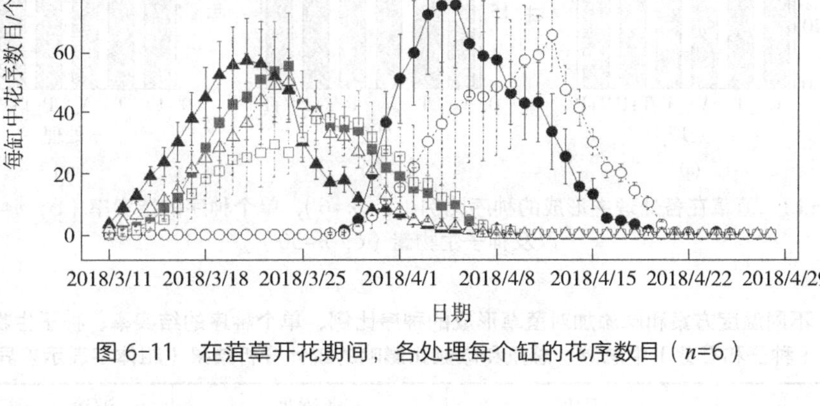

图 6-11　在菹草开花期间，各处理每个缸的花序数目（n=6）

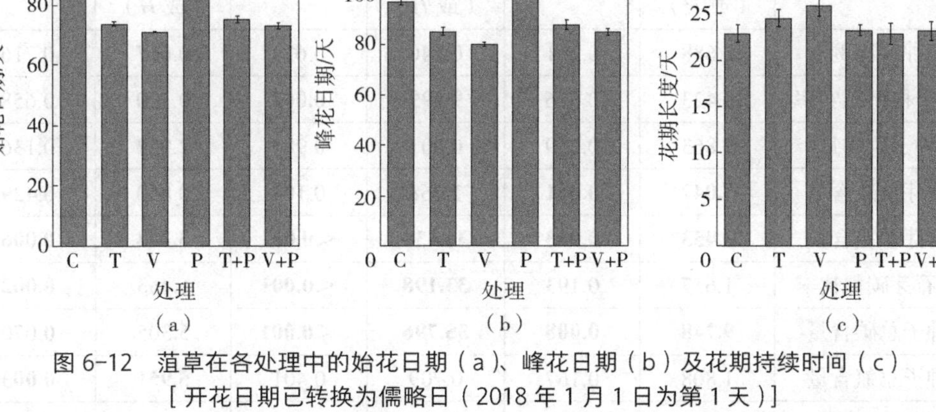

图 6-12　菹草在各处理中的始花日期（a）、峰花日期（b）及花期持续时间（c）
［开花日期已转换为儒略日（2018 年 1 月 1 日为第 1 天）］

在果序形成方面，与对照组相比，固定升温组与波动升温组的果序比例分别减少了 12.16% 和 31.39%；在加磷处理中，升温同样导致了果序比例的减少，相较于常温加磷组，固定升温加磷组与波动升温加磷组的果序比例分别减少了 13.30% 和 27.50% [图 6-13（a）]。尽管升温造成了果序比例的大量减少，但在之后的统计检验中却未发现显著性的差异（表 6-4）。另一方面，磷营养元素的添加显著提高了单个果序的结实率 [图 6-13（b）]，然而进一步的多重比较（Tukey HSD）却未发现各组之间的显著性差异。最后，菹草种子的质量未受到升温、磷添加以及这 2 个因素交互作用的影响 [图 6-13（c）]。

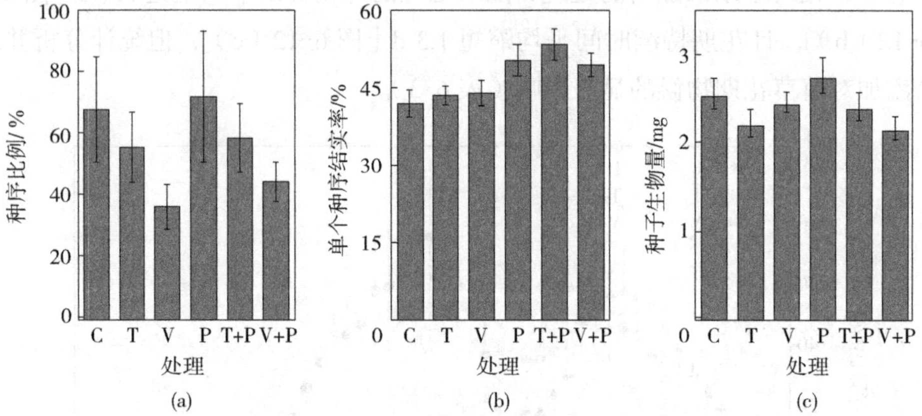

图 6-13　菹草在各处理中形成的种序比例（a；n=6）、单个种序的结实率（b；n=30）以及种子生物量（c；n=30）

表 6-4　不同温度方案和磷添加对菹草形成的种序比例、单个种序的结实率、种子生物量以及繁殖体（种子和石芽）中总碳、总氮和碳氮比影响的统计分析结果（粗体字表示差异显著）

	温度		磷添加		温度 × 磷添加	
	F（或 H）	P	F（或 H）	P	F（或 H）	P
种序比例	2.688	0.261	0.240	0.624	0.667	0.716
单个种序结实率	0.423	0.656	**9.599**	**0.002**	0.420	0.658
种子生物量	2.863	0.059	0.001	0.981	2.022	0.136
石芽总碳含量	**7.047**	**0.001**	2.668	0.104	0.850	0.429
石芽总氮含量	**3.453**	**0.033**	**36.439**	**<0.001**	**5.244**	**0.006**
石芽碳氮比	1.657	0.193	**33.198**	**<0.001**	**6.463**	**0.002**
种子总碳含量	**9.748**	**0.008**	**35.796**	**<0.001**	5.305	0.070
种子总氮含量	1.808	0.167	0.709	0.401	**5.951**	**0.003**
种子碳氮比	1.965	0.143	3.093	0.080	**5.623**	**0.004**

气候变化能够在群落水平上改变植物的繁殖物候，且实验研究与实地观测研究均已发现，气候变暖对开花植物花期的影响与它们的开花时间密切相关（Gillespie et al.，2016）。在某些针对陆生开花植物的研究当中，通常根据所研究对象的开花时间将其划分为早花种类（early-flowering species，于夏季高温到来前开花）和晚花种类（late-flowering species，于夏季高温到来后开花），且早花种类与晚花种类对变暖、融雪、日长等因素变化的响应有所不同（Gillespie et al.，2016）。无论是模拟变暖实验研究，还是长期的实地观测研究，均已发现陆生早花种类的开花期因变暖而提前（Gillespie et al.，2016）。然而，对于水生植物花期物候的观测资料较少。在本章的研究当中，一方面，升温导致了菹草开花期的显著提前，而菹草于春季开花，符合陆生开花植物早花种类的判定，这或许表明气候变化对水生植物花期的影响也与其开花时间有关。菹草作为一种水生沉水植物，其开花方式却为水面开花，花序需露出水面。而在对菹草的生长观测中，菹草 PVI 指数反映出其生长速度的加快，这或许是导致菹草花期物候提前的因素之一。升温加快了菹草生长速度，促使菹草枝条更快地生长到水面，形成利于其开花的条件。另一方面，升温也可能促进了早花种类繁殖组织的发育，从而导致菹草开花期提前。升温虽然导致菹草的整个开花物候提前，但其整个花期长度并未出现显著的缩短或者延长，仍与常温处理较为一致。在关于陆生开花植物的研究当中发现，实验因素虽导致了某些陆生植物始花日期及峰花日期的改变，但花期长度却并未因此改变（Rosa et al.，2015；Gillespie et al.，2016；Semenchuk et al.，2016），这也与本次实验对水生植物的研究结果相似。

在本次实验中并未发现磷添加对菹草开花时间有影响。然而，在某些陆生开花植物的研究中，研究者发现向植物培养基质中添加磷也能够导致陆生植物的开花期提前（Petraglia et al.，2014）。与陆生植物不同的是，水生植物所处的环境更为复杂，水体中存在的附着藻类以及浮游植物均能吸收水体中的磷营养盐。一些研究发现，水体中的附着藻类尤其是丝状藻对水体中的磷营养盐具有强大的吸收能力，这也可能减弱了向水体中添加磷对水生植物的直接影响。

在种子的形成方面，虽然种序比例的统计分析结果未发现显著性差异，但值得注意的是，升温处理尤其是波动升温一定程度上降低了菹草枝条形成种序的数量，而其缺乏显著性差异的原因可能是由于较大的组间差异造成的。菹草兼具有性繁殖与无性繁殖两种繁殖方式，其无性繁殖对于种群的短期扩散与维持具有重要意义，而有性繁殖通常被认为在物种的长期延续、远距离扩散以及极端事件过后的群落恢复方面发挥重要作用（Li，2014）。已有研究发现，在经历过极端干旱条件之后，菹草的种子仍具备萌发能力，而其石芽却因不能耐受缺水条件而失去活力。已有研究者分别在其各自的研究论文中阐述了种子库对于重建濒危水生植物群落的重要性（Kaplan et al.，2014）。本次实验的结果显示升温尤其是波动升温将会降低菹草的有性繁殖投入，结合在其他研究资料中报道的升温波动明显抑制了沉水植物穗花狐尾藻（*Myriophyllum spicatum*）的有性繁殖能力（Li et al.，2017），且在未来百年全球气温将会持续上升，热浪等极端高温事件也将会更加频繁（Zhou et al.，2014；Guo et al.，2017），沉水植物的有性繁殖应当受到更多的关注。

升温虽降低了菹草形成种序的比例，但其单个种序的结实率却并未受到升温的影响。而磷添加虽对花期物候的影响较小，却显著提高了菹草单个种序的结实率。Wookey 等（1995）在对陆生植物仙女木（*Dryas octopetala*）的研究中发现，外源营养添加提高了每朵花的种子数量。在对陆生植物的研究当中，营养、光照、温度以及海拔等环境因素对种子形成数量的影响已得到了广泛的讨论（Straka and Starzomski，2015）。而在水生植物领域，仍缺乏相关研究资料。

在种子质量方面，本书中未观察到不同实验处理产生的影响。有研究资料认为，种子质量是植物繁殖方面最缺乏可塑性的性状，其不易受到环境因素变化的影响。但也有资料表明，植物种子对环境因素变化的响应与植物种类有关，例如，提高环境 CO_2 浓度会降低红雀麦（*Bromus rubens*）种子的质量，但却未引起澳扁芒草（*Austrodanthonia caespitosa*）种子质量的改变。此外，Sims 等（2012）在对沼生菰（*Zizania palustris*）的研究中发现，单独的磷添加并未引起种子总质量的变化，但在处理中既添加磷又添加氮后，种子总质量升高，这说明单一营养盐的作用可能不会引起种子质量的改变，但营养盐之间的相互作用会引起种子质量的变化。

沉水植物往往从底泥中直接获取它们所需要的营养元素，但也有研究表明，当水体中的磷营养盐含量较高时，沉水植物也可从水体中直接获取磷营养盐。在本章的研究当中，水体磷添加仅提高了菹草种序的结实率，而未对种植质量及花期物候产生影响。在水体富营养化进程中，菹草单个种序的结实率提高，其有性繁殖的投入增加，提高了种群的遗传多样性，这或许对于菹草在应对湖泊富营养化带来的挑战下实现种群的长期延续更加有利。

6.5 结论

（1）不同母体升温模式环境下产生的菹草石芽在形态、化学计量学特征及萌发等方面的研究结果表明：不同的升温模式对菹草产生的子代石芽湿重无显著影响，但是较高幅度的升温显著促进了石芽长度和宽度的增加；子代石芽的化学计量学特征表明，母代高幅度的升温会导致菹草子代石芽总氮含量显著升高，同时碳氮比显著下降；母体升温环境对菹草子代石芽的萌发速率及幼苗生长有一定程度的促进作用。综上所述，菹草母体环境温度的升高显著影响了子代石芽的形态、化学计量学特征及萌发情况。

（2）不同温度模式与富营养化对水体环境特征、菹草生长和繁殖物候的研究结果表明：升温加快了菹草的生长和衰退，这或许更有利于菹草在冬季和早春维持湖泊清水状态，但其衰退的提前也将使湖泊在夏季更早地转变为浊水状态；与对照组相比，固定升温与波动升温分别导致始花日期提前 14.7 d 和 17.2 d，同时峰花日期也显著提前，但并未引起 2 种升温模式下花期持续时间的变化。然而，磷添加虽延迟峰花日期 3.9 d，并略微缩短了加磷处理的花期长度，但与对照组相比并未产生显著性差异此外，升温减少了菹草花序峰值，与对照组相比，固定升温组与波动升温组花序峰值数目分别平均减少了 17 个与 27 个。

（3）不同温度模式与富营养化对菹草繁殖动态影响的研究结果表明：一方面，升温条件下菹草通过减少形成的果序数量降低了有性繁殖，尤其是在波动升温条件下更为显著，这表明在应对气候变暖时菹草的繁殖策略可能会发生改变；另一方面，在磷添加条件下，菹草单个果序的结实率升高，表明其有性繁殖的投入增加，这一转变可能更有利于提高种群在应对富营养化等环境因子变化的影响。

（4）在繁殖体的化学计量学方面，升温与磷添加导致了种子和石芽的碳、氮元素含量发生了变化。2 种升温模式下的石芽总碳含量较对照组均有所下降；而升温与磷添加均造成了种子总碳含量的下降。与对照组相比，磷添加显著降低了石芽总氮含量；有性繁殖体种子总氮含量在固定升温组中有所升高，而波动升温组却呈现出下降趋势。在繁殖体的碳氮比方面，水体中磷含量的增加导致石芽的碳氮比升高；然而，磷添加与升温的交互作用却使石芽碳氮比下降。另外，种子的碳氮比则在波动升温组中最高。通过本书研究发现，菹草无性与有性繁殖体碳、氮元素的变化较为复杂，除受到水体中温度与营养水平改变的影响外，其他环境因素（如沉积物营养水平）也可能对营养物质在繁殖体中的分布特征产生影响。

第7章　不同组织沉水植物凋落物的分解及分解相关微生物对模拟气候变暖的响应

沉水植物是水生食物网的重要基础，在维持湖泊生态系统的功能和生物多样性等方面起着至关重要的作用。菹草是一种世界广布的多年生沉水植物，已有研究表明气候变暖能加快菹草的生长和衰退，使湖泊在夏季更早转变为浊水状态（Xu et al.，2020），其残体在水体中的腐烂分解有可能对水体造成"二次污染"，该过程将如何受到气候变暖的影响还尚未有明确定论。分解是连接营养循环、能量转移的重要生态系统过程之一（Migliorini and Romero，2020），这是由生物和非生物因素共同控制的物理化学反应（Dong et al.，2021）。植物组织中的不同的化合物以不同的速度分解，在分解的过程中，易分解的营养物质迅速减少，而难分解的化合物相对增加（Purahong et al.，2016）。

分解强烈依赖于温度，较高的水温可以通过增加可溶性化合物的浸出和加快微生物的生长和繁殖来促进凋落物的分解。一项有关分解的元分析报告指出，在气候变暖的影响下，未来50年内，分解速率预计将上升13.6%～26.4%（Mori et al.，2020）。凋落物的分解在很大程度上是由定殖于植物残体上的微生物主导的，互惠移植实验表明，微生物群落组成不仅影响了分解速率，而且对降解化合物的类型有较小但是显著的影响，从而影响碳储存（Glassman et al.，2018）。水生生态系统的许多研究都报告了气候变暖对凋落物分解的总体积极影响，这可能是通过高温对微生物降解的刺激引起的（Ferreira and Canhoto，2014）。

7.1　材料与方法

7.1.1　凋落物袋法的设计

采用凋落物袋法测定了沉积物表面大型植物凋落物的微生物分解。2019年4月，从梁子湖采集菹草作为接种物，将植物的叶和茎分离，在60℃下干燥至恒重。本研究所需要的材料均在同一天采集，并在同一时期处理保存，以减少因采集时间引起的凋落物质量变化。凋落物袋的尺寸为10cm×6cm，网眼大小为40目，称取每个凋落物袋的初始重量并记录，每个袋中放入干重 0.5g 的茎或叶。5 月 1 日将所有准备的凋落物袋放入控制系统中，为校正凋落物袋上可能的附着植物生长，在中观中悬挂空袋作为对照。

7.1.2 样品的采集

实验于 2019 年 5—7 月开展，水体理化指标的测定为每月 1 次，分析方法与实验一致。

自凋落物袋投放之日起，7 d，15 d，30 d，45 d，60 d 后，分别从每个实验缸中取 2 个含有叶，2 个含有茎和 1 个对照网袋。将其中一个茎袋、叶袋和空袋置于 60℃的烘箱中烘干至恒重，用含有空袋的重量减少量来校正对照凋落物袋的重量增加量。选择在第 30 天收集的茎、叶凋落物袋，使用无菌水浸湿的无菌棉签擦拭凋落物的整个表面，然后放到 15 mL 的离心管中保存，在 -80℃下贮存直至提取 DNA。

7.1.3 DNA 提取、PCR 和测序

根据制造商的说明步骤，使用 MOBIO PowerWater® DNA 分离试剂盒（Mobio，美国）提取、纯化水体和沉积物样本的基因组 DNA，使用 FastDNA® Spin Kit for Soil（MP Biomedicals）试剂盒提取凋落物表面微生物。使用引物 338F（5′-ACTCCTACGGGAGGCAGCAG-3′）和 806R（5′- GGACTACHVGGGTWTCTAAT-3′）对细菌 16S rRNA 基因进行 PCR 扩增。按指定测序区域，合成带有 barcode 的特异引物，为了保证后续数据分析的准确性以及可靠性，需要满足两个条件：①尽可能使用低循环数扩增；②保证每个样本扩增的循环数一致。随机选取有代表性的样本进行实验后，本实验样品均按 29 个循环进行扩增，以确保绝大多数样本都能扩增出浓度合适的产物。PCR 采用 TransGen AP221-02：TransStart Fastpfu DNA Polymerase，PCR 仪：ABI GeneAmp® 9700 型；全部样本按照正式实验条件进行，每个样本 3 个重复，将同一样本的 PCR 产物混合后用 2% 琼脂糖凝胶电泳检测，使用 AxyPrepDNA 凝胶回收试剂盒（AXYGEN 公司）切胶回收 PCR 产物，Tris-HCl 洗脱；2% 琼脂糖电泳检测。参照电泳初步定量结果，将 PCR 产物用 QuantiFluor™ -ST 蓝色荧光定量系统（Promega 公司）进行检测定量，之后按照每个样本的测序量 Miseq 文库构建：①通过 PCR 将 Illumina 官方接头序列添加至目标区域外端；②使用凝胶回收试剂盒切胶回收 PCR 产物；③ Tris-HCl 缓冲液洗脱，2% 琼脂糖电泳检测；④氢氧化钠变性，产生单链 DNA 片段。试剂：TruSeqTM DNA Sample Prep Kit；Miseq 测序：① DNA 片段的一端

与引物碱基互补，固定在芯片上；②以DNA片段为模板，芯片上固定的剪辑序列为引物进行PCR合成，在芯片上合成目标待测DNA片段；③变形、退火后，芯片上DNA片段的另一端随机与附近的另外一个引物互补，也被固定住，形成“桥”（bridge）；④PCR扩增，产生DNA簇；⑤DNA扩增子线性化成为单链；⑥加入改造过的DNA聚合酶和带有4种荧光标记的dNTP，每次循环只合成一个碱基；⑦用激光扫描反应板表面，读取每条模板序列第一轮反应所聚合上去的核苷酸种类；⑧将“荧光基团”和“终止基团”化学切割，恢复3’端黏性，继续聚合第二个核苷酸；⑨统计每轮收集到的荧光信号结果，获知模板DNA片段的序列。

7.1.4 序列降噪、OTU聚类

根据PE reads之间的overlap关系，将成对的reads拼接成一条序列，同时对reads的质量和拼接的效果进行质控过滤，根据序列首尾两端的barcode和引物序列区分样品得到有效序列，并校正序列方向，即为优化数据。数据去杂方法和参数：①过滤reads尾部质量值20以下的碱基，设置50bp的窗口，如果窗口内的平均质量低于20，从窗口开始截去后端碱基，过滤质控后50bp以下的reads，去除含氮碱基的reads；②根据reads之间的overlap关系，将成对reads拼接成一条序列，最小overlap长度为10bp；③拼接序列的overlap区允许的最大错配比率为0.2，筛选不符合序列；④根据序列首尾两端的barcode和引物区分样品，并调整序列方向，barcode允许的错配数为0，最大引物错配数为2；使用软件为FLASH和Trimmomatic。

在97%的相似水平下，对所有序列进行OTU划分。软件平台：Usearch（version 7.0）。分析步骤如下：对优化序列提取非重复序列，便于降低中间过程冗余计算量，去除没有重复的单序列，按照97%相似性对非重复序列进行OTU聚类，在聚类过程中去除嵌合体，得到OTU的代表序列。为了得到每个OTU对应的物种分类信息，采用RDP classifier贝叶斯算法对97%相似水平的OTU代表序列进行分类学分析，对比数据库为16S细菌Silva 128数据库。软件及算法：Qiime平台，RDP Classifier，置信度阈值为0.7。

7.1.5 数据处理与分析

统计分析在R上进行，采用单因素方差分析（ANOVA）分析了不同季节和处理的环境理化性质和微生物多样性的差异，$p<0.05$为差异有统计学意义。使用典型对应分析（CCA）来确定环境变量的影响，使用“envif”函数进行999次置换排

序，选择有意义的变量（$p<0.05$）。然后使用 permutest 函数进行显著性检验。实验一中的数据集被分为水和沉积物两个子集，分别进行分析。在 OTU 水平上进行网络分析，选择总相对丰度大于 0.1% 的 OTU 来构建网络，降低计算的复杂性，并确保构建网络的可靠性。产生的相关性结果被导入 Gephi 平台，然后由 Frucherman Reingold 算法进行可视化。

7.2　实验结果

7.2.1　水体理化指标

在实验期间（2019 年 5—7 月，图 7-1 阴影区域），温度呈上升趋势。C 组温度范围在 18.83～29.03 ℃，T 组水温较 C 组高（3.91±0.03）℃，V 组相对于 C 组波动，升温幅度为（4.54±0.13）℃，实验期间共模拟了 3 次热浪温度，表明实验期间的温度控制达到了实验设计要求。如图 7-1 所示，2 种升温均导致各环境因子的升高，尽管总磷、硝态氮和叶绿素 a 浓度并未在处理组间检测到显著性差异，但是 T 组和 V 组中电导率和氨氮浓度显著高于 C 组，T 组溶解氧含量、pH 和总氮浓度显著高于 C 组，T 组磷酸盐浓度显著高于 C 组。

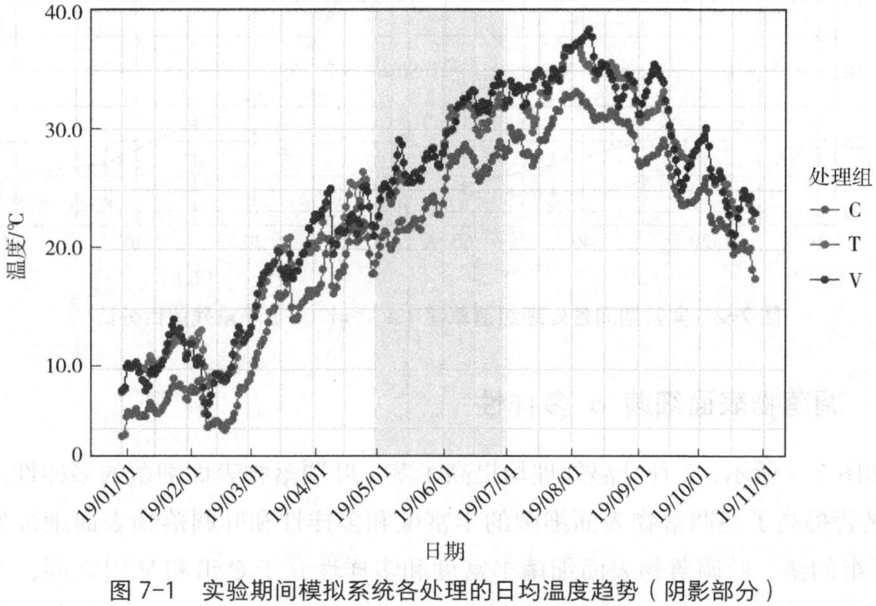

图 7-1　实验期间模拟系统各处理的日均温度趋势（阴影部分）

7.2.2 凋落物干重残留和分解速率

实验进行60 d后，对照茎、固定升温茎、波动升温茎、对照叶、固定升温叶、波动升温叶凋落物袋（后续统称为CS、TS、VS、CL、TL和VL）中分别损失了90.61%±0.07、98.41%±0.05、93.49%±0.05、86.74%±0.11、94.87%±0.02和96.34%±0.03（平均值±标准误）。如图7-1所示，固定升温和波动升温均在分解早期对凋落物损失有着显著的促进作用，分解进行一周时，TS、VS、TL、VL袋中凋落物干重几乎损失一半，而对照组则多用了一倍的时间达到同等的干重损失。T组和V组的凋落物干重残留在一个月后基本稳定，此时，凋落物分解速率几乎为0，而C组凋落物干重仍在持续损失，在分解末期6种凋落物袋中的干重残留量趋于一致，仅CL袋中残留率略高。基于Olson指数衰减模型，将干重损失转化为分解速率，分解速率在T组、V组中显著上升，且波动升温对叶分解速率有更高的促进作用（图7-2）。在同一处理中，凋落物的残留率和分解速率并没有表现出茎、叶组织上的显著差异（图7-2）。

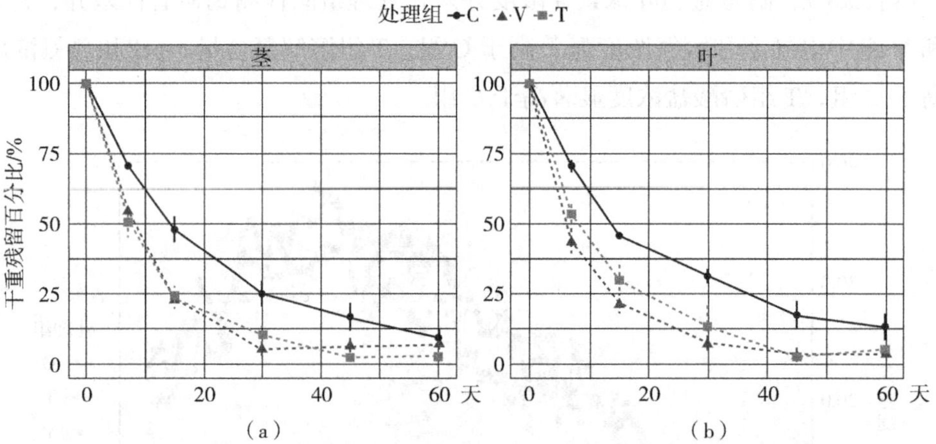

图7-2 实验期间各处理组菹草茎（a）、叶（b）干重残留百分比

7.2.3 凋落物表面细菌 α 多样性

如图7-3所示，2种升温处理均提高了茎、叶凋落物表面细菌的多样性。波动升温显著提高了茎凋落物表面细菌的丰富度和多样性和叶凋落物表面细菌的丰富度，T组的茎、叶凋落物表面细菌丰富度和多样性介于C组和V组之间，并未检测到显著性差异。

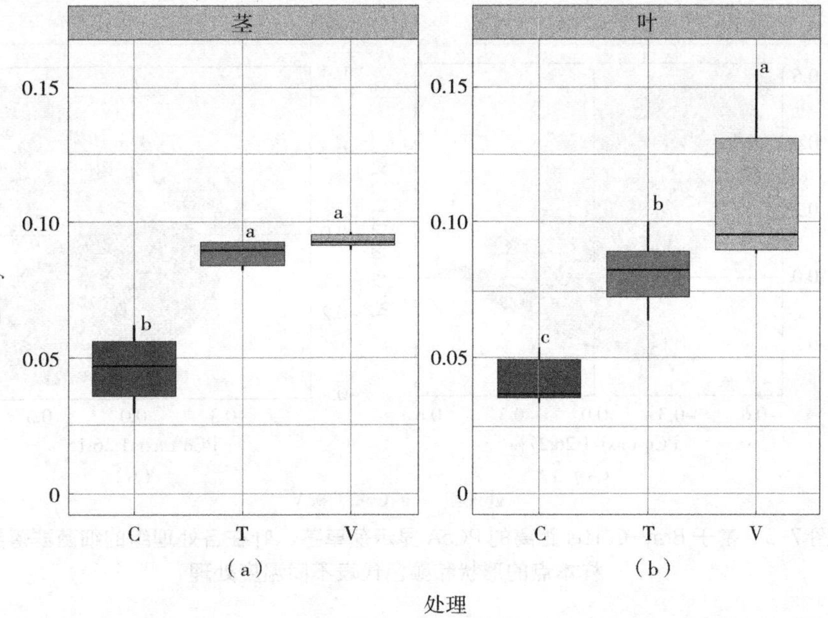

图 7-3　实验期间各处理组菹草茎、叶分解速率的比较。不同小写字母表示不同温度处理之间分解速率存在显著性差异（$p<0.05$）

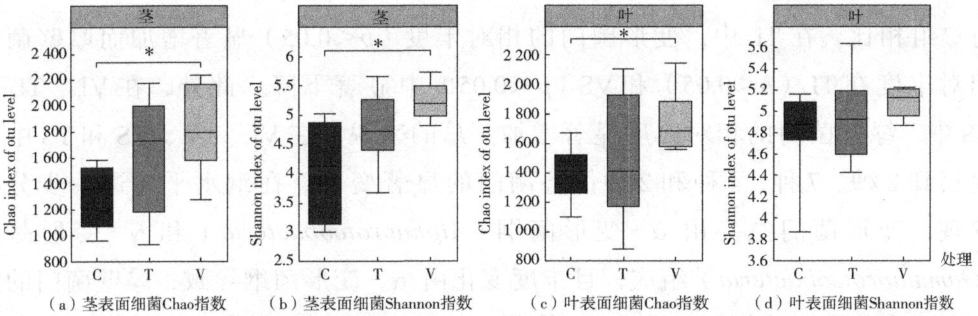

图 7-4　箱线图展示不同处理组的菹草茎、叶凋落物表面细菌多样性指数
* 表明处理组间有显著性差异（ANOVA，Tukey-HSD）

7.2.4　微生物群落组成

PCoA 分析图显示，茎、叶凋落物表面细菌群落明显按照温度处理聚类。对于茎凋落物，C 组样本的分组椭圆较大，沿第一和第二主轴分离，这表明 C 组细菌群落结构组内差异较大，而 T 组和 V 组则是 2 个大小和距离较为接近的小分组椭圆，组内样本点沿第一主轴分离而组间样本点沿第二主轴分离（图 7-5）。对于叶凋落物，C 组样本的分组椭圆较小，而 T 组和 V 组样本的分组椭圆较大，且 C 组与 T 组、V 分组椭圆没有重叠，表明升温改变了叶凋落物表面细菌群落结构，且升温处理组内细菌群落的变异性较大（图 7-5）。

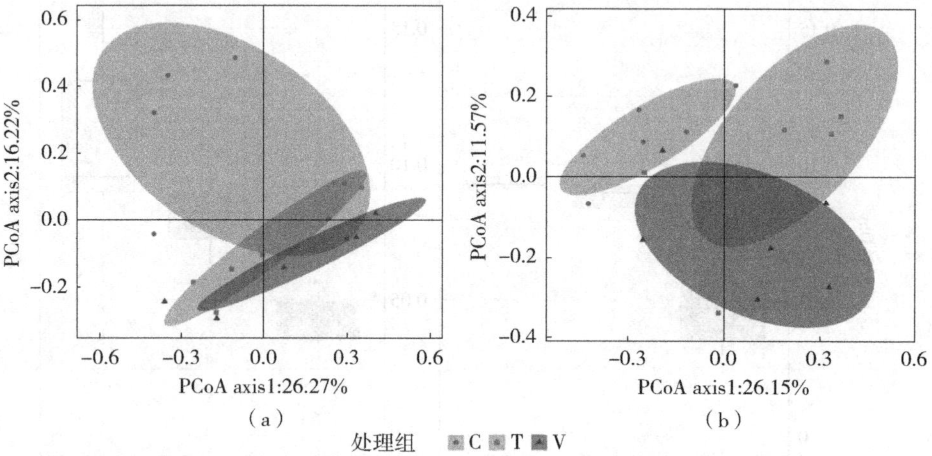

（a） （b）

图 7-5 基于 Bray-Curtis 距离的 PCoA 显示菹草茎、叶在各处理组的细菌群落结构样本点的形状和颜色代表不同温度处理

如图 7-6 所示，分别在细菌门和纲水平上，分析了占优势细菌的相对丰度变化。在所有样本中，丰度较高的细菌门分别是变形菌门（38.69%±0.01）、厚壁菌门（21.04%±0.02）、拟杆菌门（11.18%±0.01）和放线菌门（6.50%±0.01）等。与C组相比，在TL中，变形菌门的相对丰度（$p<0.05$）显著增加而厚壁菌门相对丰度在TL（$p<0.05$）和VS（$p<0.05$）中显著下降。此外，在VL、TL和HS中，绿弯菌门的相对丰度显著增加。总的来说，在VL、TL、VS和TS中各观察到2种、7种、4种和2种优势菌门的显著变化。在纲水平上进一步分析发现，变形菌门主要由α-变形菌纲（*Alphaproteobacteria*）和γ-变形菌纲（*Gammaproteobacteria*）组成，且丰度变化由α-变形菌纲导致；厚壁菌门的成员主要为芽孢杆菌纲（*Bacilli*）和梭菌纲（*Clostridia*），而丰度变化主要由芽孢杆菌纲导致。在同一处理组中，细菌群落组成并没有表现出茎、叶组织上的显著差异。

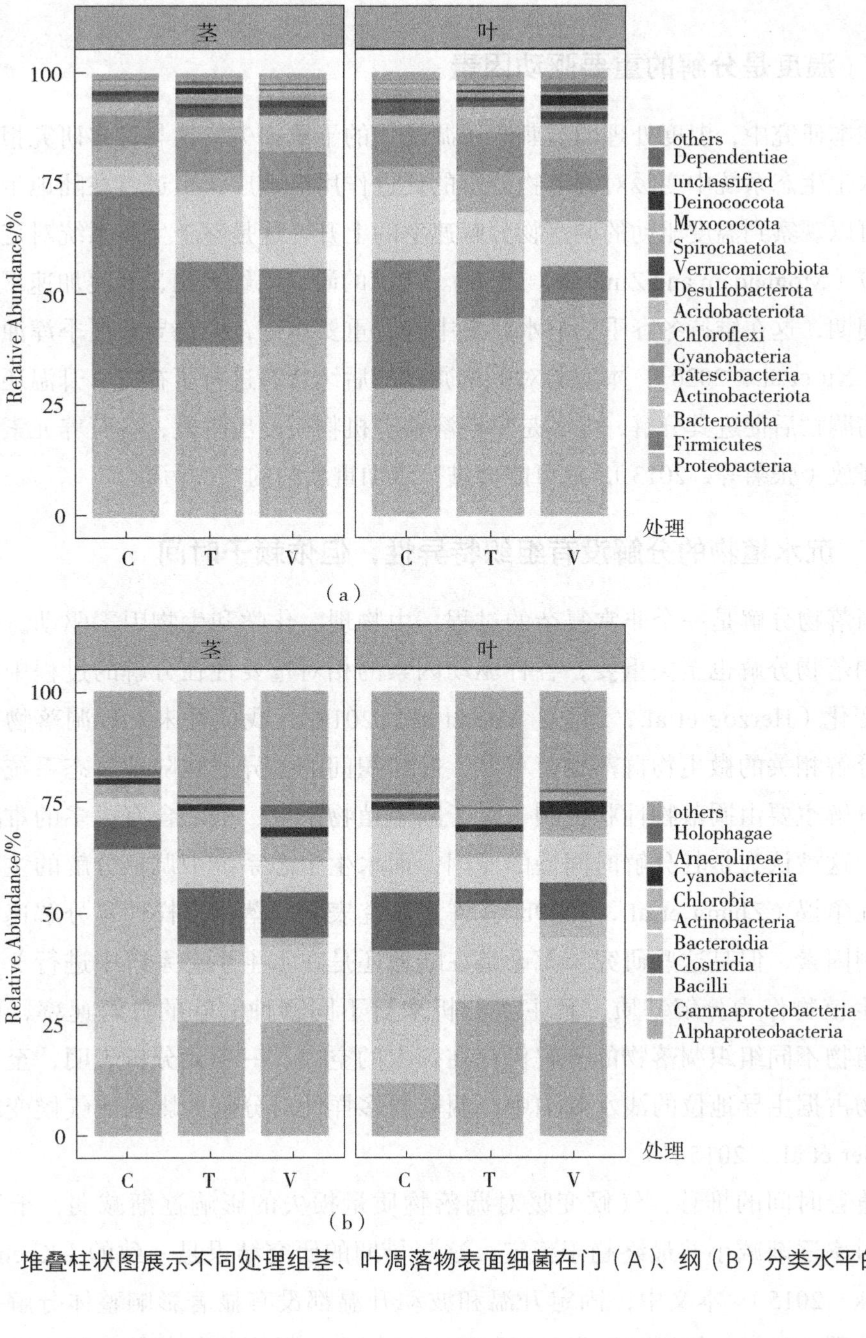

图 7-6　堆叠柱状图展示不同处理组茎、叶凋落物表面细菌在门（A）、纲（B）分类水平的组成

7.3 讨论

7.3.1 温度是分解的重要驱动因素

在本研究中，温度处理明显刺激了凋落物的干重损失，这与许多研究报道的一致。水生生态系统中变暖对凋落物分解的促进作用已被广泛报道，在陆地生态系统中也可以观察到温度驱动的凋落物分解速率的上升，这是整个生态系统对变暖的普遍反应（Moghadam and Zimmer，2016）。之前的研究已经表明，变暖加速了菹草的生命周期，这在维持冬春季的清水状态中起着重要作用，但也导致夏季浑浊状态的提前（Xu et al.，2020），本实验对菹草凋亡的后续状态进行了补充，升温还将在菹草提前凋亡后促进其分解，尤其是早期溶解有机物质浸出阶段，各营养元素短期内大量释放（张菊等，2013），这可能会进一步加重湖泊的二次污染。

7.3.2 沉水植物的分解没有组织特异性，但依赖于时间

凋落物分解是一个非常复杂的过程，由物理、化学和生物因素驱动。时间变化对凋落物分解也至关重要，各种驱动因素的相对重要性在分解的过程中可能会发生变化（Herzog et al.，2019；Yue et al.，2018）。我们并未发现凋落物分解速率或分解相关的微生物群落在菹草茎、叶组织间的差异。在陆地生态系统中，凋落物分解主要由凋落物性状控制，对于陆生植物来说，根部含有更多的难降解化合物，这被认为是其分解时间慢的原因，而水生生态系统中调控分解的主导因素仍存在争议（Zhang et al.，2019b）。许多研究表明凋落物多样性是分解速率的主要控制因素，但是这些研究（无论是在陆地还是在水生生态系统中进行）大多选择陆生植物作为分解基质，且主要分析来自不同物种的叶的分解速率，而对于沉水植物不同组织凋落物的分解仍存在很大的空白。一项元分析表明，至少在沉水植物占据主导地位的浅水湖泊中，凋落物多样性对分解的影响比气候变暖更低（Frainer et al.，2015）。

随着时间的推移，气候变暖对凋落物质量损失的影响逐渐减弱，干重残留曲线斜率逐渐减小并最终趋于稳定，这与早期的研究结果是一致的（Koehler and Tranvik，2015）。本文中，固定升温和波动升温都没有显著影响整体分解，这与Boyero等（2011）的研究结果一致，变暖增加了由微生物的分解并减少了无脊椎动物主导的分解，从而导致整体分解保持稳定（Boyero et al.，2011）2011。在分解初期，升温明显提高了分解速率，这可能是因为较高的水温可以通过促进可溶性化合物的浸出直接地或通过提高微生物活性而间接地加速凋落物质量损失 ，随后

分解速率的降低则可能是由于凋落物中存在的难降解成分（纤维素、木质素等）的积累，而温度对分解的影响较小 。据报道，难降解有机物的相对分解速率对温度非常敏感，但是其绝对速率的变化可能很小，难以在实验中检测到。因此，即使在实验后期，2 种升温处理下的凋落物分解速度减慢，凋落物的最终残留率也与对照组无显著差异，也不能直接认定难降解化合物的分解不受温度的影响。此外，由于初始淋溶作用使凋落物损失较多氮、磷元素，以至于无法满足微生物分解的需求，许多学者认为这是氮、磷元素在分解过程中富集的原因，这解释了实验末期 TL 和 VS 袋中凋落物干重残留的上升。

7.3.3　变暖改变了分解相关微生物的多样性

实验结果表明波动升温不仅对凋落物的分解速率有更强烈的刺激作用，而且显著提高了分解相关的细菌多样性，而固定升温仅提升了凋落物分解速率，对细菌多样性的促进作用并不明显。这一结果表明微生物的丰富度与分解相关，因为它们都受到环境的影响，但是升高的微生物丰富度并不能预测分解速率，正如一项移植实验所述：变暖可以直接提高微生物的生长速率，也能通过分解释放的营养物质间接提高微生物的丰度（Purahong et al.，2016）。凋落物分解的层次模型以气候＞凋落物化学性质＞分解者的顺序来衡量分解驱动因素的相对重要性。Yue 等（2018）表明，在整个分解过程中很少发现微生物多样性对分解的影响，或者说微生物多样性的影响远远小于其他因素，这一结果表明并不是微生物多样性而是由某些特定的微生物群落在调节凋落物的分解。固定升温和波动升温对分解相关细菌的多样性产生了不同程度的积极作用，这可以从一个公认的结论中得到解释：微生物群落对许多因素都很敏感，但是它们具有很强的恢复力（Ballhausen et al.，2020）。例如，在类似的模拟增温实验中发现，热浪可以在短时间内促进微生物的多样性，而同一系统的另一长期研究则表明稳定的变暖对细菌多样性没有显著影响，但是显著改变了细菌群落组成（Ren et al.，2017）。Finlay 等（1997）指出，当环境因素以高振幅或高频率变化时，微生物群落的组成通常会发生变化。因此，波动升温对微生物多样性和丰富度产生了更加显著的作用。

7.3.4　不同的微生物种群具有不同的响应

温度是影响微生物群落结构的重要环境因子，一项短期室内实验表明，微生物群落组成的变化可能会影响凋落物浸出的溶解性有机物的分解 。本实验结果表明，在升温的刺激下，占主导地位的变形菌门、厚壁菌门和绿弯菌门的相对丰度发生了显著变化，并且它们在植物凋落物分解中的作用已被揭示（Zhao et al.，

2019)。α 变形菌纲是全球氮循环的中心，因为其成员（根瘤菌）能促进植物固氮，它们在木质素分解中的作用可能涉及固氮的能力（Han et al.，2016）。根瘤菌属（*Rhizobiales*）是 α 变形菌纲的主要成员，它们可以在碳富集的条件下合成并积累多聚 3- 羟基丁酸盐（PHB），并在分解后期碳有限的条件下加以利用（Su et al.，2020），这可能是其在升温组底物限制情况下丰度增加的原因。变暖显著提高了根瘤菌的相对丰度，这有助于提高氮的利用率，缓解分解过程中的氮限制，从而促进其他分解物的代谢（Tláskal et al.，2016），总氮、氨氮的浓度在 T 组、V 组中的升高也证实了这一结论。α 变形菌纲的成员获取底物的另一种策略涉及分解顽固性有机物的能力，这使得它们在底物利用率低的条件下仍具有竞争能力，许多研究也已发现，α 变形菌纲在凋落物分解初期就有较高的相对丰度，并且随着时间的流逝在分解后期 α 变形菌的相对丰度也变得更高。

厚壁菌门常被描述为快速生长的共生菌，它们在富含碳的环境中受到刺激，是分解初期吸收碳源的优势细菌门（Su et al.，2020）。Pascault 等（2013）观察到添加新鲜有机物对厚壁菌门具有短暂刺激作用，其丰度在分解后期下降，种群优势被变形菌门取代。即使是在腐肉分解的过程中，研究人员也发现了类似的结果，即随着分解的进行，变形菌门变得更丰富而厚壁菌门逐渐减少（Guo et al.，2016）。同样，在本文中发现，由于升温组底物的迅速减少，厚壁菌门相对丰度较对照组显著降低。芽孢杆菌纲在厚壁菌门中占主导地位，它是一种普遍存在的，能形成内生孢子的革兰氏阳性细菌，具有对植物的定殖能力（Cho et al.，2018），由于植物干重在升温处理下迅速损失，其对凋落物的定殖能力减弱，相对丰度下降。

绿弯菌门在土壤和沉积物中很常见（Lv et al.，2016）。研究发现，绿弯菌丰度的增加与温度的升高有关（Ballhausen et al.，2020），这与本实验结果一致。在功能上将微生物群落划分为 3 种分解者，根据这一理论，Razanamalala 等（2018）将厚壁菌门归为分解新鲜有机物的分解者，而绿弯菌门则是分解难降解有机物的成员。或许正是由于升温处理和对照组处于不同的分解阶段，凋落物残留的底物类型也不同，这导致了各优势门相反的丰度变化。以上优势细菌门的变化表明，升温对分解相关微生物的影响主要是由于凋落物质量的损失和化学成分的改变间接导致的。

7.4 结论

（1）在水生生态系统中，沉水植物凋落物的分解速率和分解相关微生物群落并没有组织特异性。

（2）升温显著提高了沉水植物凋落物的分解速率并间接加速了分解相关微生物群落的演替。

（3）时间变化对于凋落物分解至关重要，在不同的分解阶段残留凋落物的化学成分不同，控制凋落物分解的微生物种群相对丰度也随之变化。

参考文献

白杨，王晓云，姜海梅，等 . 2013，城市热岛效应研究进展 [J]. 气象与环境学报，29：101-106.

陈小锋，揣小明，杨柳燕 . 2014，中国典型湖区湖泊富营养化现状、历史演变趋势及成因分析 [J]. 生态与农村环境学报，30：438-443.

陈小华，钱晓雍，李小平，等 . 2018，洱海富营养化时间演变特征（1988—2013 年）及社会经济驱动分析 [J]. 湖泊科学，30：70-78.

陈晓晨，徐影，姚遥 . 2015，不同升温阈值下中国地区极端气候事件变化预估 [J]. 大气科学，39：1123-1135.

邓焕广，张智博，刘涛，等 . 2019，城市湖泊不同水生植被区水体温室气体溶存浓度及其影响因素 [J]. 湖泊科学，31：1055-1063.

丁一汇，王会军 . 2016，近百年中国气候变化科学问题的新认识 [J]. 科学通报，10：1029-1041.

董静，高云霓，李根保 . 2016，淡水湖泊浮游藻类对富营养化和气候变暖的响应 [J]. 水生生物学报，40：615-623.

董文龙，闵水发，唐利军，等 . 2016，洪湖、梁子湖水体富营养化研究 [J]. 环境保护科学，42：66-70.

杜旭青 . 2010，黄河径流量预测的 DAMSM 模型 [J]. 工程与建设，24：429-440.

范华，蒋庆丰，王泽，等 . 2012，南通市区河流水体和沉积物中叶绿素 a 含量及与环境因子关系研究 [J]. 南通大学学报（自然科学版），11：62-67

高伟，高波，严长安，等 . 2016，鄱阳湖流域人为氮磷输入演变及湖泊水环境响应 [J]. 环境科学学报，36：3137-3145.

勾丽杰，刘利民 . 2012，基于小波分析的河北平原四季降水变化特征分析 [J]. 沈阳农业大学学报，43：273-278.

关颖慧 . 2015 长江流域极端气候变化及其未来趋势预测 [D]. 杨凌：西北农林科技大学 .

何亮 . 2015，湖泊中沉水植物生长与分布的几个制约因素——以富营养化、气候变暖和湖盆特征为例 [D]. 武汉：中国科学院研究生院（水生生物研究所）.

贾磊，蒲旖旎，杨诗俊，等 . 2018，太湖藻型湖区 CH_4、CO_2 排放特征及其影响因素分析 [J]. 环境科学 39：2316-2329.

姜星宇，张路，姚晓龙，等 . 2017，江西省水库温室气体释放及其影响因素分析 [J]. 湖泊科学，29：1000-1008.

孔令阳 . 2012，江汉湖群典型湖泊生态系统健康评价——以湖北省梁子湖、网湖、斧头湖、涨渡湖为例 [D]. 武汉：湖北大学 .

兰晶 . 2015，养殖水体温室气体的溶存与排放及其影响因素研究 [D]. 武汉：华中农业大学 .

李庚辰 . 2014，气候变暖对不同营养水平湖泊营养物质动态迁移的影响 [D]. 武汉：华中农业大学 .

李娜，黎佳茜，李国文，等 . 2018，中国典型湖泊富营养化现状与区域性差异分析 [J]. 水生生物学报，42：854-864.

林慧，苏玉萍，庄一延，等 . 2011，福建省山仔水库和杜唐水库沉积物叶绿素 a 比较研究 [J]. 亚热带资源与环境学报，6：43-48.

刘峰，高云芳，王立欣，等 . 2011，水域沉积物氮磷赋存形态和分布的研究进展 [J]. 水生态学杂志，32：137-144.

刘婷婷，王晓锋，袁兴中，等 . 2019，湖、库水体 N_2O 排放研究进展 [J]. 湖泊科学，31：319-335.

倪兆奎，李跃进，王圣瑞，等 . 2011，太湖沉积物有机碳与氮的来源 [J]. 生态学报，31：4661-4670.

牛远，孔祥虹，余辉，等 .2016，抚仙湖夏季热分层时期浮游植物空间分布特征 [J]. 生态学杂志，35（7）：1865-1871.

彭凯，邓建明，张运林，等 . 2019，1957—2015 年我国春季短期温度波动规律 [J]. 气候与环境研究，24：125-134.

齐天赐，肖启涛，苗雨青，等 . 2019，巢湖水体二氧化碳浓度时空分布特征及其水 - 气交换通量 [J]. 湖泊科学，31：766-778.

乔磊 . 2015，浮游生物和附着藻类对营养盐脉冲输入的响应——围隔实验 [D]. 广州：暨南大学 .

秦大河 . 2015，中国极端天气气候事件和灾害风险管理与适应国家评估报告：中国极端天气气候事件和灾害风险管理与适应国家评估报告 [M]. 北京：科学出版社 .

任万平，李晓秀，张汪寿 . 2012，沉积物中磷形态及影响其释放的环境因素研究进展 [J]. 环境污染与防治，34：53-66.

苏溪阳 . 2016，浅水湖泊螺类对气候变暖响应特征的室外模拟研究 [D]. 武汉：华中农业大学 .

孙艺 . 2017，全球内陆淡水水体甲烷和氧化亚氮排放的整合分析研究 [D]. 南京：南京农业大学 .

田晨，周伟灿 . 2012，中国地区下垫面特征对强对流天气影响研究进展 [J]. 气象科技，40：207-212.

王锦旗，郑有飞，薛艳 . 2015，紫外辐射对菹草成株生理特性的影响 [J]. 生态学报，

35：5975-5983.

汪梦琪，汪金成，王琪，等 . 2018，洞庭湖区平水期浮游生物群落结构特征及富营养化现状 [J]. 生态学杂志，37：2418-2429.

王雯雯，王书航，姜霞，等 .2013，洞庭湖沉积物不同形态氮赋存特征及其释放风险 [J]. 环境科学研究，26：598-605.

肖启涛 . 2017，太湖 CH_4 通量的空间格局及影响因子分析 [D]. 南京：南京信息工程大学 .

谢燕红，张弥，肖薇，等 . 2018，湖泊和水库氧化亚氮通量分析 [J]. 中国环境科学，38：3481-3493.

谢启姣 . 2011，城市热岛演变及其影响因素的研究 [D]. 武汉：华中农业大学图书馆 .

徐会显，姜星宇，姚晓龙，等 . 2016，鄱阳湖水体氧化亚氮排放特征及影响因素 [J]. 湖泊科学，28：972-981.

杨萌 . 2016，消落带温室气体排放机制研究 [D]. 北京：北京林业大学 .

杨平，仝川 . 2015，淡水水生生态系统温室气体排放的主要途径及影响因素研究进展 [J]. 生态学报，35：6868-6880.

闫军辉，刘浩龙，葛全胜，等 . 2017，1906—2015 年武汉市温度变化序列重建与初步分析 [J]. 地理科学进展，36：1176-1183.

姚远，贺锋，胡胜华，等 . 2016，沉水植物化感作用对西湖湿地浮游植物群落的影响 [J]. 生态学报，36：971-978.

易文利 . 2011，湖泊沉积物中有机质含量对释放磷的影响 [J]. 科学技术与工程，11：6401-6404.

于军亭，张帅，张志斌，等 .2010，环境因子对浅水湖泊沉积物中氮释放的影响 [J]. 山东建筑大学学报，25：58-61.

尹桂金，严岩 . 2012，大亚湾冬季沉积物中叶绿素含量与分布 [J]. 生态学杂志，31：2834-2840.

虞海燕，刘树华，赵娜，等 .2011，我国近 59 年日照时数变化特征及其与温度、风速、降水的关系 [J]. 气候与环境研究，16：389-398.

张国维，李长玲，黄翔鹄，等 .2015，湖光岩玛珥湖春季浮游植物对溶解态氮的吸收 [J]. 湖泊科学，27（3）：527-534.

章金东 . 2011，湖泊沉积物的矿物组成、成因、环境指示及研究进展 [J]. 地球科学与环境学报，33：34-44.

邹建章 . 2015，水环境改变对植物分解的影响 [D]. 武汉：华中师范大学 .

朱广伟，许海，朱梦圆，等 . 2019，三十年来长江中下游湖泊富营养化状况变迁及其影响因素 [J]. 湖泊科学，31：1510-1524.

王晶苑，王绍强，李纫兰，等 . 2011，中国四种森林类型主要优势植物的 C : N : P 化

学计量学特征 [J]. 植物生态学报，6：587–595.

任久长，乔建荣，董巍，等 . 1997，菹草（*Potamogeton crispus*）的生态习性和在京密引水渠的发生规律研究 [J]. 北京大学学报：自然科学版，33：749–755.

宋碧玉，曹明 . 2000，沉水植被的重建与消失对原生动物群落结构和生物多样性的影响 [J] . 生态学报，20：270–276.

毛成责，余雪芳，邵晓阳 . 2010，杭州西湖总氮、总磷周年变化与水体富营养化研究 [J]. 水生态学杂志，3：1–7.

Alsterberg C, Hulth S, Sundbäck K. 2011,Response of a shallow-water sediment system to warming[J]. Limnol Oceanogr, 56: 2147–2160.

Altena CV, Bakker ES, Kuiper JJ, et al.. 2016,The impact of bird herbivory on macrophytes and the resilience of the clear-water state in shallow lakes: a model study[J]. Hydrobiologia, 777: 197–207.

Anneville O, Domaizon I, Kerimoglu O, et al.. 2015, Blue-green algae in a "Greenhouse Century"? New insights from field data on climate change impacts on cyanobacteria abundance[J]. Ecosystems, 18(3): 441–458.

Attermeyer K, Premke K, Hornick T, et al.. 2013, Ecosystem-level studies of terrestrial carbon reveal contrasting bacterial metabolism in different aquatic habitats[J]. Ecology, 94:2754–2766.

Audet J, Neif ÉM, Cao Y, et al.. 2017, Heat-wave effects on greenhouse gas emissions from shallow lake mesocosms[J]. Freshwater Biology, 62: 1130–1142.

Avila MP, Staehr PA, Barbosa FaR, et al.. 2017, Seasonality of freshwater bacterioplankton diversity in two tropical shallow lakes from the Brazilian Atlantic Forest[J]. FEMS Microbiol Ecol, 93.

Badiou PHJ, Goldsborough LG. 2015, Ecological impacts of an exotic benthivorous fish, the common carp (*Cyprinus carpio* L), on water quality, sedimentation, and submerged macrophyte biomass in wetland mesocosms[J]. Hydrobiologia, 755(1): 1–15.

Baer SE, Connelly TL, Bronk DA. 2015, Nitrogen uptake dynamics in landfast sea ice of the Chukchi Sea[J]. Polar Biology, 38(6): 781–797.

Bajer PG, Sorensen PW. 2015, Effects of common carp on phosphorus concentrations, water clarity, and vegetation density: a whole system experiment in a thermally stratified lake[J]. Hydrobiologia, 746(1): 1–9.

Ballhausen MB, Hewitt R, Rillig MC. 2020, Mimicking climate warming effects on Alaskan soil microbial communities via gradual temperature increase[J]. Scientific Reports, 10:8533.

Bartolini T, Butail S, Porfiri M. 2015, Temperature influences sociality and activity of freshwater fish[J]. Environ Biol Fish, 98: 825-832.

Bartosiewicz M, Laurion I, Clayer F, et al.. 2016, Heat-Wave Effects on Oxygen, Nutrients, and Phytoplankton Can Alter Global Warming Potential of Gases Emitted from a Small Shallow Lake[J]. Environmental Science & Technology, 50: 6267-6275.

Berdjeb L, Parada A, Needham DM, et al.. 2018, Short-term dynamics and interactions of marine protist communities during the spring–summer transition[J]. The ISME Journal, 12:1907-1917.

Bhavya PS, Kumar S, Gupta GVM, et al.. 2016a, Nitrogen uptake dynamics in a tropical eutrophic estuary (Cochin, India) and adjacent coastal waters[J]. Estuaries and Coasts, 39(1): 1-14.

Bhavya PS, Kumar S, Gupta GVM, et al.. 2016b,Carbon uptake rates in the cochin estuary and adjoining coastal Arabian sea[J]. Estuaries & Coasts, 1-10.

Borges AV, Darchambeau F, Teodoru CR, et al.. 2015,Globally significant greenhouse-gas emissions from African inland waters[J]. Nature Geoscience, 8: 637-642.

Borges AV, Speeckaert G, Champenois W, et al.. 2017, Productivity and Temperature as Drivers of Seasonal and Spatial Variations of Dissolved Methane in the Southern Bight of the North Sea[J]. Ecosystems, 21: 583-599.

Brady DC, Testa JM, Di Toro DM, et al.. 2013, Sediment flux modeling: Calibration and application for coastal systems[J]. Estuar Coast Shelf S, 117: 107-124.

Butcher JB, Nover D, Johnson TE, et al.. 2015, Sensitivity of lake thermal and mixing dynamics to climate change[J]. Climatic Change, 129(1): 295-305.

Butler TM, Wilhelm AC, Dwyer AC, et al.. 2019, Microbial Community Dynamics During Lake Ice Freezing[J]. Scientific Reports, 9: 6231.

Caliskan S, Makineci E. 2014, Variations in carbon and nitrogen ratios and their effects on seed germination in Cupressus sempervirens populations[J]. Scand J Forest Res, 29: 162-169.

Cao J, Ruan H. 2015, Responses of the submerged macrophyte Vallisneria natans to elevated CO_2 and temperature[J]. Aquat Biol, 23: 119-127.

Cao Y, Neif ÉM, Li W, et al.. 2015, Heat wave effects on biomass and vegetative growth of macrophytes after long-term adaptation to different temperatures: a mesocosm study[J]. Clim Res, 66: 265-274.

Carrasco NK, Perissinotto R, Jones S. 2013, Turbidity effects on feeding and mortality of the copepod Acartiella natalensis in the St Lucia Estuary, South Africa[J]. J Exp Mar Biol Ecol, 446: 45-51.

Chen J, Luo Y, Xia J, et al.. 2015, Stronger warming effects on microbial abundances in colder regions[J]. Sci Rep, 5: 18032.

Cheng L, Zhang N, Yuan M, et al.. 2017, Warming enhances old organic carbon decomposition through altering functional microbial communities[J]. The ISME Journal, 11: 1825-1835.

Chislock MF, Doster E, Zitomer R, et al.. 2013, Eutrophication: Causes, consequences, and controls in aquatic ecosystems[J]. Nature Education Knowledge, 4: 10.

Cho MS, Jin YJ, Kang BK, et al.. 2018, Understanding the ontogeny and succession of *Bacillus velezensis* and *B. subtilis* subsp. subtilis by focusing on kimchi fermentation[J]. Scientific Reports, 8: 7045.

Cohen A S, Gergurich E L, Kraemer B M, et al.. 2016, Climate warming reduces fish production and benthic habitat in Lake Tanganyika, one of the most biodiverse freshwater ecosystems[J]. P Natl Acad Sci U S A, 113: 9563-9568.

Colvin ME, Pierce CL, Stewart TW. 2015, A food web modeling analysis of a Midwestern, USA eutrophic lake dominated by non-native Common Carp and Zebra Mussels[J]. Ecological Modelling, 312: 26-40.

Couceiro F, Fones GR, Thompson CE, et al.. 2013, Impact of resuspension of cohesive sediments at the Oyster Grounds (North Sea) on nutrient exchange across the sediment-water interface[J]. Biogeochemistry, 113: 37-52.

Coyte KZ, Schluter J, Foster KR. 2015, The ecology of the microbiome: Networks, competition, and stability[J]. Science, 350: 663.

Craig SE, Thomas H, Jones CT, et al.. 2015, The effect of seasonality in phytoplankton community composition on CO_2 uptake on the Scotian Shelf[J]. Journal of Marine Systems, 147: 52-60.

Cram JA, Chow CET, Sachdeva R, et al.. 2015, Seasonal and interannual variability of the marine bacterioplankton community throughout the water column over ten years[J]. The ISME Journal, 9: 563-580.

Dai Y, Yang Y, Wu Z, et al.. 2016, Spatiotemporal variation of planktonic and sediment bacterial assemblages in two plateau freshwater lakes at different trophic status[J]. Applied Microbiology and Biotechnology, 100: 4161-4175.

Davidson TA, Audet J, Jeppesen E, et al.. 2018, Synergy between nutrients and warming enhances methane ebullition from experimental lakes[J]. Nature Climate Change, 8: 156-160.

Davidson TA, Audet J, Svenning JC, et al.. 2015, Eutrophication effects on greenhouse gas fluxes from shallow-lake mesocosms override those of climate warming[J]. Global Change Biology, 21: 4449-4463.

Davis CC, Willis CG, Connolly BA, et al.. 2015, Herbarium records are reliable sources of phenological change driven by climate and provide novel insights into species' phenological cueing mechanisms[J]. Am J Bot, 102: 1599-1609.

Dean JF, Middelburg JJ, Rockmann T, et al.. 2018, Methane Feedbacks to the Global Climate System in a Warmer World[J]. Reviews of Geophysics, 56: 207-250.

Deangelis KM, Pold G, Topçuoğlu BD, et al.. 2015, Long-term forest soil warming alters microbial communities in temperate forest soils[J]. Frontiers in Microbiology, 6: 104-104.

DelSontro T, Boutet L, St - Pierre A, et al.. 2016, Methane ebullition and diffusion from northern ponds and lakes regulated by the interaction between temperature and system productivity[J]. Limnology and Oceanography, 61: S62-S77.

Denk TRA, Mohn J, Decock C, et al.. 2017, The nitrogen cycle: A review of isotope effects and isotope modeling approaches[J]. Soil Biology & Biochemistry, 105: 121-137.

Dong X, Gao P, Zhou R, et al.. 2021, Changing characteristics and influencing factors of the soil microbial community during litter decomposition in a mixed *Quercus acutissima* Carruth. and *Robinia pseudoacacia* L. forest in Northern China[J]. Catena, 196: 104811.

Donis D, Flury S, Stöckli A, et al.. 2017, Full-scale evaluation of methane production under oxic conditions in a mesotrophic lake[J]. Nature Communications, 8: 1661.

Dovciak M, Wason J W, Iii, et al.. 2016, Warming climate may negatively affect native forest understory plant richness and composition by increasing invasions of non-native plants. Agu Fall Meeting, San Francisco,U.S.A.

Duarte S, Cássio F, Ferreira V, et al.. 2016, Seasonal Variability May Affect Microbial Decomposers and Leaf Decomposition More Than Warming in Streams[J]. Microbial Ecology, 72: 263-276.

Dutta H, Dutta A. 2016, The microbial aspect of climate change[J]. Energy, Ecology and Environment, 1: 209-232.

Elder C, Schweiger M, Lam B, et al.. 2019, Seasonal Sources of Whole-Lake CH_4 and CO_2 Emissions From Interior Alaskan Thermokarst Lakes[J]. Journal of Geophysical Research: Biogeosciences, 124: 1209-1229.

Ferreira V, Canhoto C. 2014, Effect of experimental and seasonal warming on litter decomposition in a temperate stream[J]. Aquatic Sciences, 76: 155-163.

Ferreira V, Canhoto C. 2015, Future increase in temperature may stimulate litter decomposition in temperate mountain streams: evidence from a stream manipulation experiment[J]. Freshwater Biology, 60: 881-892.

Ferriol C, Miracle MR, Vicente E. 2016, Effects of nutrient addition, recovery thereafter and the role of macrophytes in nutrient dynamics of a Mediterranean shallow lake: a mesocosm experiment[J]. Mar Freshwater Res, 68: 506-518.

Fiskal A, Deng L, Michel A, et al.. 2019, Effects of eutrophication on sedimentary organic carbon cycling in five temperate lakes[J]. Biogeosciences Discussions, 16: 3725-3746.

Foster GL, Rohling EJ. 2013, Relationship between sea level and climate forcing by CO_2 on geological timescales[J]. P Natl Acad Sci USA, 110: 1209-1214.

Frainer A, Moretti MS, Xu W, et al.. 2015, No evidence for leaf-trait dissimilarity effects on litter decomposition, fungal decomposers, and nutrient dynamics[J]. Ecology, 96: 550-561.

Gillespie M a K, Baggesen N, Cooper E J. 2016, High Arctic flowering phenology and plant-pollinator interactions in response to delayed snow melt and simulated warming[J]. Environ Res Lett, 11: 115006.

Glassman SI, Weihe C, Li J, et al.. 2018, Decomposition responses to climate depend on microbial community composition[J]. Proceedings of the National Academy of Sciences, 115: 11994.

Guo H, Xu M, Hu Q. 2011, Changes in near-surface wind speed in China: 1969-2005[J]. Int J Climatol, 31: 349-358.

Guo J, Fu X, Liao H, et al.. 2016, Potential use of bacterial community succession for estimating post-mortem interval as revealed by high-throughput sequencing[J]. Scientific Reports, 6: 24197.

Guo X, Huang J, Luo Y, et al.. 2017, Projection of heat waves over China for eight different global warming targets using 12 CMIP5 models[J]. Theoretical and Applied Climatology, 128: 507-522.

Han M, Gong Y, Zhou C, et al.. 2016, Comparison and Interpretation of Taxonomical Structure of Bacterial Communities in Two Types of Lakes on Yun-Gui plateau of China[J]. Scientific Reports, 6: 30616.

Hansen GJA, Read JS, Hansen JF, et al.. 2017, Projected shifts in fish species dominance in Wisconsin lakes under climate change[J]. Global Change Biology, 23: 1463-1476.

Hansen J, Saro M, Ruedy R. 2014, Global temperature update through 2013[J]. Rev Geophys, 48: 23-50.

Hampton SE, Lzmest' eva LR, Moore MV, et al.. 2008, Sixty years of environmental change in the world' s largest fresh water lake-Lake Baikal. Siberia[J]. Glob Change Biol, 14: 1947-1058.

Hao B, Roejkjaer A F, Wu H, et al.. 2018, Responses of primary producers in shallow lakes to elevated temperature: a mesocosm experiment during the growing season of Potamogeton crispus[J]. Aquat Sci, 80: 34.

Hart R, Salick J, Ranjitkar S, et al.. 2014, Herbarium specimens show contrasting phenological responses to Himalayan climate[J]. P Natl Acad Sci USA, 111: 10615-10619.

Herzog C, Hartmann M, Frey B, et al.. 2019, Microbial succession on decomposing root litter in a drought-prone Scots pine forest[J]. The ISME Journal, 13: 2346-2362.

Hoem Neher TD, Rosenberger AE, Zimmerman CE, et al.. 2013, Estuarine environments as rearing habitats for juvenile Coho Salmon in contrasting south-central Alaska watersheds[J].T Am Fish Soc, 142:1481-1494.

Hogsett M, Goel R. 2013, Dissolved Oxygen Dynamics at the Sediment-Water Column Interface in an Urbanized Stream[J]. Environ Eng Sci, 30: 594-605.

Holgerson MA, Raymond PA. 2016, Large contribution to inland water CO_2 and CH_4 emissions from very small ponds[J]. Nature Geoscience, 9: 222-226.

Huang W, Chen X, Jiang X, et al.. 2017, Characterization of sediment bacterial communities in plain lakes with different trophic statuses[J]. Microbiology Open, 6: 503.

Huang W, Chen X, Wang K, et al.. 2019, Comparison among the microbial communities in the lake, lake wetland, and estuary sediments of a plain river network[J]. Microbiology Open, 8: 644.

Hulme P E. 2015, Contrasting impacts of climate-driven flowering phenology on changes in alien and native plant species distributions[J]. New Phytol, 189: 272-281.

Islam ZF, Cordero PRF, Feng J, et al.. 2019, Two Chloroflexi classes independently evolved the ability to persist on atmospheric hydrogen and carbon monoxide[J]. The ISME Journal, 13: 1801-1813.

Jansen J, Thornton B, Jammet MM, et al.. 2019, Climate - Sensitive Controls on Large Spring Emissions of CH_4 and CO_2 From Northern Lakes[J]. Journal of Geophysical Research Biogeosciences, 124: 2379-2399.

Jansen J, Thornton B, Wik M, et al.. 2020,Temperature proxies as a solution to biased sampling of lake methane emissions[J]. Geophysical Research Letters.

Jia Z, Liu T, Xia X, et al.. 2016, Effect of particle size and composition of suspended sediment on denitrification in river water[J]. Science of The Total Environment, 541: 934-940.

Kemp P, Sear D, Collins A, et al.. 2011, The impacts of fine sediment on riverine fish[J]. Hydrol Process, 25: 1800-1821.

Keshri J, Pradeep Ram AS, Sime-Ngando T. 2018, Distinctive Patterns in the Taxonomical Resolution of Bacterioplankton in the Sediment and Pore Waters of Contrasted Freshwater Lakes[J]. Microbial Ecology, 75: 662-673.

Koehler B, Tranvik LJ. 2015, Reactivity continuum modeling of leaf, root, and wood decomposition across biomes[J]. Journal of Geophysical Research: Biogeosciences, 120: 1196-1214.

Kortelainen P, Larmola T, Rantakari M, et al.. 2020, Lakes as nitrous oxide sources in the boreal landscape[J]. Global Change Biology, 26: 1432-1445.

Laguna C, Lópezperea JJ, Viñuela J, et al.. 2016, Effects of invasive fish and quality of water and sediment on macrophytes biomass, and their consequences for the waterbird community of a Mediterranean floodplain[J]. Sci Total Environ, 551-552: 513-521.

Livingstone DM, Adrian R. 2009, Modeling the duration of intermittent ice cover on a lake for climate-change studies[J]. Limnol Oceanogr, 54: 1709-1722.

Li C, Wang T, Zhang M, et al.. 2018, Maternal Environment Effect of Warming and Eutrophication on the Emergence of Curled Pondweed, Potamogeton crispus L[J]. Water, 10: 1285.

Li W. 2014, Environmental opportunities and constraints in the reproduction and dispersal of aquatic plants[J]. Aquat Bot, 118: 62-70.

Li Y, Hou L, Song B, et al.. 2017, Effects of Increased Nitrogen and Phosphorus Deposition on Offspring Performance of Two Dominant Species in a Temperate Steppe Ecosystem[J]. Sci Rep, 7: 40951.

Li Y, Zhang J, Zhang J, et al.. 2019, Microbial Community Structure in the Sediments and Its Relation to Environmental Factors in Eutrophicated Sancha Lake[J]. Int J Environ Res Public Health, 16(11): 1931.

Li Z, Lu W, Yang L, et al.. 2015, Seed weight and germination behavior of the submerged plant Potamogeton pectinatus in the arid zone of northwest China[J]. Ecol Evol, 5: 1504-1512.

Li Z, He L, Zhang H, et al.. 2017, Climate warming and heat waves affect reproductive strategies and interactions between submerged macrophytes[J]. Global Change Biol, 23: 108-116.

Liu L, Yang J, Yu Z, et al.. 2015, The biogeography of abundant and rare bacterioplankton in the lakes and reservoirs of China[J]. The ISME Journal, 9: 2068-2077.

Liu T, Zhang AN, Wang J, et al.. 2018, Integrated biogeography of planktonic and sedimentary bacterial communities in the Yangtze River[J]. Microbiome, 6: 16.

Liu Y, Ren Z, Qu X, et al.. 2020, Microbial community structure and functional properties in permanently and seasonally flooded areas in Poyang Lake[J]. Scientific Reports, 10: 4819.

Lv X, Ma B, Yu J, et al.. 2016, Bacterial community structure and function shift along a successional series of tidal flats in the Yellow River Delta[J]. Scientific Reports, 6: 36550.

Maavara T, Lauerwald R, Laruelle GG, et al.. 2019, Nitrous oxide emissions from inland waters: Are IPCC estimates too high? [J]. Global Change Biology, 25: 473-488.

[148. Mendonça R, Müller R, Clow D, et al.. 2017, Organic carbon burial in global lakes and reservoirs[J]. Nature Communications, 8: 1694.

Migliorini GH, Romero GQ. 2020, Warming and leaf litter functional diversity, not litter quality, drive decomposition in a freshwater ecosystem[J]. Scientific Reports, 10: 20333.

Mikhailov IS, Zakharova YR, Bukin YS, et al.. 2019, Co-occurrence Networks Among

Bacteria and Microbial Eukaryotes of Lake Baikal During a Spring Phytoplankton Bloom[J]. Microbial Ecology, 77: 96–109.

Moghadam FS, Zimmer M. 2016, Effects of warming, nutrient enrichment and detritivore presence on litter breakdown and associated microbial decomposers in a simulated temperate woodland creek[J]. Hydrobiologia, 770: 243–256.

Mori AS, Cornelissen JHC, Fujii S, et al.. 2020, A meta–analysis on decomposition quantifies afterlife effects of plant diversity as a global change driver[J]. Nature Communications, 11: 4547.

Mutshinda CM, Finkel ZV, Widdicombe CE, et al.. 2016, Ecological equivalence of species within phytoplankton functional groups[J]. Functional Ecology, 30(10): 1714–1722.

Natugonza V, Ogutu–Ohwayo R, Musinguzi L, et al.. 2016, Implications of climate warming for hydrology and water balance of small shallow lakes: A case of Wamala and Kawi, Uganda[J]. Aquat Ecosyst Health, 19: 327–335.

Olsen S, Chan F, Li W, et al.. 2015, Strong impact of nitrogen loading on submerged macrophytes and algae: a long–term mesocosm experiment in a shallow Chinese lake[J]. Freshwater Biology, 60: 1525–1536.

O'reilly CM, Sharma S, Gray DK, et al.. 2015, Rapid and highly variable warming of lake surface waters around the globe[J]. Geophysical Research Letters, 42: 10773–10781.

Ospina–Álvarez N, Caetano M, Vale C, et al.. 2014, Exchange of nutrients across the sediment–water interface in intertidal ria systems (SW Europe)[J]. J Sea Res, 85: 349–358.

Parker SR, West RF, Boyd ES, et al.. 2016, Biogeochemical and microbial seasonal dynamics between water column and sediment processes in a productive mountain lake: Georgetown Lake, MT, USA[J]. Journal of Geophysical Research: Biogeosciences, 121: 2064–2081.

Peter H, Sommaruga R. 2016, Shifts in diversity and function of lake bacterial communities upon glacier retreat[J]. The ISME Journal, 10: 1545–1554.

Petraglia A, Tomaselli M, Mondoni A, et al.. 2014, Effects of nitrogen and phosphorus supply on growth and flowering phenology of the snowbed forb *Gnaphalium supinum* L[J]. Flora, 209: 271–278.

Pham SV. 2008, Spatial variability of climate and land–use effects on lakes of the northern Great Plains[J]. Limnol Oceanogr, 53: 728–742.

Pighini S, Ventura M, Miglietta F, et al.. 2018, Dissolved greenhouse gas concentrations in 40 lakes in the Alpine area[J]. Aquatic Sciences, 80: 1–13.

Pinardi M, Bartoli M, Longhi D, et al.. 2011, Net autotrophy in a fluvial lake: the relative role of phytoplankton and floating–leaved macrophytes[J]. Aquat Sci, 73: 389–403

Prieto I, Almagro M, Bastida F, et al.. 2019, Altered leaf litter quality exacerbates the negative impact of climate change on decomposition[J]. Journal of Ecology, 107: 2364-2382.

Purahong W, Wubet T, Lentendu G, et al.. 2016, Life in leaf litter: novel insights into community dynamics of bacteria and fungi during litter decomposition[J]. Molecular Ecology, 25: 4059-4074.

Rangel LM, Soares MCS, Paiva R, et al. 2016, Morphology-based functional groups as effective indicators of phytoplankton dynamics in a tropical cyanobacteria-dominated transitional river–reservoir system[J]. Ecological Indicators, 64: 217-227.

Razanamalala K, Razafimbelo T, Maron PA, et al.. 2018, Soil microbial diversity drives the priming effect along climate gradients: a case study in Madagascar[J]. The ISME Journal, 12: 451-462.

Ren L, He D, Chen Z, et al.. 2017, Warming and nutrient enrichment in combination increase stochasticity and beta diversity of bacterioplankton assemblages across freshwater mesocosms[J]. ISME J, 11: 613-625.

Ribot M, Schiller DV, Sabater F, et al.. 2015, Biofilm growth and nitrogen uptake responses to increases in nitrate and ammonium availability[J]. Aquatic Sciences, 77(4): 1-13.

Rigosi A, Carey CC, Ibelings BW, et al.. 2014, The interaction between climate warming and eutrophication to promote cyanobacteria is dependent on trophic state and varies among taxa[J]. Limnol Oceanogr, 59: 99-114.

Rosa R K, Oberbauer S F, Starr G, et al.. 2015, Plant phenological responses to a long-term experimental extension of growing season and soil warming in the tussock tundra of Alaska[J]. Global Change Biol, 21: 4520-4532.

Russo S, Dosio A, Graversen RG, et al.. 2014,Magnitude of extreme heat waves in present climate and their projection in a warming world[J]. Journal of Geophysical Research: Atmospheres, 119: 12500-12512.

Said SA, Emtir M, Mujtaba IM. 2011, Neural Network Based Correlations for Estimating the First and Second Dissociation Constant of Carbonic Acid in Seawater[J]. Chem Eng Technol, 24: 523-528.

Sanderson MG, Hemming DL, Betts RA. 2011, Regional temperature and precipitation changes under high-end (≥4℃) global warming[J]. Philos T Roy Soc A, 369: 85-98.

Schipper LA, Hobbs JK, Rutledge S, et al.. 2015,Thermodynamic theory explains the temperature optima of soil microbial processes and high Q10 values at low temperatures[J]. Global Change Biology, 20: 3578-3586.

Schulze PC. 2011, Evidence that fish structure the zooplankton communities of turbid lakes and reservoirs[J]. Freshwater Biol, 56: 352-365.

Semenchuk P R, 2016, Gillespie M a K, Rumpf S B, et al.. High Arctic plant phenology is determined by snowmelt patterns but duration of phenological periods is fixed: an example of periodicity[J]. Environ Res Lett, 11: 125006.

Sepulveda-Jauregui A, Hoyos-Santillan J, Martinez-Cruz K, et al.. 2018, Eutrophication exacerbates the impact of climate warming on lake methane emission[J]. Sci Total Environ, 636: 411-419.

Sepulvedajauregui A, Hoyossantillan J, Martinezcruz K, et al.. 2018, Eutrophication exacerbates the impact of climate warming on lake methane emission[J]. Science of The Total Environment, 636: 411-419.

Seri B, Garcıa-Verdugo J, McEwen BS, et al.. 2011, Astrocytes give rise to new neurons in the adult mammalian hippocampus[J]. J Neural Eng, 21: 7153-7160.

Serrano L, Reina M, Quintana XD, et al.. 2017, A new tool for the assessment of severe anthropogenic eutrophication in small shallow water bodies[J]. Ecol Indic, 76: 324-334.

Short FT, Kosten S, Morgan PA, et al.. 2016, Impacts of climate change on submerged and emergent wetland plants[J]. Aquat Bot, 135: 3-17.

Silveira M J, Thiébaut G. 2017, Impact of climate warming on plant growth varied according to the season[J]. Limnologica, 65: 4-9.

Soued C, del Giorgio PA, Maranger R. 2015, Nitrous oxide sinks and emissions in boreal aquatic networks in Québec[J]. Nature Geoscience, 9: 116-120.

Straile D, Jochimsen MC, Kümmerlin R. 2015, Taxonomic aggregation does not alleviate the lack of consistency in analysing diversity in long-term phytoplankton monitoring data: a rejoinder to Pomati etal[J]. Freshwater Biology, 60(5): 1060–1067.

Straka J R, Starzomski B M. 2015, Fruitful factors: what limits seed production of flowering plants in the alpine?[J]. Oecologia, 178: 1-12.

Su Y, He Z, Yang Y, et al.. 2020, Linking soil microbial community dynamics to straw-carbon distribution in soil organic carbon[J]. Scientific Reports, 10: 5526.

Tangen BA, Finocchiaro RG, Gleason RA. 2015, Effects of land use on greenhouse gas fluxes and soil properties of wetland catchments in the Prairie Pothole Region of North America[J]. Science of The Total Environment, 533: 391-409.

Tangen BA, Finocchiaro RG, Gleason RA, et al.. 2016, Greenhouse Gas Fluxes of a Shallow Lake in South-Central North Dakota, USA[J]. Wetlands, 36: 779-787.

Tláskal V, Voříšková J, Baldrian P. 2016, Bacterial succession on decomposing leaf litter exhibits a specific occurrence pattern of cellulolytic taxa and potential decomposers of fungal mycelia[J]. Fems Microbiology Ecology, 92.

Toyoda S, Yoshida N, Koba K. 2017, Isotopocule analysis of biologically produced nitrous oxide in various environments[J]. Mass Spectrometry Reviews, 36: 135-160.

Tranvik LJ, Downing JA, Cotner JB, et al.. 2009, Lakes and reservoirs as regulators of carbon cycling and climate[J]. Limnol Oceanogr, 54: 2298-2314.

Tuyet DTA, Tanaka T, Sohrin R, et al.. 2014, Effects of warming on microbial communities in the coastal waters of temperate and subtropical zones in the Northern Hemisphere, with a focus on Gammaproteobacteria[J]. Journal of Oceanography, 71: 91-103.

Velthuis M, Van Deelen E, Van Donk E, et al.. 2017, Impact of temperature and nutrients on carbon: nutrient tissue stoichiometry of submerged aquatic plants: an experiment and meta-analysis[J]. Front Plant Sci, 8: 655.

Von Scheibner M, Dörge P, Biermann A, et al.. 2014. Impact of warming on phyto-bacterioplankton coupling and bacterial community composition in experimental mesocosms[J]. Environmental Microbiology, 16: 718-733.

Walter J, Harter D E V, Beierkuhnlein C, et al.. 2016, Transgenerational effects of extreme weather: perennial plant offspring show modified germination, growth and stoichiometry[J]. J Ecol, 104: 1032-1040.

Wan Y, Ruan X, Zhang Y, et al.. 2017, Illumina sequencing-based analysis of sediment bacteria community in different trophic status freshwater lakes[J]. Microbiology Open, 6: 450.

Wang F, Liang Y, Jiang Y, et al.. 2015, Planting increases the abundance and structure complexity of soil core functional genes relevant to carbon and nitrogen cycling[J]. Sci Rep, 5: 14345.

Wang S, Jiao LX, Yang S, et al.. 2012, Effects of organic matter and submerged macrophytes on variations of alkaline phosphatase activity and phosphorus fractions in lake sediment[J]. J Environ Manage, 113: 355-360.

Wang T, Xu J, Molinos JG, et al.. 2020, A dynamic temperature difference control recording system in shallow lake mesocosm[J]. MethodsX, 7: 100930.

Wang Z, Xia CX, Yu D, et al.. 2015, Low-temperature induced leaf elements accumulation in aquatic macrophytes across Tibetan Plateau[J]. Ecol Eng, 75: 1-8.

Weber MJ, Brown ML. 2015, Biomass-dependent effects of age-0 common carp on aquatic ecosystems[J]. Hydrobiologia, 742(1): 71-80.

West WE, Creamer KP, Jones SE. 2016, Productivity and depth regulate lake contributions to atmospheric methane[J]. Limnology and Oceanography, 61: S51-S61.

Whitfield AK, Panfili J, Durand JD. 2012, A global review of the cosmopolitan flathead mullet Mugil cephalus Linnaeus 1758 (Teleostei: Mugilidae), with emphasis on the biology, genetics, ecology and fisheries aspects of this apparent species complex[J]. Rev Fish Biol Fisher, 22: 641-681.

Winder M, Hunter DA. 2008, Temporal organization of phytoplankton communities linked to physical forcing[J]. Oecologia, 156: 179-192.

Woolway RI, Jennings E, Shatwell T, et al.. 2021, Lake heatwaves under climate change[J]. Nature, 589: 402-407.

Xia C, Dan Y, Zhong W, et al.. 2014, Stoichiometry patterns of leaf carbon, nitrogen and phosphorous in aquatic macrophytes in eastern China[J]. Ecol Eng, 70: 406-413.

Xia X, Jia Z, Liu T, et al.. 2017, Coupled Nitrification-Denitrification Caused by Suspended Sediment (SPS) in Rivers: Importance of SPS Size and Composition[J]. Environmental Science Technology, 51: 212-221.

Xiao Y, Zhang F, Li Y, et al.. 2018, Influence of winter crop residue and nitrogen form on greenhouse gas emissions from acidic paddy soil[J]. European Journal of Soil Biology, 85: 23-29.

Xu J, Wang T, Garcia Molinos J, et al.. 2020, Effects of warming, climate extremes and phosphorus enrichment on the growth, sexual reproduction and propagule carbon and nitrogen stoichiometry of *Potamogeton crispus* L[J]. Environ Int, 137: 105502.

Yan J, Liu J, Ma M. 2014, In situ variations and relationships of water quality index with periphyton function and diversity metrics in Baiyangdian Lake of China[J]. Ecotoxicology, 23: 495-505.

Yang J, Jiang H, Wu G, et al.. 2016, Distinct Factors Shape Aquatic and Sedimentary Microbial Community Structures in the Lakes of Western China[J]. Front Microbiol, 7: 1782.

Yang L, Lu F, Zhou X, et al.. 2014, Progress in the studies on the greenhouse gas emissions from reservoirs[J]. Acta Ecologica Sinica, 34: 204-212.

Yang LK, Peng S, Zhao XH, et al.. 2017, Development of a two-dimensional eutrophication model in an urban lake (China) and the application of uncertainty analysis[J]. Ecol Model, 345: 63-74.

Yang SS, Chen IC, Ching-Pao L, et al.. 2015, Carbon dioxide and methane emissions from Tanswei River in Northern Taiwan[J]. Atmospheric Pollution Research, 6: 52-61.

Yang Y, Dai Y, Li N, et al.. 2017, Temporal and Spatial Dynamics of Sediment Anaerobic Ammonium Oxidation (Anammox) Bacteria in Freshwater Lakes[J]. Microbial Ecology, 73: 285-295.

Yu C, Li C, Wang T, et al.. 2018, Combined Effects of Experimental Warming and Eutrophication on Phytoplankton Dynamics and Nitrogen Uptake[J]. Water, 10: 1057.

Yu Z, Griffis TJ, Baker JM. 2021, Warming temperatures lead to reduced summer carbon sequestration in the U.S. Corn Belt[J]. Communications Earth & Environment, 2: 53.

Yuan MM, Guo X, Wu L, et al.. 2021,Climate warming enhances microbial network complexity and stability [J]. Nature Climate Change.

Yue K, García-Palacios P, Parsons SA, et al.. 2018, Assessing the temporal dynamics of aquatic and terrestrial litter decomposition in an alpine forest[J]. Functional Ecology, 32: 2464-2475.

Zeng J, Jiao C, Zhao D, et al.. 2019, Patterns and assembly processes of planktonic and sedimentary bacterial community differ along a trophic gradient in freshwater lakes[J]. Ecological Indicators, 106: 105491.

Zhang K, Shi Y, Jing X, et al.. 2016a, Effects of Short-Term Warming and Altered Precipitation on Soil Microbial Communities in Alpine Grassland of the Tibetan Plateau[J]. Front Microbiol, 7: 1032.

Zhang L, Cheng Y, Gao G, et al.. 2019a, Spatial-Temporal Variation of Bacterial Communities in Sediments in Lake Chaohu, a Large, Shallow Eutrophic Lake in China[J]. Int J Environ Res Public Health, 16.

Zhang L, Shen T, Cheng Y, et al.. 2020, Temporal and spatial variations in the bacterial community composition in Lake Bosten, a large, brackish lake in China[J]. Sci Rep, 10: 304.

Zhang M, Cheng X, Geng Q, et al.. 2019b, Leaf litter traits predominantly control litter decomposition in streams worldwide[J]. Global Ecology and Biogeography, 28: 1469-1486.

Zhang M, Xiao Q, Zhang Z, et al.. 2019, Methane flux dynamics in a submerged aquatic vegetation zone in a subtropical lake[J]. Science of The Total Environment, 672: 400-409.

Zhang P, Bakker ES, Zhang M, et al.. 2016a, Effects of warming on Potamogeton crispus growth and tissue stoichiometry in the growing season[J]. Aquat Bot, 128: 13-17.

Zhang X, Liu Z, Jeppesen E, et al.. 2016, Effects of benthic-feeding common carp and filter-feeding silver carp on benthic-pelagic coupling: Implications for shallow lake management[J]. Ecological Engineering, 88: 256-264.

Zhang X, Mei X, Gulati RD, et al.. 2015, Effects of N and P enrichment on competition between phytoplankton and benthic algae in shallow lakes: a mesocosm study[J]. Environmental Science and Pollution Research, 22(6): 4418-4424.

Zhang X, Odgaard R, Olesen B, et al.. 2015, Warming shows differential effects on late-season growth and competitive capacity of Elodea canadensis and Potamogeton crispus in shallow lakes[J]. Inland Waters, 5: 421-432.

Zhang YB, Yang AP, Zhang GF, et al.. 2019c, Effects of Simulated Heat Waves on Life History Traits of a Host Feeding Parasitoid[J]. Insects, 10: 419.

Zhang Y, Dong S, Gao Q, et al.. 2016b, Climate change and human activities altered the diversity and composition of soil microbial community in alpine grasslands of the Qinghai-Tibetan Plateau[J]. Sci Total Environ, 562: 353-363.

Zhang Y L, Jeppesen E, Liu X H, et al.. 2017, Global loss of aquatic vegetation in lakes[J]. Earth-Sci Rev, 173: 259-265.

Zhang YL, Liu XH, Qin BQ, et al.. 2016b, Aquatic vegetation in response to increased eutrophication and degraded light climate in Eastern Lake Taihu: Implications for lake ecological restoration[J]. Scientific Reports, 6: 23867.

Zhao D, Shen F, Zeng J, et al.. 2016, Network analysis reveals seasonal variation of co-occurrence correlations between Cyanobacteria and other bacterioplankton[J]. Science of the Total Environment, 573: 817-825.

Zhao S, Qiu S, Xu X, et al.. 2019, Change in straw decomposition rate and soil microbial community composition after straw addition in different long-term fertilization soils[J]. Applied Soil Ecology, 138: 123-133.

Zhao SY, Sun YP, Han BP. 2016, Top-down effects of bighead carp (Aristichthys nobilis) and Leptodora richardi (Haplopoda, Leptodoridae) in a subtropical reservoir during the winter–spring transition: a mesocosm experiment[J]. Hydrobiologia, 765(1): 43-54.

Zhao Y, Xia Y, Li B, et al.. 2014, Influence of environmental factors on net N_2 and N_2O production in sediment of freshwater rivers[J]. Environmental Science and Pollution Research, 21: 9973-9982.

Zheng M, Zhang T, Liu L, et al.. 2016, Effects of nitrogen and phosphorus additions on nitrous oxide emission in a nitrogen-rich and two nitrogen-limited tropical forests[J]. Biogeosciences, 13: 3503-3517.

Zhou B, Wen Q H, Ying X, et al.. 2014, Projected Changes in Temperature and Precipitation Extremes in China by the CMIP5 Multimodel Ensembles[J]. J Climate, 27: 6591-6611.

Zhu D, Wu Y, Wu N, et al.. 2015, Nitrous oxide emission from infralittoral zone and pelagic zone in a shallow lake: Implications for whole lake flux estimation and lake restoration[J]. Ecological Engineering, 82: 368-375.

Zhu L, Qin B, Zhou J, et al.. 2018, Effects of turbulence on carbon emission in shallow lakes[J]. Journal of Enviroment Science-China, 69: 166-172.

Zingel P, Cremona F, Nõges T, et al.. 2018, Effects of warming and nutrients on the microbial food web in shallow lake mesocosms[J]. European Journal of Protistology, 64: 1-12.

Schindler DW. 2012, The dilemma of controlling cultural eutrophication of lakes[J]. Proceedings of the Royal Society B Biological Sciences, 279: 4322-4333.

Ortiz-Llorente MJ, Álvarez-Cobelas M. 2012, Comparison of biogenic methane emissions from unmanaged estuaries, lakes, oceans, rivers and wetlands[J]. Atmospheric Environment, 59: 328-337.

Moss B. 2012, Cogs in the endless machine: Lakes, climate change and nutrient cycles: A review[J]. Science of The Total Environment, 434: 130–142.

Soumis N, Duchemin É, Canuel R, et al.. 2004, Greenhouse gas emissions from reservoirs of the western United States[J]. Global Biogeochemical Cycles, 18: GB 3022.

Sobek S, Tranvik LJ, Cole JJ. 2005, Temperature independence of carbon dioxide supersaturation in global lakes[J]. Global Biogeochemical Cycles, 19: GB 2003.

Juutinen S, Rantakari M, Kortelainen P, et al.. 2009, Methane dynamics in different boreal lake types[J]. Biogeosciences, 6: 209–223.

Bolpagni R, Pierobon E, Longhi D, et al.. 2007, Diurnal exchanges of CO_2 and CH_4 across the water–atmosphere interface in a water chestnut meadow (*Trapa natans* L.) [J]. Aquatic Botany, 87: 43–48.

Freymond CV, Wenk CB, Frame CH, et al.. 2013, Year–round N_2O production by benthic NOx reduction in a monomictic south–alpine lake[J]. Biogeosciences, 10: 8373–8383.

Forshay KJ, Dodson SI. 2011, Macrophyte presence is an indicator of enhanced denitrification and nitrification in sediments of a temperate restored agricultural stream[J]. Hydrobiologia, 668: 21–34.

Miranda JKK, Balachandran R, Ramesh, et al.. 2008, Nitrification in Kochi backwaters[J]. Estuarine Coastal & Shelf Science, 78: 291–300.

Moss B, Mckee D, Atkinson D, et al.. 2003, How important is climate? Effects of warming, nutrient addition and fish on phytoplankton in shallow lake microcosms[J]. Journal of Applied Ecology, 40: 782–792.

Gu B, Alexander V. 1993, Dissolved nitrogen uptake by a Cyanobacterial bloom (Anabaena flos–aquae) in a subarctic lake[J]. Applied & Environmental Microbiology, 59(2): 422–430.

Yin K, Harrison PJ, Dortch Q. 1998, Lack of ammonium inhibition of nitrate uptake for a diatom grown under low light conditions[J]. Journal of Experimental Marine Biology & Ecology, 228(1): 151–165.

Schriver P, Bøgestrand J, Jeppesen E, et al.. 1995, Impact of submerged macrophytes on fish–zooplankton–phytoplankton interactions: Large–scale enclosure experiments in a shallow eutrophic lake [J]. Freshwater Biol, 33: 255–270.

Russell I, Randall R, Randall B, et al.. 2009, Relationships between the biomass of waterfowl and submerged macrophytes in a South African estuarine lake system [J]. Ostrich, 80: 35–41.

Oscar G, Juanjosé S. 2010, Impact of climate change on plant phenology in Mediterranean ecosystems[J] . Global Change Biol, 16: 1082–1106.

Price M V, Waser N M. 1998, Effects of experimental warming on plant reproductive phenology in a subalpine meadow [J]. Ecology, 79: 1261–1271.

Mckee D, Hatton K, Eaton JW, et al.. 2002a, Effects of simulated climate warming on macrophytes in freshwater microcosm communities. [J] Aquat Bot, 74: 71-83.

Boedeltje G, Ozinga W A, Prinzing A. 2010, The trade-off between vegetative and generative reproduction among angiosperms influences regional hydrochorous propagule pressure[J] . Global Ecol Biogeogr, 17: 50-58.

Agren G I, Weih M. 2012, 1Plant stoichiometry at different scales: element concentration patterns reflect environment more than genotype[J] . New Phytol, 94: 944-952.

Barker T, Hatton K, O'connor M, et al.. 2008, Effects of nitrate load on submerged plant biomass and species richness: results of a mesocosm experiment [J]. Fund Appl Limnol, 173: 89-100.

Søndergaard M, Liselotte S, Lauridsen T L, et al.. 2010, Submerged macrophytes as indicators of the ecological quality of lakes [J]. Freshwater Biol, 55: 893-908.

Sayer CD, Burgess A, Kari K, et al.. 2010, Long-term dynamics of submerged macrophytes and algae in a small and shallow, eutrophic lake: implications for the stability of macrophyte-dominance[J]. Freshwater Biol, 55: 565-583.

Feuchtmayr H, Moran R, Hatton K, et al.. 2009, Global warming and eutrophication: effects on water chemistry and autotrophic communities in experimental hypertrophic shallow lake mesocosms[J]. Journal of Applied Ecology, 46(3): 713-723.

Yvon-Durocher G, Allen AP, Cellamare M, et al.. 2015, Five years of experimental warming increases the biodiversity and productivity of phytoplankton[J]. PLoS biology, 13: e1002324.

Lougheed VL, Crosbie B, Chow-Fraser P. 1998, Predictions on the effect of common carp(*Cyprinus carpio*)exclusion on water quality, zooplankton, and submergent macrophytes in a Great Lakes wetland[J]. Can J Fish Aquat Sci, 55: 1189-1197.

Lundgren M R, Sultan S E. 2005, Seedling expression of cross-generational plasticity depends on reproductive architecture[J] . Am J Bot, 92: 377-381.

Hovenden M J, Wills K E, Chaplin R E, et al.. 2008, Warming and elevated CO_2 affect the relationship between seed mass, germinability and seedling growth in Austrodanthonia caespitosa, a dominant Australian grass [J]. Global Change Biol, 14: 1633-1641.

Herman JJ, Sultan SE. 2011, Adaptive Transgenerational Plasticity in Plants: Case Studies, Mechanisms, and Implications for Natural Populations[J]. Front Plant Sci, 2: 102.

Rooney N, Kalff J. 2000, Inter-annual variation in submerged macrophyte community biomass and distribution: the influence of temperature and lake morphometry[J]. Aquat Bot, 68: 321-335.

Wookey P A, Robinson C H, Parsons A N, et al.. 1995, Environmental constraints on the growth, photosynthesis and reproductive development of Dryas octopetala at a high Arctic polar semi-desert, Svalbard [J]. Oecologia, 102: 478-489.

Sims L, Pastor J, Lee T, et al. 2012, Nitrogen, phosphorus, and light effects on reproduction and fitness of wild rice [J]. Botanique, 90: 65-76.

Boyero L, Pearson RG, Gessner MO, et al.. 2011, A global experiment suggests climate warming will not accelerate litter decomposition in streams but might reduce carbon sequestration[J]. Ecol Lett, 14: 289–294.

Finlay B,Maberly S,I C. 1997, Microbial Diversity and Ecosystem Function[J]. Oikos, 80: 209-213.

Pascault N, Ranjard L, Kaisermann A. 2013,Stimulation of Different Functional Groups of Bacteria by Various Plant Residues as a Driver of Soil Priming Effect[J]. Ecosystems, 16: 810-822.